朗迅科技教研团队

全国职业院校技能大赛"集成电路开发及应用"赛项转换成果

集成电路开发及应用

夏敏磊　　邵　瑛　　主编

U0215217

浙江科学技术出版社

图书在版编目（CIP）数据

集成电路开发及应用 / 夏敏磊，邵瑛主编 . —杭州：
浙江科学技术出版社，2021.10（2023.3重印）
ISBN 978-7-5341-9729-1

I. ①集… II. ①夏… ②邵… III. ①集成电路—电
路设计—高等职业教育—教材 IV. ①TN40

中国版本图书馆CIP数据核字（2021）第 162841 号

书　　名　**集成电路开发及应用**

主　　编　夏敏磊　邵　瑛

出版发行　**浙江科学技术出版社**
　　　　　　杭州市体育场路 347 号　邮政编码：310006
　　　　　　办公室电话：0571- 85176593
　　　　　　销售部电话：0571- 85176040
　　　　　　网　址：www.zkpress.com
　　　　　　E-mail：zkpress@zkpress.com

排　　版　浙江新华图文制作有限公司
印　　刷　杭州杭新印务有限公司
经　　销　全国各地新华书店

开　　本　710mm×1 000mm　1/16　　**印　张**　22.25
字　　数　387 000
版　　次　2021 年 10 月第 1 版　　　　　**印　次**　2023 年 3 月第 2 次印刷
书　　号　ISBN 978-7-5341-9729-1　　　**定　价**　49.80 元

责任编辑　张祝娟　　　　　　　　**责任校对**　张　宁
责任美编　金　晖　　　　　　　　**责任印务**　崔文红

序

集成电路产业作为国民经济和社会发展的基础性和先导性产业,是培育战略性新兴产业和发展数字经济的重要基础,它的发展关乎国家核心竞争力和国家安全,在信息技术领域中处于核心地位。

发展集成电路产业,最主要的还是人才培养与储备,越来越多的高校已经开设相关的专业,为集成电路产业培养人才。但集成电路产业属高端产业,生产设备复杂昂贵,生产环境超静标准要求极高,学生现场实习会有一定困难,解决实践教学环境便成为人才培养至关重要的问题。

本教材以适应集成电路产业人才需求为目标,以典型工作项目为主要教学载体,以培养实践能力为主线组织编写,在项目实施的逐级推进中融入了相关知识点和技术技能点。内容精炼,实操性强,易于教学实施,可作为高职高专集成电路相关课程和主要实践环节教材,也可作为集成电路行业员工技术培训用书。

该书主要体现以下特色:

1."集成电路开发及应用"职业技能赛项设计理念是依据集成电路职业岗位典型工作任务的能力要求,紧随集成电路技术领域的最新发展趋势进行设计的。目前通过学生参与赛事,完成各类赛事任务,已经成为职业教育教学改革的重要内容。本教材编写理念与"集成电路开发及应用"赛项设计理念一致，内容相互衔接，在强化集成电路及其相关专业核心技能与核心知识的同时，注重培养学生解决实际问题能力、自主创新能力、实践动手能力、协作沟通能力和职业素养，提高学生的就业创业能力。

2.教材内容反映集成电路技术发展趋势，贴合应用电子技术、微电子技术、电子信息工程技术等电子信息类专业核心技能要求，以集成电路开发及应用为主线，围绕集成电路前端设计、晶圆测试、集成电路终测、集成电路应用等综合技能，以项目化的方式搭建了完整的实践操作环境。

3.教材编写作者经验丰富。经院校、企业推荐，均为院校一线骨干教师及行业企业资深专家，具有丰富的教学与实践经验，深刻理解人才培养及企业人才的需求。

希望这本以赛项实际任务为导向的教材能有助于培养更多高水平集成电路技术技能人才；成为落实以赛促教、以赛促学课程建设，创新教材编写的成功探索；做成推动职业教育教学发展改革的精品教材，为教师和学生以及专业人士所喜爱。

国家职业教育咨询指导委员会委员、教授 高林

2021 年 5 月

前　言

集成电路产业作为现代信息技术产业的基础和核心,已成为关系国民经济和社会发展全局的基础性、先导性和战略性产业,在推动国家经济发展、社会进步,提高人们生活水平以及保障国家安全等方面发挥着广泛而重要的作用,是当前国际竞争的焦点和衡量一个国家或地区现代化程度以及综合国力的重要标志之一。

近几年,集成电路产业得到了中央和地方政府的大力支持,而人才的培养与储备,推动了高校开展集成电路技术应用专业的建设。由于集成电路制造产业门槛高、设备复杂且昂贵,故学生缺少实践机会,本书紧随集成电路技术领域的最新发展趋势,贴合应用电子技术、微电子技术、电子信息工程技术等电子信息类专业群核心技能要求,以"集成电路开发及应用"为主线,紧扣集成电路职业岗位典型工作任务,围绕集成电路前端设计、晶圆测试、集成电路终测、集成电路应用等综合技能,以项目化的方式搭建了完整的实操环境。

本书以全国职业院校技能大赛"集成电路开发及应用"赛项为切入点,结合技能大赛竞赛资源,围绕赛项竞赛平台,结合赛项考察知识与技能点,分别从集成电路设计、集成电路测试、集成电路应用等方面开发实际赛项案例。全书由数字集成电路前端设计及仿真、晶圆测试、数字集成电路测试、模拟集成电路测试、集成电路工业级测试、集成电路应用六个项目组成,涵盖了"集成电路开发及应用"主要核心内容。其中,晶圆测试项目通过软件仿真的方式真实展现了工业现场晶圆测试的工作流程,数字集成电路测试和模拟集成电路测试项目由浅入深介绍了集成电路终测环节参数测试的实施方法和测试程序样例。本书还展示了集成电路终测的工业级测试流程,在强化集成电路及其相关专业核心技能与核心知识点的同时,搭建与企业岗位对接的桥梁,不仅提升了学生自主创新能力、动手能力、协作能力和职业素养,同时提高了学生的就业质量和就业水平。

本书以"集成电路开发及应用"为主线,以任务目标为导向,在项目实施的逐级推进中融入了相关知识点的学习方法和教学实施技巧,内容精炼,实操性强,易于教学实施。

本书可作为高职高专相关实践环节教学用书,也可作为"集成电路开发及应用"实践技能培训教材,还可作为集成电路行业工程技术人员的入门参考书。

本书由浙江机电职业技术学院夏敏磊、上海电子信息职业技术学院邵瑛担任主编,金华职业技术学院林洁、重庆电子工程职业学院李志贵担任副主编。夏敏磊、邵瑛对本书进行总体策划、编写指导及全书通稿,林洁、李志贵、重庆电子工程职业学院刘睿强、江苏信息职业技术学院戈益坚、深圳信息职业技术学院丘聪、深圳职业技术学院杨黎、山东商业职业技术学院闫青、重庆城市管理职业技术学院牟洪江、浙江机电职业技术学院陈道泉完成了部分项目的编写工作。在本书编写过程中,得到杭州朗迅科技有限公司教材开发团队和杭州长川科技、士兰微电子、杭州芯云半导体等多家合作企业专家的大力支持和帮助,在此向他们表示衷心感谢。

由于编者水平有限,书中难免有不妥和错误之处,恳请广大读者批评指正。

编　者

2021 年 3 月

目 录

项目1 数字集成电路前端设计及仿真

1.1 项目任务分析

1.1.1 项目描述

集成电路是怎样制造出来的？集成电路开发流程如图1-1所示。与普通电子电路设计不同，集成电路设计分为前端设计和后端设计两步，前端设计是功能的实现过程，即按照客户要求设计出相应的电路，通过仿真验证，确定电路具有客户要求的功能；后端设计则是物理的实现过程，即根据设计电路进行集成电路版图设计，把所有元器件和连线做在一个硅晶体平面上。后续经过掩膜版制作、芯片制造、封装与测试等工序后，才会得到供电子电路使用的集成电路芯片成品。

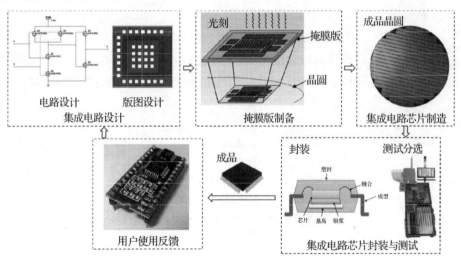

图1-1 集成电路开发流程

集成电路设计，是整个集成电路制造工序的第一步，也是最关键的一步，集成电路的作用、性能、可靠性等都取决于集成电路的设计。然而，集成电路设计，在物理上实现电路所需的光掩膜等电子工艺成本不菲，且集成电路的高复杂性又难以在面包板上实现,因此在构建实际电路之前,设计人员利用仿真软件对设计进行仿真验证,预先观察、研究电路的工作特性,可减少为电路的物理实现所付出时间和经济成本,大大提高设计效率。

不同仿真软件在功能上各有侧重。ModelSim是数字集成电路前端设计的重要EDA软件,主要验证设计代码是否满足需求。MultiSim适用于板级的模拟/数字电路板的设计工作,可实现电路原理图的图形输入、电路硬件描述语言输入方式,具有丰富的仿真分析能力;Tina也是重要的现代化EDA软件之一,用于模拟及数字电路的仿真分析,除具有一般电路仿真软件的仿真分析功能外,还可对输出电量进行指标设计,然后对电路元件的参数进行优化计算,功能相对较少;Proteus集电路仿真、PCB设计、单片机仿真于一体,有良好的视觉效果,但电路数据运算方面不够友好;Cadence涵盖了电子设计的整个流程,包括系统级设计、功能验证、IC综合及布局布线,模拟、混合型号及射频IC设计、全定制集成电路设计,IC物理验证、PCB设计和硬件仿真建模等;Matlab仿真工具包Simulink则提供了交互式、模块化的建模和仿真的动态分析系统,对C语言代码提供了很好的支持;Altium Designer主要用于原理图设计、电路仿真、PCB绘制编辑等。常规教学中,多利用Cadence软件进行版图设计,利用Matlab仿真工具包Simulink进行自动控制系统分析,利用Altium Designer进行电子电路原理图与PCB设计。

集成电路设计的主要内容包括两部分,一是逻辑功能设计及仿真验证;二是版图设计及验证,设计流程如图1-2所示。版图设计及验证部分另行开设课程进行教学,本项目利用ModelSim软件进行常见数字集成电路的逻辑功能验证。

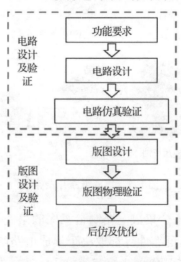

图1-2 集成电路设计流程

1.1.2　数字集成电路前端设计流程

当使用者按照需要对产品提出功能和性能要求时,设计者首先需要按照客户的要求来进行设计,完成相应的功能。在逻辑设计完成之后,需要利用仿真软件对逻辑功能进行仿真,以查看所设计的逻辑功能是否达到客户的需求,有没有设计问题,各种参数是否符合规范等。逻辑功能设计又称为前端设计,前端设计完成并经过验证没有问题后,通过相应的EDA软件进行综合。所谓的综合就是把逻辑功能或代码翻译成实际电路的过程,在集成电路中翻译后的电路称为网表,网表再次经过验证无误后,通过对应的版图设计软件完成版图设计,版图经过验证优化后交给掩模版厂商完成掩模版的制备,制作好的掩模版就可以交给芯片制造商进行芯片的制造,制造出的芯片经过封装测试后就可以实际应用了。本项目使用ModelSim软件进行逻辑设计与验证工作。该软件功能强大,本书不展开说明环境安装、菜单操作等内容,仅解释与实施项目相关的功能。

数字集成电路前端设计具体步骤如下:

1. 需求分析

明确设计目标,按功能需求规划逻辑模块的端口信号以及所采用的技术,完成对应的逻辑框图,明确所采用的设计方法。

2. 设计代码编写

根据第一步的需求分析,利用硬件描述语言Verilog完成逻辑设计代码的编码。从设计的角度首先确保需求分析中的功能全部实现,尽可能保证设计的正确性。

3. 验证代码编写

验证代码编写是基于设计代码进行的,主要是通过测试手段保证逻辑设计代码符合需求。本项目的功能验证比较简单,因此验证代码编写比较固定。但是从长远来看,随着集成电路的集成度越来越高,功能越来越复杂,芯片流片费用居高不下,因此验证工作是芯片设计成功的关键。在大型的芯片设计公司,验证是作为单独的工作岗位设立的,并且验证岗位的设置基本是设计岗位的两倍,从这方面来看,验证岗位或许更加紧俏。对本项目设计的验证代码,后续会总结"四步法"进行代码编写验证,实际学习时要深入理解其内在的逻辑。

4. 逻辑功能仿真验证

功能验证是基于设计和验证代码,采用EDA工具进行仿真分析,是独立进行集成电路设计的必备技能。其最基本的便是EDA软件的使用以及波形的分析。

1.1.3　硬件描述语言(Verilog)基础

1.Verilog 的模块及组成

硬件描述语言主要有Verilog和VHDL两种,由于Verilog源于C语言,更有利于理解和接受,也是目前在实际应用中数字集成电路设计的事实标准,因此本项目利用Verilog为载体进行讲解。

Verilog设计代码从结构上大致可以分为4个部分,分别为模块定义、端口声明、变量定义和功能描述。下面以最常见的或非门为例进行说明:

```
//=================================================
// File Name  :nor_gate.v
// Description:两输入或非门
//=================================================
//1.模块声明,包括module nor_gate 和endmodule 两行代码
module nor_gate(
//2.端口声明:主要有input 和output
                input  in_a,
                input  in_b,
                output out_c
               );
//3.变量信号数据类型定义,需要时定义,一般根据实际情况定义为wire 或reg;
    wire tmp;
//4.功能描述
    assign tmp   = in_a | in_b;
    assign out_c = ~tmp;
endmodule
```

从代码中可以看出:第一部分的模块声明由一对*module*和*endmodule*组成,*module*后跟随自定义的模块名称,该名称根据实际情况定义,做到见名知义即可。芯片作为数据的处理通道,肯定需要和外界进行通信,因此模块声明后会有一对括号(),括号里就是第二部分的内容——和外界通信的接口。接口分为三种,输入*input*、输出*output*和双向输入输出*inout*,常用的只有*input*和*output*两种。端口声明部分包含了端口类型定义和信号数据类型定义两部分。这里需要注意的是由于Verilog标准规定,信号不显示声明时默认为*wire*类型,

因此 *input* 和 *output* 信号不显示指定时默认为 *wire* 类型，并且不能在模块内部再进行二次的变量类型声明。如果有特别的需要，可在 *input* 和 *output* 后直接声明信号的类型。例如，在功能描述中，对输出信号赋值时使用的是 *always*，过程块赋值时，*output* 信号就需要定义为 *reg*。如果在某些特殊情况，如后序编写的测试代码中没有与外界通信的接口，就没有输入输出信号，这时括号里直接为空即可，甚至不加括号也可以。

第三部分就是信号数据类型定义，根据实际情况，在功能描述中需要使用到中间信号时，就要进行定义，常用的信号类型有 *wire* 或 *reg*。第四部分的功能描述就比较灵活了，根据模块的实际功能以及设计人员选择的方式进行对应的编写，主要包括模块例化、连续赋值和过程语句赋值等几种方式。作为初学者，可以严格按照这"四步法"的格式进行模块的逻辑代码编写。

2. 常用的 Verilog 变量类型

Verilog 硬件描述语言中规定的信号变量类型很多，但是常用的只有 *wire* 和 *reg* 两种，因此这里仅介绍 *wire* 和 *reg*。

(1)*wire*。从字面意思理解，*wire* 就是一根连线，可以认为信号两头都是持续变化的，也就是需要持续的驱动，因此 *wire* 使用的场景就是 *assign* 连续赋值情形以及模块例化时的两种常见情形。

(2)*reg*。*reg* 类型常用于 *always* 和 *initial* 这类过程赋值语句。在实际的代码编写中，如果在代码实现不确定的情况下，可以在代码实现完成后修订对应的变量类型。这里要注意，在数字电路中可能一个变量要代表多 *bit* 信号，这个时候可以通过[*b*:*a*]表示信号位宽。例如，一个 *wire* 信号 *a* 是 4*bit* 信号，可以表示为 *wire* [3:0] *a*，在实际功能描述中，也可以通过 *a*[0] 这种方式进行对应某一 *bit* 或者特定 *bit* 的操作。

3. 常用的运算符

Verilog 的运算符很多，大致可以分为算术运算符、逻辑运算符、位运算符和条件运算符等。

(1)算术运算符。常用算术运算符有+、−、*、/和%等，这些运算符的操作和C语言操作基本相同，但是由于*和/操作综合出的电路较为庞大，实际较少使用。

(2)逻辑运算符。逻辑运算符主要有&&、||和!。

! 符号为单目操作符，另外两个为双目操作符。

&&表示逻辑与，只有两边的操作数都为真时，结果才为真，否则为假。

||表示逻辑或，只要两个操作数有一个为真，结果就为真。

! 表示逻辑取反或者取非，如果操作数为真，结果就为假；如果操作数为

假,结果就为真。

(3)位运算符。常用的位运算符有&、|和~等。

&表示按位与,|表示按位或,~表示按位取反,操作数按照 bit 数进行操作。例如,$a=4'b1100$,$b=4'b1001$,那么 $c=a\&b$ 时,c 的结果就为 $4'b1000$;如果 $c=a|b$,那么 c 的结果就为 $4'b1101$;如果 $c=\sim a$,那么 c 的结果就为 $4'b0011$。

(4)条件运算符。条件运算符? 是唯一的三目操作符,表达式为:$d=c$? a:b;如果 c 为真,$d=a$;如果 c 表达式结果为假,$d=b$。

4.Verilog 语句

Verilog 的语句用于逻辑功能描述,主要有例化、连续赋值语句、过程块语句几种。

(1)例化。主要是模块的例化,如例化前面的或非门。代码实现主要有两种方式,第一种为 $nor\_gate\ U\_nor\_gate(a,b,c)$,这种例化方式比较简单,缺点是例化的信号顺序必须和模块声明时一致;第二种为 $nor\_gate\ U\_nor\_gate(.in\_a(a),.in\_b(b),.out\_c(c))$,这种方式正好与第一种方式相反,括号里的变量可以不按模块声明的顺序,但例化比较复杂。实际应用过程中两种方式都有使用。需要注意的是,例化时 nor_gate 这个模块名一定不能错,其后跟随例化名,例化名可按照自己的习惯进行命名。

(2)连续赋值语句。连续赋值语句就是 $assign$,在前面或非门中已经使用过。例如,$assign\ c=a\&b$,这里的 c 必须定位为 $wire$ 类型。这个用法适用于简单的组合逻辑代码,无法实现时序逻辑设计。

$assign$ 常常与条件语句组合使用。例如,$assign\ d=c$? a:b;通过 c 的真假来选择 a 还是 b 赋值给 d;如果 c 为真,a 赋值给 d;如果 c 为假,则把 b 赋值给 d。

(3)过程块语句。过程块语句主要有 $always$ 和 $initial$ 两种,如 $initial\ a=b$;表示把 b 赋值给 a,由于 $initial$ 语句无法综合,因而常用于验证代码中。$always$ 块可以实现组合逻辑和时序逻辑。

组合逻辑与时钟无关,示例代码如下:

```
always @(*)begin
    d=c?a:b;
end
```

其中*表示所有的敏感变量,在这里这一行代码等价于 $always\ @(a\ or\ b\ or\ c)begin$,由于使用*更加简单,因此常使用*这种方法实现。

时序逻辑与时钟相关,所以在*always*里必定有与时钟相关的信号,示例代码如下:

```
always @(posedge clk or negedge rst_n)begin
    if(rst_n == 0)begin
        b <= 0;
    end
    else begin
        b <= a;
    end
end
```

这里可以看出,时序逻辑中,*always*中的敏感变量是时钟和复位信号,时钟信号检测上升沿,复位信号检测下降沿。这个是典型的带异步复位的D触发器。

5.阻塞和非阻塞

阻塞语句赋值用"="(等号)进行赋值,非阻塞语句赋值使用"<="进行赋值。阻塞语句在右式运算和左式更新都完成后,再进行下一语句的执行。所以,当前语句会阻塞后一语句的执行,称为阻塞赋值,而非阻塞语句赋值表示当前语句不会阻塞后一语句的执行。在实际的使用过程中,阻塞语句用于组合逻辑,而非阻塞语句用于时序逻辑。

6.验证代码的编写

验证代码的主要作用是测试设计代码是否满足需求。由于后续的设计都需要进行验证,所以验证代码是必不可少的。验证代码的编码方式与设计代码有较大的不同,为了便于理解,这里仍然以或非门的设计为例进行验证代码的编写,再通过代码总结一个通用的方法完成后续的验证代码编写。或非门的验证代码如下:

```
//=================================================================
// File Name :top.v
// Description:用于测试或非门nor_gate模块的验证代码
//=================================================================
`timescale 1ns/1ns
module top;
    //1.信号类型声明
    parameter PERIOD = 10;
```

7

```
reg     clk   ;
reg     in_a  ;
reg     in_b  ;
wire    out_c ;
//2.待测设计的模块例化
nor_gate U_nor_gate (
            .in_a (in_a ),
            .in_b (in_b ),
            .out_c (out_c )
            );
//3.设计的输入信号激励构造
//clk gen
initial begin
    clk = 0;
    forever begin
        #(PERIOD/2) clk = ~clk;
    end
end
// gen in_a
initial begin
    in_a = 0;
    repeat(50)begin
        #(PERIOD) in_a =$random;
    end
end
// gen in_b
initial begin
    in_b = 0;
    repeat(50)begin
        #(PERIOD) in_b =$random;
    end
end
//4.数据采样及检测
initial begin
    $monitor($time,"\tin_a=%b,in_b=%b,out_c=%b",in_a,in_b,out_c);
    #(50*PERIOD) $finish;
end
endmodule
```

从以上代码可以看出,整个验证代码由于使用Verilog编写,因此仍然遵循Verilog设计代码的一些规则,整体为一个*module*。模块中的验证逻辑代码大致可以分为4个部分。第一部分是变量定义,这里定义的变量首先就是设计中的端口信号,名称可以与设计代码中的端口信号相同,要注意的是输入信号后续要通过*initial*进行赋值,因此必须定义为*reg*类型,而输出信号不需要赋值,定义成*wire*类型即可。其他需要的中间信号也可以在此处进行定义。第二部分是待测模块例化,模块名称*nor_gate*和设计模块名要一致,不一致在仿真中会因为找不到对应的模块而报错,例化的方式在前面已经讲解,这里不再解释。第三部分是输入信号激励构造,由于输入的信号没有特别的协议要求,因此全部采用$random函数实现信号数据的随机产生。每个*initial*除了信号名称不一样以外,其他的功能代码完全相同,之后编写验证代码。第四部分是信号的采样与检测,由于我们现阶段测试的代码比较简单,编写自动化检测的代码量较大,为简化代码,后续都通过波形检测的方式完成待测设计的验证。为了方便查看输入输出的数据,使用了$monitor函数进行输入输出数据采样,并打印在仿真的日志中。

通过以上四个步骤,常见的验证代码就编写完成了。验证措施是设计正确性的保障,是集成电路设计的重要环节,大家还需要在后续的学习中深入体会验证思想。后续在编写验证代码时,可在这个示例验证代码基础上进行必要的修改。

本项目以基本逻辑门芯片74LS00、组合逻辑芯片74LS48和74HC283及74LS74为例分析数字集成电路前端设计及仿真验证的过程。

1.2 74LS00芯片功能的设计实施

1.2.1 芯片功能需求分析

根据74LS00的数据手册可知:74LS00是四组2输入端与非门逻辑芯片,其逻辑结构框图如图1-3所示。从图中可以看出,该芯片的主体是2输入的与非门,把4组相同的与非门电路封装在一个结构中,因此可知该结构应有14个端口,分别是8个(2×4)逻辑输入端口,4个(1×4)逻辑输出端口,电源V_{cc}和地GND端口,与图1-3所示的端口数相符。

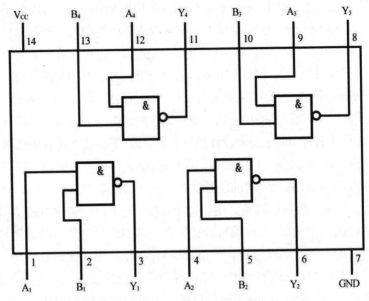

图1-3　74LS00芯片的逻辑结构框图

与非门,是数字电路中最常用的门电路单元之一,它在电路中完成的逻辑功能是将数字输入信号全部进行与运算,然后再对结果进行取反。与非门只有一个输出端,用 Y 表示,输入端不限,最简单的就是2输入,也就是两个输入端,用 A 和 B 表示。式(1-1)为2输入与非门的逻辑表达式,对应的与非门真值表见表1-1。

$$Y=(\overline{AB})\qquad\qquad(1-1)$$

根据以上分析可得出该功能块的逻辑框图,逻辑框图只描述模块名称和端口信息,忽略模块内部的功能,如图1-4所示。从图中我们可以看到模块名称为 quad_nand_2,输入输出端口共有12个。

表1-1　与非门真值表

输入		输出
A	B	Y
0	0	1
0	1	1
1	0	1
1	1	0

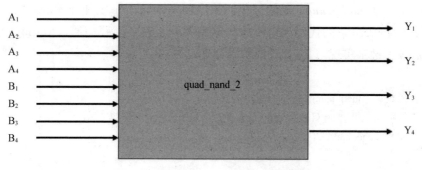

图1-4   quad_nand_2模块逻辑框图

1.2.2   芯片设计及验证代码实现

1.设计代码实现

Verilog HDL语言描述电路主要有三种基本描述形式,即结构化描述、数据流描述和行为级描述三种形式。由于本任务是我们学习集成电路设计的第一个任务,我们将通过这三种模式分别描述*quad_nand_2*模块,在以后的任务中,则只选取最合适的方式进行描述。

(1)结构化描述形式。结构化描述方式是最原始的描述,也是抽象级别最低的描述形式,但同时也是最接近于硬件电路结构的描述形式。这种描述思路就像在万能板上搭建数字电路一样,不同点在于通过硬件描述语言的形式来描述数字电路所需要的元器件以及它们之间的连接关系。随着数字集成电路的集成度越来越高,项目的复杂性越来越大,需要的门级电路单元也越来越多,要想完全利用这种形式完成数字集成电路的设计,已经是不可能做到的。因此,我们一般不采用结构化的描述方式直接描述电路的逻辑功能。但是这种基于层次化的模块划分是数字集成电路设计思想的主流,尤其对于复杂一些的设计,这种思想甚至是必须的。比如,父模块调用子模块的过程只能通过结构化的描述方式来实现。

结构化描述形式本质就是语句的实例化,只要HDL代码中有实例化语句出现,它就采用了结构化的描述方式。如果一个模块中除了实例化语句外再没有其他的功能语句,它就是一个纯结构化的HDL代码。一般来说,在高层次的集成模块可能会采用这些纯粹的结构化描述方式。当然,在实际的代码实现中,我们不必去深究结构化描述的展现形式,只要能用较为简单的办法实现逻辑功能即可。

下面我们首先以结构化描述的形式来实现74LS00芯片的逻辑功能,这里

我们取名为 *quad_nand_2* 模块。我们从之前 VerilogHDL 硬件描述语言的学习中就知道，Verilog 的代码是以模块为基本单元实现的。我们通过 Verilog 已有的 *nand* 关键字实现与非门，设计代码如下：

```
// 函数名: quad_nand_2.v
// 函数功能:四通道双输入与非门(基本单元例化)
module quad_nand_2(
                    input  A1,
                    input  A2,
                    input  A3,
                    input  A4,
                    input  B1,
                    input  B2,
                    input  B3,
                    input  B4,
                    output Y1,
                    output Y2,
                    output Y3,
                    output Y4
                );
        nand U_1(Y1,A1,B1);
        nand U_2(Y2,A2,B2);
        nand U_3(Y3,A3,B3);
        nand U_4(Y4,A4,B4);
endmodule
```

从设计代码中可以看出，设计的关键代码共4行，分别例化4个与非门。

(2)数据流描述形式。数据流描述形式相对于结构化描述形式的抽象级别要高一些，它虽然不能够清晰地刻画出具体的数字电路结构，但是可以比较直观地描述底层的逻辑行为。

数据流描述形式又可称为 RTL 级描述形式，即寄存器传输级描述。其主要从数据的变换和传送的角度来描述功能模块，并且使用的语句多为与硬件行为一致的并行语句。它的抽象级别没有即将介绍的行为级描述方式高，所以纯数据流的描述形式也只适用于小规模的电路设计。

正因为数据流描述方式处于折中的抽象级别，使得它既显式地表达了模块的行为，又隐式地刻画了模块的电路结构，因此对于功能较为简单的模块，我们可以轻松地使用数据流描述方式来实现,这样对设计者和编译器都方便。但对于复杂的模块,一般都以行为级描述为主,数据流描述方式为辅,而更一般的,我们可能会在同一个模块中同时使用三种描述方式,来更灵活地描述数字电路。

接下来我们通过数据流描述形式来描述74LS00对应的逻辑功能,数据流描述形式的核心语法是 *assign* 语句, *assign* 相当于连线,一般是将一个变量的值不间断地赋值给另一个变量,就像把这两个变量连在一起,所以习惯性地当成连线使用。因此,利用 *assign* 描述的语句称为连续赋值语句。 *assign* 描述的功能属于组合逻辑的范畴,应用范围可概括为以下三种:持续赋值、连线和对 *wire* 型变量赋值。 *wire* 是线网,相当于电路的连接线,换言之,如果要使用 *assign* 描述,变量就只能定义为 *wire* 型而不能定义为 *reg* 型。

为了便于大家更好地掌握 Verilog 描述硬件电路,有几个关键点需要深入理解和掌握。

①在 *module* 中的所有过程块(如 *initial* 块和 *always* 块等)、连续赋值语句(如 *assign* 语句)和实例引用都是并行的。在同一个 *module* 中这三者出现的先后顺序是没有关系的。

②只有连续赋值语句 *assign* 和实例引用语句可以独立于过程块而存在于 *module* 的功能定义部分。

③连续赋值 *assign* 语句独立于过程块,所以不能在 *always* 或 *initial* 过程块中使用 *assign* 语句。

根据前面复习的 Verilog 语法及基本的设计要点,接下来开始利用数据流的描述形式完成74LS00对应的功能描述,设计代码如下:

```
//================================================================
// File Name :quad_nand_2.v
// Description:四通道两输入与非门(assign描述)
//================================================================
module quad_nand_2(
                    input   A1,
                    input   A2,
                    input   A3,
                    input   A4,
                    input   B1,
                    input   B2,
```

```
                        input   B3,
                        input   B4,
                        output  Y1,
                        output  Y2,
                        output  Y3,
                        output  Y4
                        );

     assign Y1 = ~ (A1 & B1);
     assign Y2 = ~ (A2 & B2);
     assign Y3 = ~ (A3 & B3);
     assign Y4 = ~ (A4 & B4);
endmodule
```

与前面的结构化描述相比,代码量都差不多,核心代码均为4行,通过4个 *assign* 语句描述了4个与非门。代码比较简单,这里就不再详细解释了。

(3)行为级描述形式。与前面两种方式相比较,行为级描述方式的抽象层次更高,几乎不再关注底层的电路结构,更加关心的是模块的逻辑功能。因此,在现今的大规模集成电路设计中,都以行为级描述方式为主。行为级描述主要由一个或者多个并行运行的过程块组成,而过程块语句又分为过程语句和块语句两部分。过程语句主要由 *always* 和 *initial* 进行描述,但是 *initial* 语句不可综合,因此在集成电路设计中,过程语句指的就是 *always* 语句。块语句主要是 *begin-end*(串行)和 *fork-join*(并行)两种。*fork-join* 也是不可综合的,所以集成电路设计中的块语句常见的就是 *begin-end*。由于 *initial* 和 *fork-join* 不可综合,不能用于集成电路设计中,但是在集成电路的验证中却是必不可少的。

接下来利用行为级描述实现74LS00对应的逻辑功能。从表1-1真值表中可以看出,除了两个输入同时为1时输出结果为0外,其他逻辑组合对应的输出均为1,因此通过行为级描述实现的代码如下:这里要注意的是,由于 Y_1-Y_4 是通过 *always* 过程块进行赋值的,所以变量声明时要声明为 *reg* 型。

```
//================================================================
// File Name  quad_nand_2.v
// Description:四通道双输入与非门(always语句实现)
```

```
//===============================================================
module quad_nand_2(
                        input    A1,
                        input    A2,
                        input    A3,
                        input    A4,
                        input    B1,
                        input    B2,
                        input    B3,
                        input    B4,
                        output reg  Y1,
                        output reg  Y2,
                        output reg  Y3,
                        output reg  Y4
                    );
        always @(*)begin
            if((A1 == 1'b1) && (B1 == 1'b1))begin
                Y1 = 1'b0;
            end
            else begin
                Y1 = 1'b1;
            end
        end
        always @(*)begin
            if((A2 == 1'b1) && (B2 == 1'b1))begin
                Y2 = 1'b0;
            end
            else begin
                Y2 = 1'b1;
            end
        end
        always @(*)begin
            if((A3 == 1'b1) && (B3 == 1'b1))begin
                Y3 = 1'b0;
            end
            else begin
                Y3 = 1'b1;
            end
```

```
        end
    always @(*)begin
        if((A4 == 1'b1) && (B4 == 1'b1))begin
            Y4 = 1'b0;
        end
        else begin
            Y4 = 1'b1;
        end
    end
endmodule
```

行为级描述的代码看起来比较多,其实和C语言非常接近。因此,对于绝大多数同学而言,应该是比较好理解的。这里代码值得注意的是,对于*always*语句后边的星号(*),这是最新的 Verilog 语言标准增补的内容,表示在整个*always*块中,有任何一个信号发生变化,*always*块中的语句就会执行。另外,前一程序段中的*assign*语句只能描述组合逻辑,这里用到的*always*语句不但可以描述组合逻辑,还能描述时序逻辑。时序逻辑的描述在后续的任务中会重点讲述,这里不进行过多的解释。

*always*语句块的语句既可以使用阻塞赋值(=),也可以使用非阻塞赋值(《=)。虽然在组合和时序逻辑电路中都可以使用阻塞和非阻塞赋值,但是从功能实现的角度看,组合逻辑使用阻塞赋值,时序逻辑使用非阻塞赋值。

在前面的代码描述中大家可能发现,4个*always*除了输入输出信号不同外,其他的逻辑功能完全一样。因此,为了简化代码,我们可以单独写一个*module*用来实现与非门,然后在顶层模块中例化四个即可。对应改进的代码如下:

```
//========================================================
// File Name: nand_2.v
// Description:两输入与非门基本模块
//========================================================
module nand_2(
            input     in_a,
            input     in_b,
            output  reg out_c
        );
```

```
    always @(*)begin
        if((in_a == 1'b1) && (in_b == 1'b1))begin
            out_c = 1'b0;
        end
        else begin
            out_c = 1'b1;
        end
    end
endmodule
```

顶层例化代码如下：

```
//==============================================
// File Name：quad_nand_2.v
// Description：四通道两输入与非门(模块例化实现)
// ==============================================
module quad_nand_2(
                    input   A1,
                    input   A2,
                    input   A3,
                    input   A4,
                    input   B1,
                    input   B2,
                    input   B3,
                    input   B4,
                    output  Y1,
                    output  Y2,
                    output  Y3,
                    output  Y4
                );
    nand_2 U_nand_2_1 ( .in_a (A1),
                        .in_b (B1),
                        .out_c(Y1)
                    );
    nand_2 U_nand_2_2 ( .in_a (A2),
                        .in_b (B2),
                        .out_c(Y2)
                    );
    nand_2 U_nand_2_3 ( .in_a (A3),
                        .in_b (B3),
```

17

```
                                    .out_c(Y3)
                                  );
          nand_2 U_nand_2_4 ( .in_a (A4),
                                    .in_b (B4),
                                    .out_c(Y4)
                                  );
     endmodule
```

2.验证代码实现

在实际工作中,实现的逻辑功能往往不是这么简单,逻辑功能不可能一次性设计正确。因而,对设计的逻辑功能,验证其正确性的步骤是必不可少的。我们称逻辑功能正确性的检测步骤为集成电路验证。验证方法有很多,简单的逻辑通过检视代码的方式也是可以的,但是对于复杂的逻辑功能,必须有一套完整的机制来保证逻辑功能的正确性。

在数字集成电路设计领域,一般是通过编写验证平台加上规划的测试用例来保证的,在规划的测试用例全部测试通过后,通过覆盖率收集的方式确保测试用例的完备性。也就是说通过测试用例测试保证功能的正确性,通过覆盖率保证测试的完备性,两部分结合保证了绝大多数情况逻辑功能的正确性。

编写验证平台主要语言有Verilog、System Verilog和SystemC等。由于本项目不是专门讲述数字集成电路的验证,所以我们选择大家都熟悉的Verilog进行简单的验证平台编写,即把测试用例和平台代码写在一个文件中。由于待测模块的逻辑功能本身比较简单,本部分主要介绍验证的基本思想。检测结果的正确性通过查看波形的方式完成,这里省略检测部分的代码设计。

为了使大家更快地接触集成电路验证,首先来认识基本的验证代码。验证代码可以大致分为四个部分。第一部分为变量的类型声明,声明时如果要使用*always*或者*initial*等过程块进行赋值,则必须声明为*reg*;否则,声明为*wire*。第二部分为待测模块的例化,这部分比较固化,按照对应的格式抄下来即可。第三部分为待测模块输入信号的模拟构建,也称为产生激励信号。第四部分为检测部分,由于我们准备通过查看波形的方式完成功能的检测,所以这部分可省略,只写一个结束的标志信号。

具体代码如下:

```
//================================================================
reserved.
// File Name: top.v
// Description:用于验证四通道两输入与非门设计的验证代码
//================================================================
`timescale 1ns/1ns
module top;
    parameter PERIOD = 10;

    reg         clk  ;
    reg         A1   ;
    reg         A2   ;
    reg         A3   ;
    reg         A4   ;
    reg         B1   ;
    reg         B2   ;
    reg         B3   ;
    reg         B4   ;

    wire        Y1   ;
    wire        Y2   ;
    wire        Y3   ;
    wire        Y4   ;

    quad_nand_2 U_quad_nand_2 (
        .A1 (A1    ),
        .A2 (A2    ),
        .A3 (A3    ),
        .A4 (A4    ),
        .B1 (B1    ),
        .B2 (B2    ),
        .B3 (B3    ),
        .B4 (B4    ),
        .Y1 (Y1    ),
        .Y2 (Y2    ),
        .Y3 (Y3    ),
        .Y4 (Y4    )
        );
```

```
//clk gen
initial begin
    clk = 0;
    forever begin
        #(PERIOD/2) clk = ~clk;
    end
end
// gen A1
initial begin
    A1 = 0;
    repeat(50)begin
        #(PERIOD) A1=$random;
    end
end
// gen A2
initial begin
    A2 = 0;
    repeat(50)begin
        #(PERIOD) A2=$random;
    end
end
// gen A3
initial begin
    A3 = 0;
    repeat(50)begin
        #(PERIOD) A3=$random;
    end
end
// gen A4
initial begin
    A4 = 0;
    repeat(50)begin
        #(PERIOD) A4=$random;
    end
end
// gen B1
initial begin
    B1 = 0;
```

```
          repeat(50)begin
              #(PERIOD) B1=$random;
          end
      end
      // gen B2
      initial begin
          B2 = 0;
          repeat(50)begin
              #(PERIOD) B2=$random;
          end
      end
      // gen B3
      initial begin
          B3 = 0;
          repeat(50)begin
              #(PERIOD) B3=$random;
          end
      end
      // gen B4
      initial begin
          B4 = 0;
          repeat(50)begin
              #(PERIOD) B4=$random;
          end
      end
      initial begin
          #(50*PERIOD) $finish;
      end
  endmodule
```

可以看到,代码的第一部分的变量声明首先声明端口信号,由于输入信号要通过 *initial* 赋值,所以输入信号声明为 *reg*。由于这里通过波形检测,所以输出信号不需要特殊处理,声明为 *wire* 信号即可。第二部分为待测模块例化,这里一定要注意的是,例化时模块名称一定要和设计代码的中模块名称对应,不然无法找到待测模块。第三部分为产生激励信号,这里的组合逻辑虽然暂时不使用时钟,但为了后续查看波形的方便,依然产生了一个时钟信号。其他的8个输入信号均通过随机函数产生信号值,因为为随机信号,不一定覆盖到所

21

有的输入可能性,所以覆盖率收集步骤是必不可少的,以保证所有的可能性都随机出现,减少设计漏洞。最后一部分的检测部分暂不关注。

1.2.3 芯片逻辑功能仿真验证

数字芯片验证的平台软件主要有 Synopsys、Cadence 和 Mentor 等 3 个 EDA 厂商,本书采用 Mentor 的 ModelSim 工具完成仿真验证。ModelSim 的下载及安装方法各种搜索引擎很多,这里就不过多地进行介绍。安装完成后,双击打开软件,打开后的界面如图 1-5 所示。

接下来和其他软件一样,单击 File 菜单栏,通过 New->Project 选项卡新建项目,弹出界面如图 1-6 所示,在项目名称的对话框中填写项目名称,可自定义,选择项目的位置,也可根据实际情况而定,然后点击"OK"按钮。

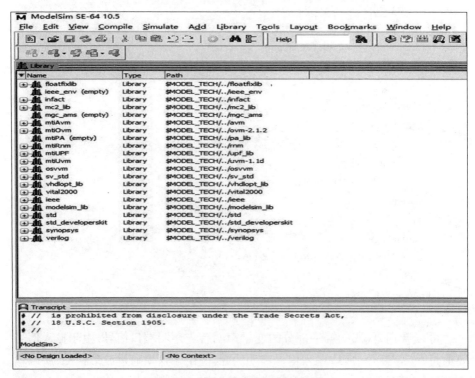

图 1-5　ModelSim 打开后的界面

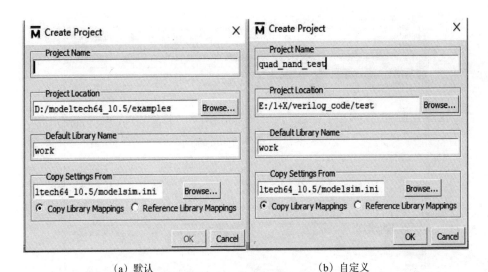

(a) 默认   (b) 自定义

图 1-6 ModelSim 新建项目界面

点击"OK"后,将弹出新的添加项目文件的对话框,如图 1-7 左图所示。由于之前已经编写好对应的设计和验证文件,选择第二个选项,添加已有的文件,此时会弹出新的对话框提示浏览已有文件的位置,如图 1-7 右图所示。选择好文件后点击"OK"进入编译界面,如图 1-8 所示。选中添加的文件后点击"编译"按钮进行文件编译,编译后如果没有弹出错误,在问号位置会出现绿色的勾,如图 1-9 所示;如果有错误会提示红色的叉,则需要返回修改再重新编译,直到错误全部消除为止。

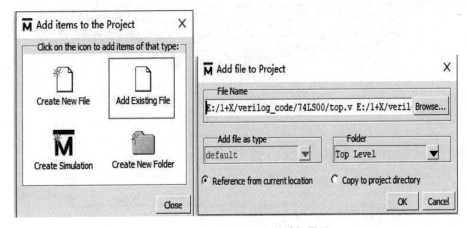

图 1-7 ModelSim 项目文件选择界面

图1-8　ModelSim项目编译界面1

编译成功后,点击"run"按钮进行仿真,会弹出如图1-10所示的开始仿真界面。在这个界面需要设置两个地方,首先展开Work选项,选中激励文件top,然后去除Enable optimization选项卡前面的钩,表示在仿真时不进行优化,点击"OK"后,将弹出仿真界面(图1-11),右击"top",在弹出菜单中选择AddWaveNew,添加新的波形,此时会弹出新的波形界面,再点击"run"或者"run-All"按钮开始仿真,此时会在波形界面出现波形,如图1-12所示。

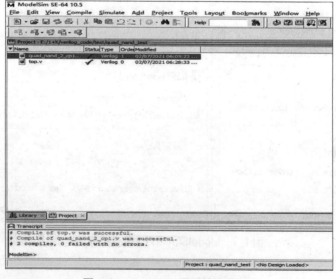

图1-9　ModelSim项目编译界面2

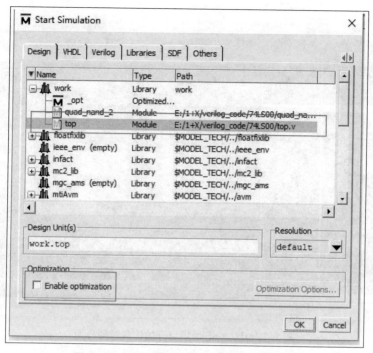

图1-10 ModelSim项目开始仿真设置界面

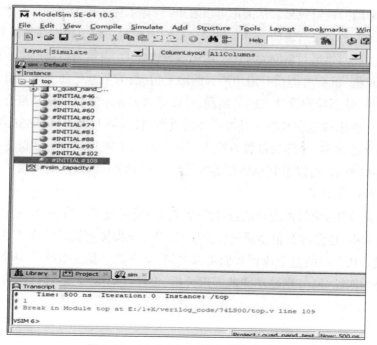

图1-11 ModelSim项目开始仿真界面

25

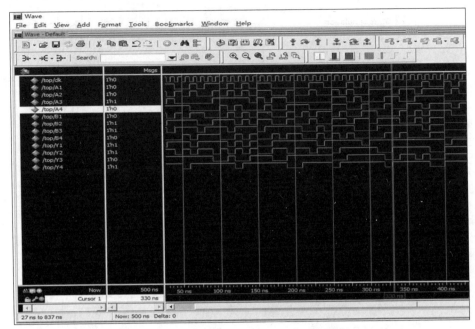

图1-12　ModelSim项目开始仿真波形界面

　　我们需要从图1-12所示的波形中一个时钟周期一个时钟周期地确认是否符合与非门的逻辑效果。从波形可以看出，只有 A_x 和 B_x 都为"1"时，Y_x 才为"0"，其他情况 Y_x 都为"1"，说明设计逻辑符合我们的预期。由于我们在测试文件top中构造激励时是通过 $random$ 这个系统函数构建的，表示为随机产生数据。既然是随机的，就有可能没有遍历所有的输入情况，为了避免部分激励组合未被随机选中，从而导致设计缺陷的遗漏，可以通过覆盖率来保证激励组合都被随机选中。由于覆盖率收集不是本任务的重点，且网络上关于ModelSim收集覆盖率的介绍很多，具体的设置方法大家可以自己去查找。收集的覆盖率信息如图1-13所示，可以看到总体覆盖率已经达到100%，因此所有的激励组合应该都被随机选中了。

　　自此，74LS00的逻辑功能设计的前端部分就完成了。当然，在实际的项目实施过程中，还会涉及很多质量检验项目，以此来保障逻辑功能设计尽可能的无错误。从上面的整个流程我们可以看到，整个数字集成电路前端设计大致可以分为四部分，分别是功能的需求分析、设计代码编写、验证代码编写和功能的仿真验证。

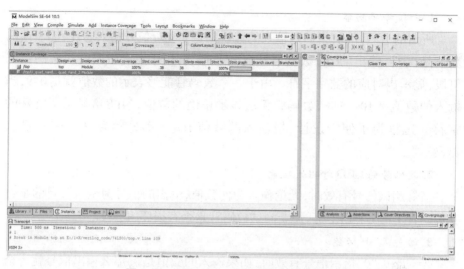

图 1-13　ModelSim 项目覆盖率收集界面

小　练　习

　　1.根据 74LS04 的数据手册查询该芯片的功能,进行需求分析,利用 Verilog HDL 语言编写代码实现其逻辑功能;再利用 ModelSim 软件完成电路逻辑仿真验证,通过波形确认代码满足功能需求。

　　2.根据 74LS20 的数据手册查询该芯片的功能,进行需求分析,利用 Verilog HDL 语言编写代码实现其逻辑功能;再利用 ModelSim 软件完成电路逻辑仿真验证,通过波形确认代码满足功能需求。

1.3　74LS48 芯片功能的设计实施

1.3.1　芯片功能需求分析

　　根据 74LS48 的数据手册可知,74LS48 芯片是一种常用的七段数码管译码/驱动器,并且是输出高电平有效的译码器;该芯片除了显示译码功能以外,还有测试数码管 LED 灯的功能、动态灭"0"功能和消隐功能。从学习设计方法的角度考虑,这里略去 74LS48 的消隐功能,主要实现以下 3 个功能,最终设计效果与实际的 74LS48 功能有细微的差别。

1. 七段译码功能

所谓的七段译码,指的是输入的数字是通过4*bit*信号输入芯片,能表述的数值是0~15,输出的7*bit*数据信号高电平有效,用于点亮数码管对应的数码管段,显示出对应的数字字符。由于一个数码管能够表示的数值就是0~9,当输入的数值是10~15时,数码管无法显示正确的数值,74LS48显示了特殊的字符。这里为了便于设计,把输入的数值10~15都显示为"E",表示输入错误。

2. 数码管的LED灯测试功能

当灯测试信号有效时,无论输入为何数值,输出的信号为全"1",目的是点亮数码管上的7个LED灯,用于测试数码管是否有损坏的字段。

3. 动态灭"0"功能

当动态灭"0"指示信号有效时,如果输入的数值是0,那么输出信号就为全"0",表示该"0"数值不显示;如果输入为非"0"数值,则无影响。该功能是为了在显示多位数字时不显示高位的"0"数字。比如,两位数码管显示十进制数,对个位数的"2",不用显示出"02"。

根据上述分析我们可以得出:输入信号有数据信号4个,分别为A、B、C和D,其中A为低位,D为高位。灯测试信号,74LS48中命名为LT,低电平有效,对应命名为LT_n;动态灭"0"功能,有效指示信号RBI,低电平有效,对应命名为RBI_n。因此,总共有6个输入信号,有7个输出信号,输出信号分别为Y_a~Y_g。根据输入输出信号可以得出图1-14所示的逻辑框图,该模块命名为smg_decoder。

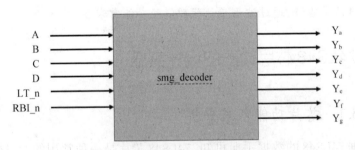

图1-14 smg_decoder模块逻辑框图

结合上述的描述以及74LS48芯片的数据手册,我们可以得出以下功能表述:

(1)只要LT_n=0,即有效时,无论其他为何值,输出的信号全部为"1",即灯测试功能。

（2）当 LT_n =1， RBI_n =0， A =0， B =0， C =0， D =0，时，输出信号全为0。

（3）当 LT_n =1时， RBI_n =1， A =0， B =0， C =0， D =0，时，输出信号 Y_g =0，其余输出信号为1，表示需要显示"0"。

（4）当 LT_n =1时， A 、 B 、 C 、 D 输入值不全为0，那么无论 RBI_n 为何值，输出信号都应该按照数值显示，正常译码。

1.3.2　芯片设计及验证代码实现

1.设计代码实现

根据前面的需求分析可知， $smg\_decoder$ 模块仍然是组合逻辑模块，由于分成了4种情况，因此这里选用行为级描述的条件语句进行代码描述，设计代码实现如下：

```
//================================================================
// File Name  :smg_decoder.v
// Description:七段数码管译码器
//================================================================

module smg_decoder(
            input  A,
            input  B,
            input  C,
            input  D,
            input  LT_n ,
            input  RBI_n,
            output Ya   ,
            output Yb   ,
            output Yc   ,
            output Yd   ,
            output Ye   ,
            output Yf   ,
            output Yg
            );
    wire [3:0] in_num;
    reg [6:0] out_data;

    assign in_num = {D,C,B,A};
```

29

```
    always @(*)begin
        if(LT_n == 0)begin
            out_data = 7'h7f;
        end
        else begin
            if(in_num == 4'd0)begin
                if(RBI_n == 0)begin
                    out_data = 7'h0;
                end
                else begin
                    out_data = 7'h3f;
                end
            end
            else begin
                case(in_num)
                    4'd1:out_data = 7'b000_0110  ;
                    4'd2:out_data = 7'b101_1011  ;
                    4'd3:out_data = 7'b100_1111  ;
                    4'd4:out_data = 7'b110_0110  ;
                    4'd5:out_data = 7'b110_1101  ;
                    4'd6:out_data = 7'b111_1101  ;
                    4'd7:out_data = 7'b000_0111  ;
                    4'd8:out_data = 7'b111_1111  ;
                    4'd9:out_data = 7'b111_0111  ;
                    default:out_data = 7'b111_1001;
                endcase
            end
        end
    end
    assign {Yg,Yf,Ye,Yd,Yc,Yb,Ya} = out_data;
endmodule
```

从前面的需求分析可以发现,芯片逻辑功能实现首先分为两类,第一类是灯的测试,第二类是数码管的译码。在数码管的译码中又分为0的译码和非0的数值译码,而对于0的译码又分为两种,一种是正常的译码,另一种是灭0值的译码。在正常译码时特别注意,这里为了简化代码的实现,当输入的数值超过9时,译码的结果显示在数码管上是"E"。把输入信号A、B、C和D组合成了一个新的 4bit 信号 in_data，主要是为了代码逻辑里信号使用方便考虑的，并无其他作用。对应的 out_data，其目的与 in_data 相同。

2. 验证代码实现

设计代码完成后，接下来开始编写验证代码，验证代码的编写方案依然采用 74LS00 验证代码的模板，使用之前规划好的"四步法"完成。验证代码实现如下：

```verilog
//================================================================
// File Name  :top.v
// Description:译码器的验证代码
//================================================================
`timescale 1ns/1ns
module top;

    parameter PERIOD = 10;

    reg        clk   ;
    reg  [3:0] in_data;
    reg        RBI_n ;
    reg        LT_n  ;

    wire       A     ;
    wire       B     ;
    wire       C     ;
    wire       D     ;

    wire       Ya    ;
    wire       Yb    ;
    wire       Yc    ;
    wire       Yd    ;
    wire       Ye    ;
    wire       Yf    ;
    wire       Yg    ;

    assign {D,C,B,A} = in_data;
```

```verilog
        smg_decoder U_smg_decoder (
                .A (A ),
                .B (B ),
                .C (C ),
                .D (D ),
                .LT_n (LT_n ),
                .RBI_n (RBI_n ),
                .Ya (Ya ),
                .Yb (Yb ),
                .Yc (Yc ),
                .Yd (Yd ),
                .Ye (Ye ),
                .Yf (Yf ),
                .Yg (Yg )
                );

    //clk gen
    initial begin
        clk = 0;
        forever begin
            #(PERIOD/2) clk = ~clk;
        end
    end
    // gen in_data
    initial begin
        in_data = 4'd0;
    repeat(50)begin
        #(PERIOD) in_data=$random;
    end
    end
    // gen LT_n
    initial begin
        LT_n = 0;
    repeat(50)begin
        #(PERIOD) LT_n=$random;
    end
    end
```

```
        // gen RBI_n
        initial begin
            RBI_n = 0;
        repeat(50)begin
            #(PERIOD) RBI_n=$random;
        end
        end
        initial begin
        #(50*PERIOD) $finish;
        end
    endmodule
```

　　验证代码首先定义端口信号,这里除了定义端口信号以外,还定义了一个 *in_data* 中间变量,信号位宽为 *4bit*,定义该信号的目的是使之与设计中的 *in_data* 相同,即简化验证代码的内部逻辑。第二步是待测模块的例化,这里的待测模块就是 *smg_decoder*。第三步为产生激励信号,本来产生激励信号应该是产生 *A、B、C* 和 *D* 四个信号,为了简化内部逻辑,首先产生一个 *in_data* 激励信号,然后通过 *assign* 的方式把 *in_data* 的 *4bit* 信号赋值给 *A、B、C* 和 *D*。所以,这里真正使用过程块赋值的是 *in_data*,在第一步信号声明时,只需要把 *in_data* 声明为 *reg*,而 *A、B、C* 和 *D* 是使用 *assign* 赋值的,即定义为 *wire*。第四步为信号采样检测,这里仍然准备通过波形检测,所以最后只写了一个仿真结束标志。特别注意:由于这个译码器分支比较多,为了尽可能把所有的分支都验证到,可以把激励信号产生和仿真结束的时间加长一些,以便验证所有的分支情形。

1.3.3　芯片逻辑功能仿真验证

　　设计代码和验证代码准备好后,根据上一个任务讲解的 ModelSim 使用方法,进行仿真验证,验证的波形结果如图 1-15 所示。

　　通过查看波形,可以确认设计是否符合预期。例如,第一个时钟周期,输入的数值是 0,同时 *RBI_n* 和 *LT_n* 两个信号都为 0,根据之前需求分析的结果,由于 *LT_n*=0 表示灯测试,所以输出的结果应该 $Y_a \sim Y_g$ 全部是高电平,从波形来看,第一个周期 $Y_a \sim Y_g$ 的输出信号确实全部是 1,后边的波形可以按照同样的方法进行分析确认。至此,74LS48 对应的逻辑功能实现完成。

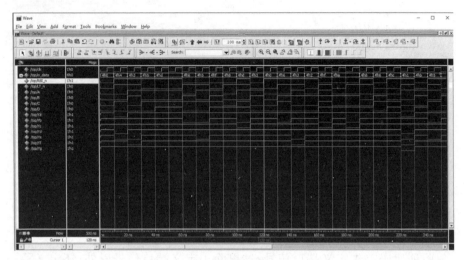

(a)完整波形

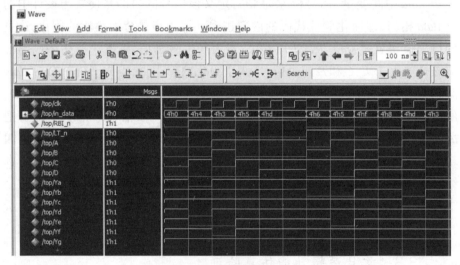

(b)局部波形

图1-15　smg_decoder模块验证波形图

 小练习

　　根据74LS247的数据手册查询该芯片的功能,进行需求分析(消隐功能不考虑),利用Verilog HDL语言编写代码实现其逻辑功能;再利用ModelSim软件完成电路逻辑仿真验证,通过波形确认代码满足功能需求。

1.4　74HC283芯片功能的设计实施

1.4.1　芯片功能需求分析

根据74HC283的数据手册可知,74HC283芯片是4位的二进制全加器,这里的全加器和我们平常数学中的加法运算原则相同,除了加数和被加数外,还有一个进位位。因此,全加器的设计可分成求和处理和进位位处理。

1. 求和处理

由于是二进制的加法器,所以求和是逢"2"进"1"。因此,对于任何一位数求和都有$S_i=A_i+B_i+C_{i-1}$,其中A和B分别为被加数和加数,C_{i-1}为低位向本位的进位,这3个二进制数中,只要有奇数(1或3)个1,结果就为1,否则结果为0;如果写成数字电路逻辑,则可表述为$S_i=A_i\char`^B_i\char`^C_{i-1}$。

2. 进位位处理

对于求和运算$S_i=A_i+B_i+C_{i-1}$的3个二进制数中,只要有2个及以上二进制数为1,进位位的结果就为1,否则结果为0;如果写成数字电路逻辑,则可表述为$C_i=(A_i\&B_i)|((A_i\char`^B_i)\&C_{i-1})$。

根据以上分析可以得出4位全加器的逻辑框图,如图1-16所示。输入信号分别是A_1、A_2、A_3、A_4、B_1、B_2、B_3、B_4和C_{in},输出信号为S_1、S_2、S_3、S_4以及C_{out},模块名称为full_add_4。

图1-16　full_add_4模块逻辑框图

1.4.2　芯片设计及验证代码实现

1. 设计代码实现

根据上述分析可知,全加器的逻辑功能设计选择数据流描述形式会更加方便。全加器整个逻辑分成两大部分,第一部分是每一位求和的进位位处理;第

二部分是每一位求和结果的处理。利用需求分析中得到的公式,按数据流描述形式编制逻辑设计代码如下:

```
//=================================================================
// File Name :full_add_4.v
// Description:4位的二进制全加器
//=================================================================

module full_add_4(
                input  A1,
                input  A2,
                input  A3,
                input  A4,
                input  B1,
                input  B2,
                input  B3,
                input  B4,
                input  Cin,
                output S1,
                output S2,
                output S3,
                output S4,
                output Cout
                );
//tmp
wire [3:0] P;
wire [3:0] G;
wire [3:0] C;
wire [3:0] A;
wire [3:0] B;

assign A = {A4,A3,A2,A1};
assign B = {B4,B3,B2,B1};

assign P=A^B;
assign G=A&B;
```

```
assign C[0]=G[0]|(P[0]&Cin );
assign C[1]=G[1]|(P[1]&C[0]);
assign C[2]=G[2]|(P[2]&C[1]);
assign C[3]=G[3]|(P[3]&C[2]);

assign Cout = C[3];

assign S1=P[0]^Cin ;
assign S2=P[1]^C[0];
assign S3=P[2]^C[1];
assign S4=P[3]^C[2];

endmodule
```

2.验证代码实现

设计代码完成后,开始编写验证代码,验证代码的编写方案依然采用之前规划好的"四步法"完成。验证代码实现思路如下:

为了实现逻辑更加简便,定义两个4bit的信号A和B用作被加数和加数,在随机的产生激励时只需要产生A、B和C_{in}即可。然后通过$assign$语句把A拆成4bit分别赋值给A_1、A_2、A_3和A_4,信号B同理。另外,由于A、B信号的多bit,产生的数据就比较多,完全看波形也不甚直观。因此,在最后验证代码时使用了$monitor$函数来监控输入输出的结果,并打印在仿真log中,方便查看。

```
//==================================================================
reserved.
// File Name:top.v
// Description :用于码证4位二进制全加器的验证代码
//==================================================================
`timescale 1ns/1ns
module top;

        parameter PERIOD = 10;

        reg         clk    ;
        reg   [3:0]  A      ;
        reg   [3:0]  B      ;
```

```
    wire  [3:0]  S       ;
    reg          Cin  ;

    wire         A1  ;
    wire         A2  ;
    wire         A3  ;
    wire         A4  ;
    wire         B1  ;
    wire         B2  ;
    wire         B3  ;
    wire         B4  ;

    wire         S1   ;
    wire         S2   ;
    wire         S3   ;
    wire         S4   ;
    wire         Cout ;

    assign {A4,A3,A2,A1} = A ;
    assign {B4,B3,B2,B1} = B ;
    assign S = {S4,S3,S2,S1} ;

    full_add_4 U_full_add_4 (
            .A1 (A1  ),
            .A2 (A2  ),
            .A3 (A3  ),
            .A4 (A4  ),
            .Cin(Cin ),
            .B1 (B1  ),
            .B2 (B2  ),
            .B3 (B3  ),
            .B4 (B4  ),
            .Cout (Cout  ),
            .S1 (S1  ),
            .S2 (S2  ),
            .S3 (S3  ),
            .S4 (S4  )
            );
```

```
//clk gen
initial begin
clk = 0;
forever begin
    #(PERIOD/2) clk = ~clk;
end
end
// gen A
initial begin
    A = 4'b0;
repeat(50)begin
    #(PERIOD) A=$random;
end
end
// gen B
initial begin
    B = 4'b0;
repeat(50)begin
    #(PERIOD) B=$random;
end
end
// gen Cin
initial begin
    Cin = 1'b0;
repeat(50)begin
    #(PERIOD) Cin=$random;
end
end
initial begin
    $monitor($time,"\tA=%b,B=%b,Ci=%b,S=%b,Co=%b",A,B,Cin,S,Cout);
        #(50*PERIOD) $finish;
end
endmodule
```

1.4.3　芯片逻辑功能仿真验证

完成设计代码和验证代码后,根据上一个任务讲解的ModelSim使用方法,进行仿真验证,验证的波形结果如图1-17所示。可以通过检查波形的方式查看逻辑结果是否符合预期,由于信号的位数较多,直接查看波形不甚直观,因此在验证代码加入监控代码,并把监控的结果打印在仿真 *log* 中(图1-18),这样更便于查看逻辑是否符合预期。当然,对于以后更加复杂的逻辑,使用 $monitor 函数采样并进行自动化的比对是必不可少的。由于我们在仿真代码中定义的时钟周期是10ns,所以在打印仿真 *log* 时采用每10ns打印一次,依次检查的输出结果完全符合预期。至此,4位全加器的前端设计全部完成。

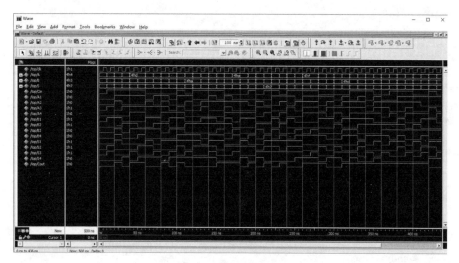

图1-17 full_add_4模块验证波形图

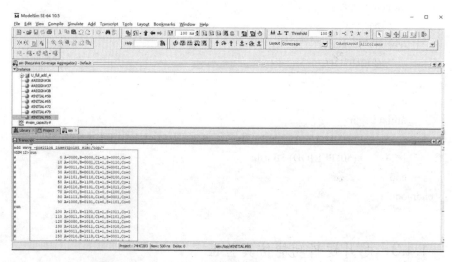

图1-18 full_add_4模块$monitor采样的仿真日志

小练习

根据74HC138的数据手册查询该芯片的功能,进行需求分析,利用Verilog HDL语言编写代码实现其逻辑功能;再利用ModelSim软件完成电路逻辑仿真验证,通过波形确认代码满足功能需求。

1.5　74LS74芯片功能的设计实施

1.5.1　芯片功能需求分析

根据74LS74的数据手册可知,74LS74芯片内包含2个独立的D触发器,并且是时钟上升沿触发,同时带异步复位和异步置位端。该逻辑为最基本、最简单的时序逻辑,其用途非常广泛,可用作寄存器、移位寄存器、振荡器、单稳态电路、分频计数器等功能设计的基本单元,是数字电路设计的重要单元,可根据实际情况灵活运用和处理。

D触发器的典型特点是输出在时钟边沿处随着输入数值而变化,这就意味着在时钟边沿以外时间,输出数据是保持不变的。例如,这里的D触发器是上升沿触发,表明输出数据只会在时钟的上升沿随着输入数值而发生变化,利用Verilog描述时序逻辑就是使用 *always*。根据前面描述,对应的逻辑框图如图1-19所示,它是一个双通道的异步D触发器。

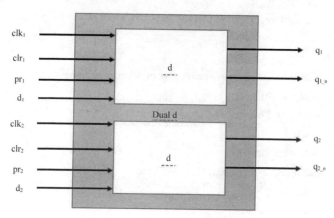

图1-19　Dual_d模块逻辑框图

41

1.5.2 芯片设计及验证代码实现

1.设计代码实现

根据上述分析可以得知,双通道的D触发器逻辑功能设计就是使用两个 *always* 的时序逻辑实现。整个逻辑分成两大部分,即为两个逻辑功能相同的 *always* 块,利用行为级描述形式的逻辑设计代码如下:

```
//====================================================
// File Name :dual_d.v
// Description:双通道的D触发器
//====================================================


module dual_d(
        input   clk1,
        input   clr1,
        input   pr1 ,
        input   d1 ,
        output  reg q1,
        output  reg q1_n,
        input   clk2,
        input   clr2,
        input   pr2 ,
        input   d2 ,
        output  reg q2,
        output  reg q2_n
    );
//D1
    always @(posedge clk1 or negedge clr1 or negedge pr1)begin
        if((clr1 == 0) && (pr1 == 1))begin
            q1   <= 1'b0;
            q1_n <= 1'b1;
        end
        else if((clr1 == 1) && (pr1 == 0))begin
            q1   <= 1'b1;
            q1_n <= 1'b0;
        end
        else if((clr1 == 0) && (pr1 == 0))begin
```

```
            q1   <= 1'b1;
            q1_n <= 1'b1;
        end
        else begin
            q1   <= d1;
            q1_n <= ~d1;
        end
    end
    //D2
    always @(posedge clk2 or negedge clr2 or negedge pr2)begin
        if((clr2 == 0) && (pr2 == 1))begin
            q2   <= 1'b0;
            q2_n <= 1'b1;
        end
        else if((clr2 == 1) && (pr2 == 0))begin
            q2   <= 1'b1;
            q2_n <= 1'b0;
        end
        else if((clr2 == 0) && (pr2 == 0))begin
            q2   <= 1'b1;
            q2_n <= 1'b1;
        end
        else begin
            q2   <= d2 ;
            q2_n <= ~d2 ;
        end
    end
endmodule
```

2. 验证代码实现

设计代码完成后,接下来开始编写验证代码,验证代码的编写方案依然采用之前规划好的"四步法"完成,验证代码实现思路如下:

由于是双通道的异步 D 触发器,输入信号比较多,因此分别产生激励时,代码逻辑看起来也比较多,但是产生激励的方法几乎都是一样的。当然这里可以通过任务的方式对激励信号进行封装,然后再作调用。由于前期学习 Verilog 编程语言时,*task* 并不是重点内容,因此本验证代码并未使用 *task* 进行封装。随着学习的深入,可以尝试通过 *function* 和 *task* 对验证代码进行封装,以简化

43

代码。

```
//================================================================
// File Name  :top.v
// Description:D触发器的验证代码
//================================================================
`timescale 1ns/1ns
module top;

    parameter PERIOD = 10;

    reg         clk1   ;
    reg         clr1   ;
    reg         pr1    ;
    reg         d1     ;
    wire        q1     ;
    wire        q1_n   ;

    reg         clk2   ;
    reg         clr2   ;
    reg         pr2    ;
    reg         d2     ;
    wire        q2     ;
    wire        q2_n   ;

    dual_d U_dual_d (
                .clk1(clk1  ),
                .clr1(clr1  ),
                .pr1(pr1    ),
                .d1( d1     ),
                .q1( q1     ),
                .q1_n(q1_n),
                .clk2(clk2  ),
                .clr2(clr2  ),
                .pr2( pr2   ),
                .d2(  d2    ),
```

```verilog
                .q2(  q2  ),
                .q2_n(q2_n)
            );


    //clk1 gen
    initial begin
        clk1 = $random;
    forever begin
        #(PERIOD/2) clk1 = ~clk1;
    end
    end
    //clk2 gen
    initial begin
        clk2 = $random;
    forever begin
        #(PERIOD/2) clk2 = ~clk2;
    end
    end
    // gen clr1
    initial begin
        clr1 = 0;
    repeat(50)begin
        #(PERIOD) clr1=$random;
    end
    end
    // gen clr2
    initial begin
        clr2 = 0;
    repeat(50)begin
        #(PERIOD) clr2=$random;
    end
    end
    // gen pr1
    initial begin
        pr1 = 0;
    repeat(50)begin
        #(PERIOD) pr1=$random;
    end
```

```
    end
    // gen pr2
    initial begin
        pr2 = 0;
    repeat(50)begin
        #(PERIOD) pr2=$random;
    end
    end
    // gen d1
    initial begin
        d1 = 0;
    repeat(50)begin
        #(PERIOD) d1=$random;
    end
    end
    // gen d2
    initial begin
        d2 = 0;
    repeat(50)begin
        #(PERIOD) d2=$random;
    end
    end
    initial begin
        #(50*PERIOD) $finish;
    end
endmodule
```

1.5.3 芯片逻辑功能仿真验证

完成设计代码和验证代码后,进行仿真验证,验证的波形结果如图1-20所示。通过检查波形的方式查看逻辑结果是否符合预期,因信号较多,查看波形时一定要仔细确认。这里要注意的是,由于复位信号和置位信号都是低电平有效,所以当两个信号在下降沿时,输出信号发生相应改变,但在芯片的实际使用过程中,复位信号和置位信号不会频繁有效,所以输出的 q 就是输入信号的 d,只是时间上一般延迟一个周期。另外,该设计为异步设计,也就是时钟控制和复位信号并没有关系,复位信号和置位信号是不受时钟控制的,在构造复位信号和置位信号激励时,可以随机变化时间。查看波形如果确认逻辑无误,双通道的D触发器前端设计就完成了。

因为验证工作不是本课程的学习重点,所以许多验证完备性的处理并未在验证代码中体现,大家可以根据此思路进一步修改。

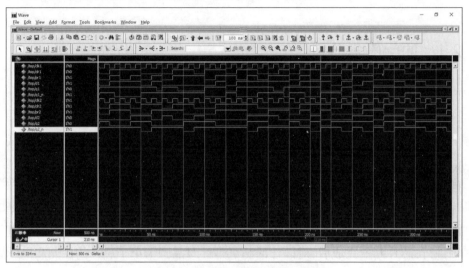

图1-20 Dual_d模块验证波形图

小 练 习

根据74LS90的数据手册查询该芯片的功能,进行需求分析,画出对应的结构框图,并描述输入输出信号及对应的位宽;利用 Verilog HDL 语言编写代码实现其逻辑功能,并根据"四步法"完成对应的验证代码;再利用 ModelSim 软件完成电路逻辑仿真验证,通过波形确认代码满足功能需求。

项目2　晶圆测试

2.1　项目任务分析

2.1.1　项目描述

集成电路的制造过程包括硅片制备、芯片制造(又称晶圆制程)、芯片测试(又称晶圆测试或中测)/拣选(即打点)、装配与封装、终测五个主要制造阶段。硅片制备,指硅片制造厂商完成把硅从原材料中提炼进而切割成用来制造芯片的薄硅圆片的过程;芯片制造就是通常说的集成电路的流片过程,可选择IDM模式的企业,如杭州士兰微电子,或代工厂(Foundry),如中芯国际、台积电等进行;芯片制造完成后,对硅片的测试是针对晶圆上单个芯片的探测和电学检查,只有通过测试的芯片才能进入后续工序;测试合格的芯片,将由装配、封装厂进行封装;而对每个封好的集成电路进行各种严格的电气测试和老化试验,则是集成电路流入市场的基本产品质量管理要求。集成电路测试企业往往兼顾了芯片测试和终测两个重要质量保障环节的工作,但与终测相比,芯片测试需要的测试环境清洁度更高,测试设备更复杂。

晶圆测试是晶圆生产过程的成绩单,是晶圆制造完成后的重要测试环节。进行晶圆测试,不仅为提前鉴别出合格芯片,过滤功能不良的芯片,确定芯片的良品率,以避免由于不良品过多影响后续封装、最终测试成本等,同时,通过器件电性能参数的评估分析,为判断前段制程的异常问题,保障制造工艺的质量水平提供参考数据。

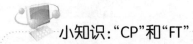
小知识:"CP"和"FT"

集成电路测试贯穿设计、制造、封装、应用的全过程。从最初形成满足特定功能需求的芯片设计方案,经过晶圆制造、封装环节,在最终形成合格产品之前,均需检测产品是否符合各种规范。按生产流程,集成电路测试可分为验证测试、晶圆测试、封装检测。

验证测试又称实验室测试或特性测试，是在器件进入量产之前验证是否正确的必要流程，可在实验室或专门的测试工厂进行，通常测试最坏的情况。

晶圆测试，又称前道测试，即CP(Circuit Porbing)测试，每一块加工完成的芯片都需要进行晶圆测试，重点是判定芯片是否符合设计的质量和需求。考虑到测试成本，只做通过/不通过的判决。

封装检测，是在芯片(Die，又称晶粒)封装后进行的成品测试(Final Test，FT)，其目标是避免将有缺陷的器件混入系统之中。

2.1.2 晶圆测试环境

1.测试环境——无尘室

无尘室是指将一定空间范围内空气中的微粒子、有害空气、细菌等污染物排除，并将室内温度、洁净度、室内压力、气流速度与气流分布、噪音振动及照明、静电等控制在某一需求范围内，而给予特别设计的房间，如图2-1所示。

无尘室的洁净度分级标准ISO14644根据悬浮粒子浓度这个唯一指标来划分洁净室(区)及相关受控环境洁净度的等级，并且仅考虑粒径限值(低限)0.1~0.5μm范围内累计分布的粒子群，用Class X(X为无尘室等级)来定义不同等级。根据粒子径，可划分为常规粒子(0.1~0.5μm)、超微粒子(<0.1μm)和宏粒子(>5μm)。

不同洁净度等级对应粒子浓度限值见表2-1，表中也对照列出了不同的洁净度等级的国家标准(GB50073-2001)和美国联邦标准(USA Federal Standard)定义方式。

图2-1　晶圆测试无尘车间

49

表2-1 空气微粒洁净度等级对照表

空气洁净度等级				大于或等于所标粒径的粒子最大浓度限值					
ISO 14644-1	GB	FED STD 209E		0.1μm /m³	0.2μm /m³	0.3μm /m³	0.5μm /m³	0.5μm /ft³	5.0μm /m³
		英制	公制						
ISO Class 1	1	—	—	10	2	—	—		
ISO Class 2	2	—	—	100	24	10	4		
ISO Class 3	3	1	M1.5	1 000	237	102	35	—	
ISO Class 4	4(十级)	10	M2.5	10 000	2 370	1 020	352	10	
ISO Class 5	5(百级)	100	M3.5	100 000	23 700	10 200	3 520	100	29
ISO Class 6	6(千级)	1 000	M4.5	1 000 000	237 000	102 000	35 200	1 000	293
ISO Class 7	7(万级)	10 000	M5.5	—	—	—	352 000	10 000	2 930
ISO Class 8	8 (十万级)	100 000	M6.5	—	—	—	3 520 000	100 000	29 300
ISO Class 9	9 (百万级)	—	—	—	—	—	35 200 000	1 000 000	293 000

注1：ft——英尺(1英尺=0.304 8m)。

注2：不同标准在每立方英尺大于或等于0.5μm的微粒数量的限值完全相同，而在其他粒径的限值有些许差异，为列入同一张表格进行比较，这里选择国家标准对应粒子最大浓度限值列入表中。以1级为例，国家标准要求每立方米大于或等于0.2μm的粒子数不得超过237个，而国际标准和美国联邦标准要求每立方米大于或等于0.2μm的粒子数不得超过265个，也就是说，只要达到GB标准，就同样达到了ISO Class X和FED STD 209E对应标准。

由于晶圆检测工艺中芯片处于裸露状态，空气中的微粒浓度将对产品良品率造成极大影响，因此晶圆测试需在千级以上无尘车间进行，同时要求温度范围为22℃±3℃，湿度范围为45%±15%。

为有效隔离污染物，并防止良品率降低，工作人员还需穿戴无尘衣、无尘鞋、口罩、发罩、手套等，防止自身微尘和静电污染芯片，并通过风淋除尘和除静电环节，再进入晶圆测试车间。正确的着装流程也是无尘室规定的重要内容。虽然不同公司，甚至同一个公司的不同工作区域存在不同的着装流程，但目的都是一致的，就是要防止人为将微粒和其他污染物带入无尘室。

2.测试设备

集成电路晶圆测试是对硅片上的图形结构进行电学测试。测试工作由探针台和测试机配合进行，图2-2所示为全自动探针台。不同集成电路的晶圆测试，还需要设计对应的探针测试卡，俗称探针卡，如图2-3所示。

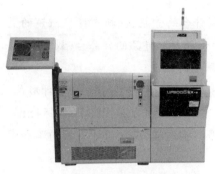

图2-2　全自动探针台

图2-3　探针卡

探针台是利用金属探针将圆片上集成电路芯片的电极与测试机联接，是完成集成电路性能参数中间测试的电子机械设备。探针台从操作上来区分有手动探针台、半自动探针台和全自动探针台多种。

小知识：探针台

探针台是实现精密探针定位、为用户提供半导体待测点至测量仪器连接通路的设备。它包含了配置的显微镜、承载平台及精密移动组件的探针台主体（图2-4所示为手动探针台和半自动探针台）、控制探针精密移动定位的定位器，以及连接待测点与测试仪器的探针、探针夹具和电缆组件。

（a）手动

（b）半自动

图2-4　探针台

（1）显微镜。探针台主体上的显微镜，是实现精密操作的基本配置，目前行业里常见配置有体视显微镜和金相显微镜。

（2）承载平台。承载平台是构成探针台的骨架，包括支撑显微镜的显微镜支架、放置定位器的定位器平台和承载待测样品的样品台（载物台）。

①显微镜支架根据显微镜型号不同进行配置。

②定位器平台的形状和尺寸根据测试应用不同需选择不同的设计形式。

③样品台通常根据晶圆尺寸设计，常用的尺寸为2~12in（1in=2.54cm）。除承载样品的功能外，样品台还可根据测量需求，设计为带测量通路和带精密控温等形式。

（3）精密移动组件。精密移动组件为配套控制承载平台上显微镜、待测样品及定位器的精密移动，通常有X-Y-Z等方向的移动功能。

（4）定位器。定位器又称探针座，与探针直接固定，控制探针的精密移动定位。其核心指标有结构稳定性、驱动丝杆精度、导向机构直线度、往复精度等。

（5）探针、探针夹具和电缆组件。探针是电测试的接触媒介，探针夹具用于夹持探针，探针布局需根据测试应用不同进行相应调整。图2-5所示为显微镜下探针接触芯片进行测试的现场实景。

图2-5　显微镜下的晶圆测试

电缆组件与探针夹具相接，将测试信号连接到测试机，根据测量应用进行对应选择。

探针卡是连接晶圆上每一个待测单元与测试机的硬件接口，探针的一端将根据待测对象的探点（PAD）位置分布及参数需求通过焊接等方式固定在电路板（PCB）上，另一端直接与晶圆上待测单元的探点接触，即实现测试系统的完整闭环。

由此可见,探针卡的结构细节由待测对象的尺寸、探点布局等个性参数决定,而探针卡的电路板及测试方案,则通过测试机进行匹配。

2.1.3　晶圆测试工艺流程

集成电路晶圆测试工艺,指从晶圆送入探针台到完全标记不合格晶粒的全过程,主要包含导片、上片、扎针测试、打点、烘烤、外检、真空入库等环节,其工艺流程如图2-6所示。

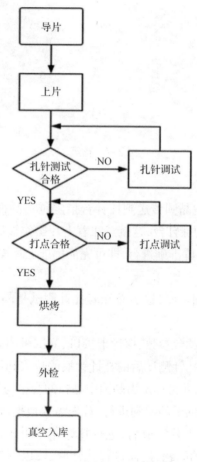

图2-6　晶圆测试工艺流程图

1.导片

导片是将晶圆顺次放入空花篮的操作。为保证晶圆检测的合格率,导片操作需严格按照晶圆测试随件单核对批次、片号等信息。

小知识：花篮

这里所说的花篮（图2-7）是在晶圆制程中承载半导体晶圆片的容器，主要用于各制程工艺环节及在不同站别间进行晶圆传送。不同工艺要求对应花篮的不同规格和材质。由于工艺的特殊性，要求花篮或耐酸、耐碱、耐腐蚀，或耐高温、耐磨、防止静电造成晶圆损坏等。

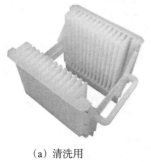

（a）清洗用　　　　　　　　　　　　（b）周转用

图2-7　花篮

2. 上片

上片是利用花篮把晶圆传送到探针台指定位置的操作。目前，大多数晶圆测试厂均采用全自动探针台，这就意味着上片操作被简化，工作人员只需要根据设备的具体操作步骤准确进行，即可完成标准上片操作。

3. 扎针测试

晶圆测试又称晶圆针测，这也意味着扎针测试是晶圆测试制程中最重要的一环。

在测试环境（指测试台参数、探针卡接口、测试机测试方案等）与待测对象要求一致的情况下，若扎针测试后的扎针针痕的位置和深度符合要求，通过测试机所获得的测试数据即可标定出晶圆中晶粒的合格与否。

因此，为保证扎针测试的顺利进行，首先需要根据待测对象的具体数据进行参数设置，并在晶圆上片完成后，进行扎针样本测试。在操作过程中，如果发现扎针测试不合格的问题，还需进行扎针调试，以调整扎针位置与深度，待调试合格后才能继续进行扎针测试。同时，扎针测试过程中也要定期检查扎针情况，如测至500颗左右时移动摇杆，通过对焦图形随机检查扎针位置、深浅是否符合质量外观的要求。

某些特殊的晶圆因其自身性能特点，需在特定的条件下（如避光、加温等）

进行扎针测试,此时需要准备避光罩、加热及测温监控等测试环境。

4. 打点

扎针测试一旦完成,计算机数据库中就获得标出了不合格芯片位置的电子硅片图(即MAP图),而打点是用墨水在晶圆上标出不合格的芯片过程。当然,如果在打点环节发现墨点不合格的问题,同样需要进行打点的调试,直到调试合格后才能继续进行打点操作。

需要注意的是,随着设备和软件的更新换代,有的晶圆测试环节可选择仅传递MAP图而不再进行打点操作。在工艺步骤减少之余,加工信息的校核就更为重要了。

5. 烘烤

打点环节选择的墨水类型,决定了后续环节中是否需要"烘烤"操作。烘烤型墨水在打点结束后需要用烘箱对墨点固化,而免烘烤型墨水常温下就可以固化。

6. 外检

指工作人员对晶圆进行的外观检查。在墨点固定完毕后,为防止在扎针和打点过程中出现不良情况,需要人工对晶圆的扎针进行外观检查,对扎针扎透铝层、墨点大小点等扎针及打点异常的晶粒进行手动标记。

7. 真空入库

外检完成后,晶圆按要求装入圆盒或花篮后,抽真空入库。

小知识:晶圆测试任务为什么不能在工厂环境中展开训练

从前面的测试环境分析可以看到,晶圆测试不仅需要配置昂贵的工艺设备,同时有严格的生产环境要求。对初学者而言,通过入门级的操作生产出合格产品的可能性是微乎其微的,自然练习成本开支巨大。因此,本项目任务的实操练习,将在虚拟仿真环境中进行。

实操项目针对测试工艺流程的主要步骤,将导片和上片环节直接与扎针测试环节合并到一个项目中,因外检的重点是对扎针效果和打点质量的检查,所以在扎针测试和打点环节需要安排人工抽检环节,对应操作项目配合扎针和打点完成后进行。其中真空入库步骤简单,就不纳入实操训练项目中。

需要注意的是,为有效达到训练目标,在虚拟仿真环境中,设置了"分步"和"连续"两种操作模式，"分步"模式可以选择仅针对某个步骤进行操作，"连续"模式则可以对完整的工艺流程进行仿真操作。这里仅以"分步"模式介绍工艺操作的具体细节。

2.2 晶圆测试任务1:扎针测试

2.2.1 导片上片

导片是在核对待测晶圆与晶圆测试随件单上的信息一致后,将同一批次的晶圆按片号依次放入花篮的过程。正确导片将为后续检测工艺打好基础,保证晶圆检测的合格率。

小知识:晶圆测试随件单

晶圆测试随件单是伴随待检晶圆从出库到扎针测试完毕再入库的重要凭证,详细记录了晶圆信息、测试条件、测试记录以及每一步骤的责任人。

当中间某一环节出现问题时,通过查看随件单能及时找到对应的测试记录以及测试员,以保证整个测试反馈流程的正确性。

"晶圆测试工序"虚拟仿真界面如图2-8所示,用鼠标单击选中"导片上片"模块,再单击"开始模拟",即启动"导片上片"工序。

"导片上片"工序包括领料确认、导片、上片三个操作步骤。

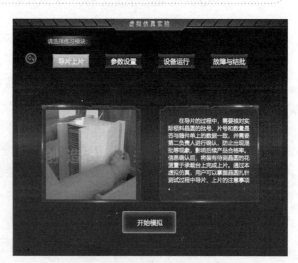

图2-8 "导片上片"选择界面

1.领料确认

在领料过程中,需要核对实际领料晶圆的批号(图2-9)、片号和数量是否与随件单(表2-2)上的数据一致,防止出现混批现象,影响后续产品合格率。具体操作步骤如下:

表2-2 晶圆测试随件单

晶圆测试随件单								
产品名称	74HC132		批号		AD36G1.1	片数		5
测试属性	CP1		有效管芯		30000	直径		6
产品分类	普通类		入库属性		MAP入库需打点	标准合格率		0.93
序号		生产信息					责任人	签字
1	领料员提料	领料单号	SFDD357645		领料日期		2018/3/17	物料员	伊伊
		工单号	SW679803478						
2	测试领料	领料时间	9:30	片数	5	测试工位号	21	测试员	小王
3	测试条件确认1	确认要求	1.扎针在不扎坏管芯的条件下运行 2.保证测试机和探针台接触良好 3.步进:X轴:0.15 Y轴:0.13			确认结果		测试员	
4	测试条件确认2	确认要求	需要扎针设备,领料时,测试员确认花篮中晶圆顺序是否正确			确认结果		测试员	
5	测试条件确认3	确认要求	必须经过当班组长检查排片顺序并确认无误签字后,才可进行测试			确认结果		测试员	
6	测试程序调用	测试程序名称和脚本	SWDBSJ-ACAKUE-74HC132				工程师/技术员	
		文档名称(版本)	PRODUCTION-74HC132(2.0)					
		注意事项	产品检测必须由测试组长、设备技术员审核测试					
7	测试记录		日期	测试程序	测试片号	测试情况		/
				SWDBSJ-ACAKUE-74HC132			测试员	
	结果确认						工程师/技术员	

57

（1）测试员从氮气柜中领取装有待测晶圆的花篮和对应的随件单，进行批次移入操作，即核对晶圆上标注的批号与随件单上批号一致，晶圆上的片号与晶圆在花篮中的位号一致，花篮中晶圆片数与随件单上所列片数一致，同时按照随件单所列测试条件确认测试机与探针台运行情况、晶圆排片顺序，在确认无误后测试员在随件单上签字。

（2）当班组长对晶圆排片顺序再次进行确认，然后在随件单上对应位置填写确认结果并签字。

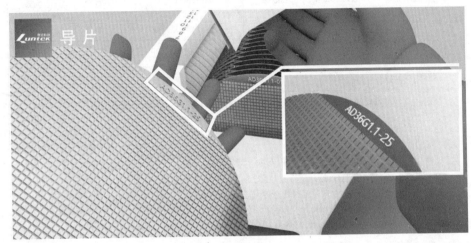

图2-9　晶圆批号

2. 导片

完成"领料确认"后，进行第二步"导片"，导片实际上是核对晶圆信息并将晶圆移入与探针台配套花篮的过程。若前端工艺过程中所用花篮与探针台匹配，此时可不更换花篮，仅进行信息核对工作。

导片过程需清点花篮中晶圆的数量，确保实物信息与晶圆随件单信息一致，再核对晶圆批号。测试员应使用专用的晶圆镊子将晶圆从常温花篮中取出，核对晶圆的印章批号和晶圆测试随件单是否一致，图2-10所示花篮中晶圆的印章批号为AD36G1.1，与随件单相符。代码后续的"10"表示该晶圆片号，需要将晶圆放置在花篮中的位号"10"，两者一致。

需要注意的是，使用晶圆镊子夹取晶圆应采用"握笔式"姿势，晶圆镊子的"短边"（锯状头）应置于晶圆正面，"长边"（平头）应置于晶圆背面，夹晶圆的空白部分，不可伤及晶圆，镊子实物如图2-11所示。

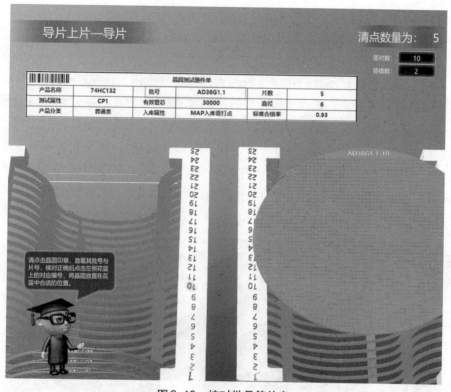

图2-10 核对批号等信息

图2-11 夹晶圆用镊子

 小 练 习

现有若干片晶圆,分别标注有"AD361.1-5""AD361.1-6""AD361.1-18"字样,则晶圆应放置到花篮的什么位置?

3.上片

按照"导片"的操作步骤将晶圆放入探针台配套花篮后,开始进行"上片"操作。

上片,是将装有晶圆的花篮正确送入探针台的操作。首先,应打开探针台盖子,将导片完成的花篮放在探针台的待测区域(承重台)(图2-12),花篮放置时需注意晶圆印章正面朝上。此时承重台前的红、绿两盏指示灯均处于灯灭状态,其中绿灯表示上升,红灯表示下降。前后移动花篮,将花篮固定在承重台上,当花篮的卡槽与承重台的上片槽贴合紧密,即花篮位置放置正确时,承重台上的位置指示灯亮(图2-13),按下操作按钮,花篮将由传输机构自动送入探针台,上盖自动关闭。

图2-12 花篮放入探针台

图2-13 花篮放置位置指示

2.2.2 参数设置

晶圆测试参数设置是根据随件单上所记录的测试条件进行测试程序的调用、设置对应参数以及扎针调试的过程。在设置参数前需核对待测晶圆的信息,核对完成,待测晶圆被自动传送到探针台的待测区域,进行下一步操作。

正确的参数设置是保证晶圆扎针测试合格的基础。在测试开始之前,需要在显示屏上输入正确的参数信息,如批次编号、晶圆ID、产品名、步距等相关信息,以调取对应的测试程序和MAP图。

在图2-14所示的"晶圆测试工序"虚拟仿真实验界面单击"参数设置"模块,再单击"开始模拟",即启动"参数设置"工序。

参数设置工序包括探针台参数设置、MAP图信息核对、扎针调试与测试程序调用四个操作步骤。

图2-14 "参数设置"选择界面

1. 探针台参数设置

在扎针测试前,需要在探针台上软件界面(图2-15、图2-16)输入正确的参数信息,如批次编号、晶圆ID、产品名、晶圆尺寸、步距尺寸等相关信息,以调取相应的测试程序和MAP图。以表2-2的晶圆测试随件单为例,批次编号为AD36G1.1,产品名为74HC132,晶圆尺寸6in,步距尺寸X轴为0.15mm,Y轴为0.13mm,晶圆ID则由具体操作时的排片序号决定。

*****批次设定*****

页数1/2 批次设定

| 装片模式 | 顺序装片 | 晶圆盒号/批 | 1 |

批次编号	:		
操作员名字	:		
晶圆ID	:		
产品名	:		

上一页   下一页

随件单

图2-15 探针台参数设置界面1

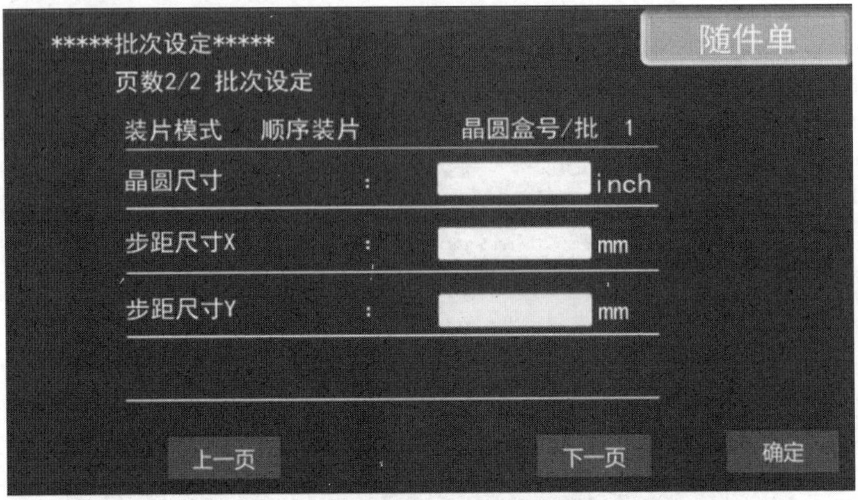

图2-16 探针台参数设置界面2

小 练 习

请从表2-3的随件单中读取除晶圆ID外的探针台参数设置界面所需信息。（注：晶圆ID需由晶圆上印章最后所列数字决定）

表2-3 晶圆测试随件单示例

晶圆测试随件单					
产品名称	74LS138	批号	AD25G1.1	片数	8
测试属性	CP1	有效管芯	30000	直径	6
产品分类	普通类	入库属性	MAP入库需打点	标准合格率	0.94
序号	生产信息				责任人	签字
1	领料员提料	领料单号	SFDD548295	领料日期	2019/5/14	物料员	王飞
		工单号	SW589705385				
2	测试领料	领料时间	10:00	片数	8	测试工位号	18	测试员	李想
3	测试条件确认1	确认要求	1.扎针在不扎坏管芯的条件下运行 2.保证测试机和探针台接触良好 3.步进：X轴:0.14 Y轴:0.13	确认结果		测试员
4	测试条件确认2	确认要求	需要扎针设备，领料时，测试员确认花篮中晶圆顺序是否正确	确认结果		测试员
5	测试条件确认3	确认要求	必须经过当班组长检查排片顺序并确认无误签字后，才可进行测试	确认结果		测试员

2.MAP图信息核对

小知识：MAP图

晶圆进行测试的过程中，需要准确记录每个晶粒（Die）的测试数据信息，因此在探针台开始测试之前，设备工程师需要根据待测晶圆的尺寸、Die的尺寸数据、后道工序划片槽的宽度等参数为晶圆绘制MAP图。如图2-17所示，去除由于圆边造成的机械外形损伤晶粒，可以为晶圆实物，如图2-17（a）绘出MAP图，如图2-17（b）所示。当然，不同型号的探针台，MAP图的显示形式会不一样。不同类型的晶圆，也会有不同的测试要求，如去边3mm/5mm，去除固定区域不测等。

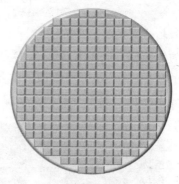

（a）晶圆实物　　　　　　　　　　　（b）MAP图

图2-17　待测试晶圆

在实际工艺操作中，当探针台显示器界面上的对焦图调整至最清楚的视窗后，软件将自动调出对应的检测MAP图。所调出的检测MAP图与探针台操作界面输入的晶圆信息有关。如果晶圆信息输入错误，就会调出错误的检测MAP图，从而造成生产事故并严重影响产品合格率。因此，在工艺操作的每个关键点准确核对晶圆信息的步骤是非常重要的。

完成探针台参数设置后，即可调出对应的检测MAP图，需确保晶圆测试随件单与探针台的MAP图信息一致，如图2-18所示。

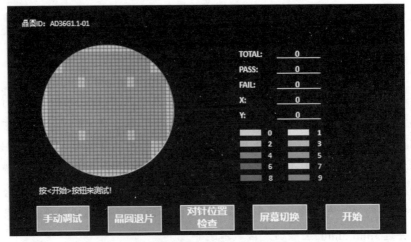

图2-18 MAP图信息核对界面

3.扎针调试

为保证探针与晶粒上的PAD点接触良好,防止测试结果不准确或针印不合格的情况发生,在开始测试前需要用摇杆对扎针的位置进行调试,并在软件显示界面(图2-19)上查看扎针情况。

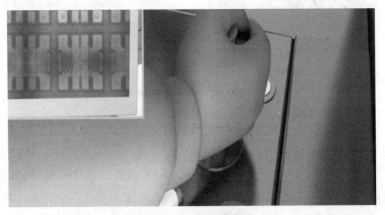

图2-19 扎针调试界面

4.测试程序调用

测试开始前还需要在测试机上调用对应的测试程序,如图2-20所示。操作人员打开测试机系统后,可直接扫描随件单上的二维码,设备将自动调取该批次的信息,测试程序调用设置对话框如图2-21所示。操作人员需要关注的,仍然是与晶圆相关信息的核对,并确认无误。测试程序的下载、施加电压电流、进行电性能测试、采集测试数据等功能均由测试机完成。

64

小知识:测试程序

晶圆测试程序是软件工程师针对待测晶圆的性能参数编制的代码。不同集成电路、不同测试要求(如破坏性测试、常规参数测试等)均需编写不同的代码,测试机配有专用软件进行程序的执行、数据的统计和记录工作。

因晶圆测试与后续成品测试可共用测试机,针对不同集成电路的电性能进行测试程序的编写工作在后续章节进行。

图2-20 测试程序调用界面

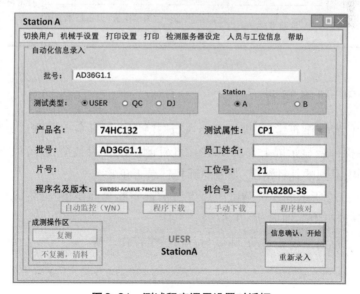

图2-21 测试程序调用设置对话框

65

小 练 习

请从表2-4的晶圆测试随件单中读取测试机测试程序调用所需程序名。

表2-4 晶圆测试随件单(部分)

晶圆测试随件单						
产品名称	74LS138	批号	AD25G1.1		片数	8
测试属性	CP1	有效管芯	30000		直径	6
产品分类	普通类	入库属性	MAP入库需打点		标准合格率	0.94
序号	生产信息				责任人	签字
1	领料员提料	领料单号	SFDD548295	领料日期	2019/5/14	物料员	王飞
		工单号	SW589705385			
⋮	⋮	⋮	⋮	⋮	⋮	⋮	⋮
6	测试程序调用	测试程序名称和脚本	SWDBSJ-ACAKUE-74LS138		工程师/技术员	
		文档名称(版本)	PRODUCTION-74LS138(2.0)			
		注意事项	产品检测必须由测试组长,设备技术员审核测试			

2.2.3 设备运行

扎针位置调试正常后,即可开始执行"扎针测试"任务。在测试过程中,用户可以在探针台显示屏上查看MAP图扎针测试的实时数据,还可以查询扎针测试过程中晶圆的扎针情况,判断晶圆扎针是否正常。

在图2-22所示的晶圆测试工序虚拟仿真实验界面单击"设备运行"模块,再单击"开始模拟",即启动"设备运行"工序。

设备运行包括设备启动、测试与首检三个操作步骤。

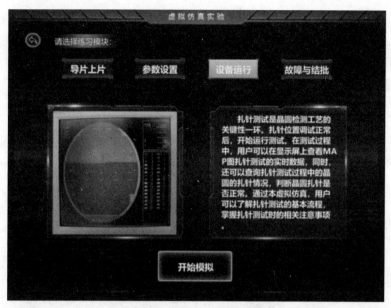

图2-22 "设备运行"选择界面

1.设备启动

设备启动前,需要进行探针平台的"清零"。清零是为了保证晶圆的零点与检测MAP图上的零点位置一致,防止出现探针未按照设定轨迹进行扎针测试的现象。所以,清零就是找定位点的操作,通常机器会自动进行清零操作,若机器不能自动完成,则需要工程师进行手动调试。若清零未完成,X、Y的值应不等于零,在确认清零(图2-23)中X、Y对应的值都为0后,在当前界面单击"开始"按钮可进行后续操作。

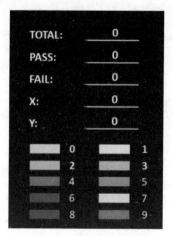

图2-23 设备启动界面

在晶圆测试过程中,探针台软件界面的 MAP 图上会出现不同的标记,图 2-24 所示是各种标记的说明。在完成对待测区域所有晶粒的测试后,测试合格区域标识为绿色,非绿色晶粒为参数测试不良品,会在下一环节进行打点标记剔除。

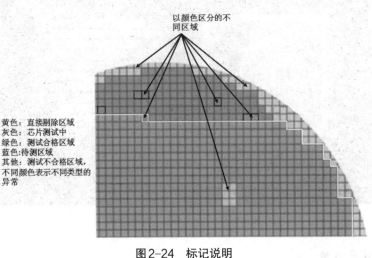

以颜色区分的不同区域

黄色:直接剔除区域
灰色:芯片测试中
绿色:测试合格区域
蓝色:待测区域
其他:测试不合格区域,不同颜色表示不同类型的异常

图 2-24　标记说明

小 练 习

请识读图 2-25 所示探针台操作界面数据,指出需要进行"清零"操作的设备运行环节。

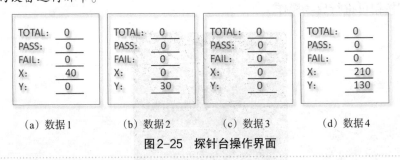

TOTAL: 0	TOTAL: 0	TOTAL: 0	TOTAL: 0
PASS: 0	PASS: 0	PASS: 0	PASS: 0
FAIL: 0	FAIL: 0	FAIL: 0	FAIL: 0
X: 40	X: 0	X: 0	X: 210
Y: 0	Y: 30	Y: 0	Y: 130
(a) 数据 1	(b) 数据 2	(c) 数据 3	(d) 数据 4

图 2-25　探针台操作界面

2. 测试

进行晶圆测试时,探针台将自动从花篮中提取对应的晶圆放置到承载台上,调整和对准晶圆方向并开始测试,测试界面如图 2-26 所示。测试卡的探针接触晶粒上对应的 PAD 点,测试系统接收到探针台的信号,并在 MAP 图的对

应位置记录测试结果。

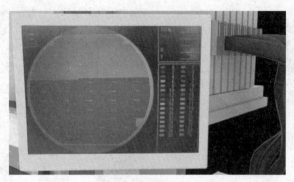

图2-26　测试界面

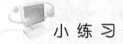小练习

图2-27所示为探针台操作界面对74HC132进行扎针测试的实时数据,请对应表2-2晶圆测试随件单信息分析当前测试结果是否达到合格要求。

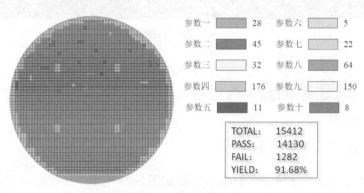

图2-27　探针台测试监控界面

3.首检

晶圆上芯片测试数量达到500颗左右后,将进行首检,检查扎针情况是否良好。此时在图2-28所示首检界面移动虚拟摇杆,通过对焦图随机检查扎针位置、深浅是否符合质量外观的要求。

对于一片具有几千甚至上万个晶粒的晶圆而言,500颗左右可称其为样本。该项检查可以保证后续扎针的正确性,如果前期数据设置有误,通过首检可及时发现相关问题并进行相应调整,防止整批出错。

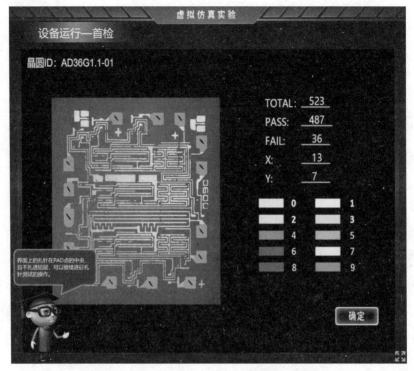

图 2-28　首检界面

2.3　晶圆测试任务 2：打点

2.3.1　领料上料

晶圆打点工序虚拟仿真实验界面如图 2-29 所示。用鼠标单击选中"领料上料"模块，再单击"开始模拟"，即启动"领料上料"工序。打点工序的前期准备步骤与扎针测试工序一致，均为领料确认、导片、上片三个步骤，具体操作可参照扎针测试任务的导片上片工序进行，这里不再细述。

需要注意的是，晶圆打点的前期工艺为扎针测试，实际生产工艺中，若扎针测试与打点同步进行，即边测试边打点，晶圆就不涉及由探针台取出存储的操作；若扎针测试与打点不同步进行（如扎针测试采用的是多 Site 方式，即每次探针接触晶圆时可同时对多个晶粒进行测试），在工艺流程设计时，扎针测试与打点会选择采用不同站点进行，这时对领料上料环节中随件单的信息核对尤为重要，一旦有差错，将会造成不可估量的损失。

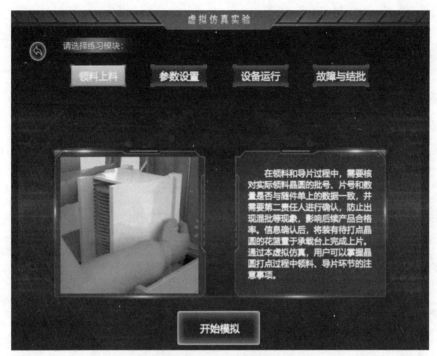

图2-29　"领料上料"选择界面

2.3.2　参数设置

晶圆打点是在扎针测试之后的操作。晶圆上每颗晶粒的外观相同,很难区分合格的晶粒与不合格或沿边剔除的晶粒,此时给测试不合格的晶粒和沿边直接剔除区域的晶粒中央打上墨点,可作为区分标记,便于识别。在后续的封装过程中也可通过墨点进行判别,直接剔除有墨点的晶粒,减少后续工艺中材料和设备损耗,从而降低封装成本。

同样,正确的参数设置是保障晶圆打点质量的基础。在打点操作之前,需要在显示屏上输入正确的参数信息,如批次编号、晶圆ID、产品名、步距等相关信息,以调取对应的打点MAP图。同时,需要根据待测晶圆信息选取对应的墨管规格,以保证墨点符合打点规范。

在图2-30所示的晶圆打点工序虚拟仿真实验界面单击"参数设置"模块,再单击"开始模拟",即启动参数设置工序。参数设置包括打点参数设置、MAP图信息核对和打点墨盒选择三个步骤。

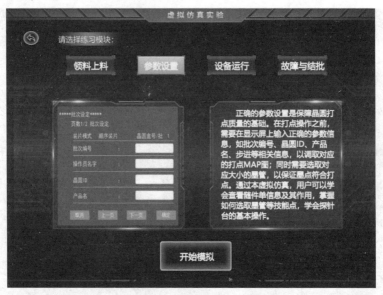

图2-30 "参数设置"选择界面

1. 打点参数设置

根据晶圆测试随件单在打点参数设置界面(图2-31、图2-32)输入晶圆批次编号、晶圆ID、产品名、晶圆尺寸及步距尺寸等信息,点击"确定"按钮,即获得测试后的待打点MAP图。

*****批次设定*****
页数1/2 批次设定

随件单

| 装片模式 | 顺序装片 | 晶圆盒号/批 | 1 |

批次编号 ： AD36G1.1

操作员名字 ： 小伟

晶圆ID ： 01

产品名 ： 74HC132

上一页　　　　　　　　下一页

晶圆测试随件单						
产品名称	74HC132	批号	AD36G1.1	片数		5
测试属性	CP1	有效管芯	30000	直径		6
产品分类	普通类	入库属性	MAP入库需打点	标准合格率		0.93
序号	生产信息				责任人	签字
1	领料员提料	领料单号	SFDD357645	领料日期	2018/3/17	物料员	伊伊
		工单号	SW679803478			
8	打点领料	领料时间	13:50	片数	5	测试工位号	45	操作员	小伟
9	条件确认4	确认要求	1.打点器接触良好 2.步进: X轴: 0.15mm Y轴: 0.13mm		确认结果	正常	操作员	小伟

图2-31 打点参数设置界面1

*****批次设定*****

页数2/2 批次设定

装片模式　　顺序装片　　　　晶圆盒号/批　1

晶圆尺寸 ： 6 inch

步距尺寸X ： 0.15 mm

步距尺寸Y ： 0.13 mm

上一页　　　　　　　　　　下一页　　　　确定

晶圆测试随件单						
产品名称	74HC132	批号	AD36G1.1	片数		5
测试属性	CP1	有效管芯	30000	直径		6
产品分类	普通类	入库属性	MAP入库需打点	标准合格率		0.93
序号			生产信息		责任人	签字
1	领料员提料	领料单号	SFDD357645	领料日期	2018/3/17	物料员	伊伊
		工单号	SW679803478			
8	打点领料	领料时间	13:50	片数	5	测试工位号	45	操作员	小伟
9	条件确认4	确认要求	1.打点器接触良好 2.步进：X轴 0.15mm　Y轴 0.13mm	确认结果	正常	操作员	小伟

图2-32　打点参数设置界面2

2.MAP图信息核对

调用的MAP图与操作界面输入的晶圆信息有关,若相关参数输入错误,则会调出错误的MAP图。所以,操作界面的信息要与随件单的信息一致。

核对信息包括产品名称、晶圆批号和片号、测试合格数等信息,产品名称、晶圆批号等信息可直接在随件单上核对(图2-33),管芯测试合格数还需与随件单上对应的测试记录单信息一致。

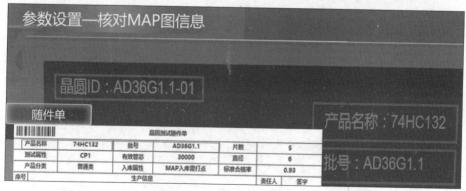

图2-33　核对MAP图信息界面

3.打点墨盒选择

根据随件单确认了MAP图信息后，需要根据晶粒（管芯）大小选择正确的打点墨盒。墨盒常用5mil和30mil（1mil=2.54×10^{-5}m）两种规格，如图2-34所示。5mil墨盒针尖细，墨点尺寸为125μm，适用于尺寸在2mm²以下的管芯或6in以下晶圆；30mil墨盒针尖粗，墨点尺寸为750μm，适用于尺寸在4mm²以下的管芯或8in、12in晶圆。

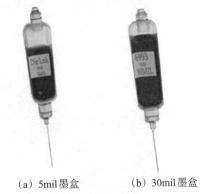

(a) 5mil墨盒　　(b) 30mil墨盒

图2-34　墨盒

2.3.3　设备运行

设备运行是打点操作的关键步骤。打点调试正常后，开始运行打点，此时设备会自动进行清零，清零后开始打点。打点时用户可以在显示屏上查看MAP图和实际晶圆打点是否保持一致，并在显微镜下观察晶圆打点是否正常。

晶圆打点工序虚拟仿真实验界面如图2-35所示，用鼠标单击选中"设备运行"模块，再单击"开始模拟"，即启动设备运行工序。

设备运行包括设备启动与首检两个步骤。

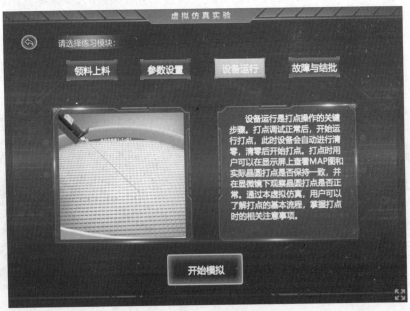

图2-35　"设备运行"界面

1.设备启动

参数设置完成并调取对应的MAP图后,需要进行墨点调试,保证合格的打点质量。打点调试在晶圆的沿边直接剔除区域进行,使用摇杆调节墨点位置,使墨点处于晶粒的中央,并保证墨点大小占晶粒面积的1/4~1/3,且不能覆盖PAD点。

墨点调试合格后开始运行探针台,设备自动进行晶圆打点,通过载片台的移动依次将需要打点的晶粒移至墨管下方,墨管中的墨水注出,在晶粒上形成墨点。

在图2-36所示的设备启动仿真界面单击"开始"按钮,开始打点操作。

打点开始,设备将自动对焦并进行清零。对焦是为了使图像清晰地显示,保证设备能够正确完成自动识别以及打点查看时能够清楚显示墨点;清零就是查找定位点(起点),一般是机器自动完成的,若遇到机器不能自动清零的情况,需操作员手动进行设置。打点过程中需要及时查看打点位置是否正确,方便做出调整,打点效果如图2-37所示。

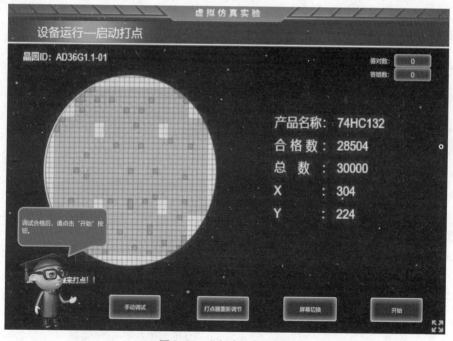

图2-36 "启动打点"界面

图 2-37　打点效果

 小　练　习

图 2-38(a)所示为某晶圆扎针测试后 MAP 图，试观察图 2-38(b)、(c)、(d)所示已打点的晶圆，根据晶圆打点原则确定符合图 2-38(a)所示测试结果的晶圆。

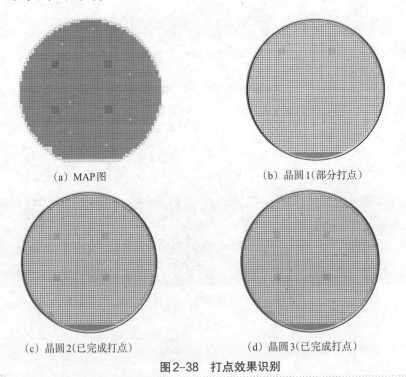

(a) MAP 图　　　　　　　　　　　　　(b) 晶圆1(部分打点)

(c) 晶圆2(已完成打点)　　　　　　　　(d) 晶圆3(已完成打点)

图 2-38　打点效果识别

2. 首检

打点进行一段时间后,操作员需进行首检,检查打点情况是否良好,首检界面如图2-39所示。打开对焦图进入墨点查看模式,可在屏幕显示打点图形时随机检查墨点的大小和位置是否符合打点的标准,如图2-40所示。该项检查可以保证后续打点的正确性,如果前期数据设置有误,通过首检能够及时发现相关问题并进行相应调整,从而提高墨点的合格率。

观察界面上的墨点是否在晶粒中央、大小是否合适,若都符合要求,即可进入下一步工序。

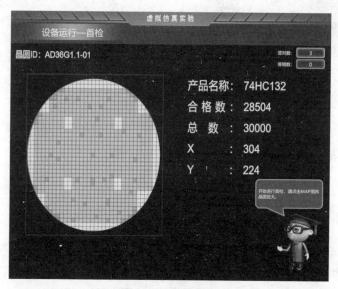

图2-39　首检界面

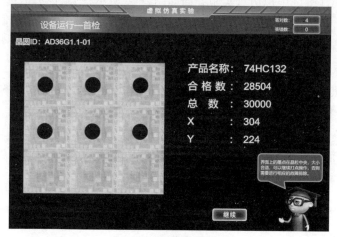

图2-40　观察墨点情况

77

小练习

试根据打点要求确认图2-41所示哪一个已打点晶粒的墨点尺寸符合要求？

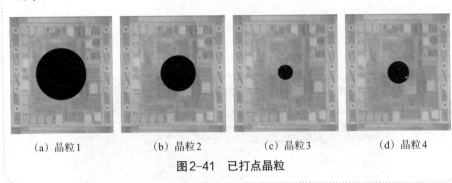

(a) 晶粒1　　　(b) 晶粒2　　　(c) 晶粒3　　　(d) 晶粒4

图2-41　已打点晶粒

2.4　晶圆测试任务3：外检

2.4.1　晶圆扎针测试外检

在测试机界面上实时显示良品率，测试过程中需要保证扎针测试的合格率大于标准合格率，如果良品率偏低，要停机测试并及时反馈，排除异常后再进行测试。因此，外观检查的重点是对不合格晶粒(管芯)进行识别。

晶圆扎针测试虚拟仿真实验界面如图2-42所示，用鼠标单击选中"故障与结批"模块，再单击"开始模拟"，即启动扎针测试环节的故障与结批工序。

故障结批包括故障模拟、数据记录与结批三个操作步骤。

1. 故障模拟

在对焦图上抽查到针痕异常后，要对该晶圆上已经完成测试的晶粒进行全检，判断扎针异常的原因，并根据对应的处理方法进行扎针调试，如重新设置扎针深度、调整扎针位置等。若检查时没有发现扎针异常的情况，则跳过此步骤，继续进行扎针测试。合格扎针示意图如图2-43所示。

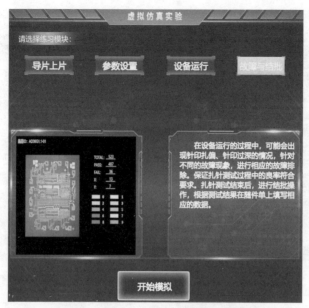

图2-42 晶圆扎针测试虚拟仿真实验界面

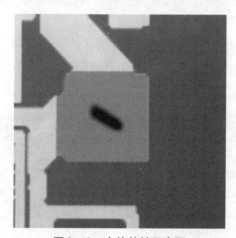

图2-43 合格扎针示意图

扎针异常情况常有以下两类：

(1)针印偏移。扎针测试是同时对一个晶粒上的各个PAD点进行测试，针印偏移分整体偏移和单个扎针偏移，如图2-44所示。若扎针出现整体偏移，这是扎针调试时探针卡和晶粒相对位置偏移造成的，需检查整体机械位移数据的细节，重新进行探针调试；而单个扎针偏移，意味着探针卡的整体位置调试无误，但对应的单个探针存在问题，需对探针卡的对应探针进行检查，故障排除后，再进入探针调试环节。

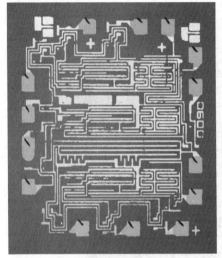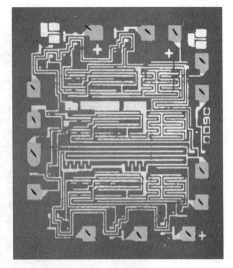

（a）整体偏移   （b）单个偏移

图2-44 针印偏移

（2）针印过深。针印过深同样分整体针印过深造成扎透和单个针印过深造成扎透两种现象，如图2-45所示。

扎针出现整体扎透，是由于扎针调试时扎针在晶粒上的深度调节不合理造成的；扎针单个扎透，表示扎针的整体位置调试无误，但单个扎针有问题。

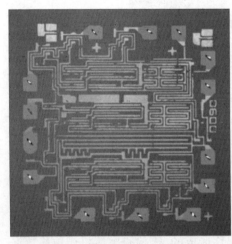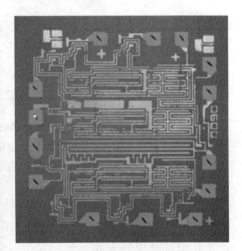

（a）整体过深   （b）单个过深

图2-45 针印过深

 小 练 习

图 2-46 所示为扎针外检时发现的异常针印，试分析各针印的异常类型。

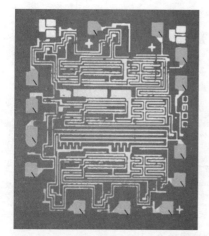

（a）针印 1

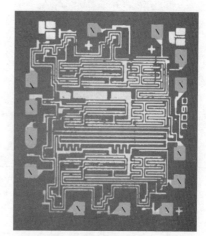

（b）针印 2

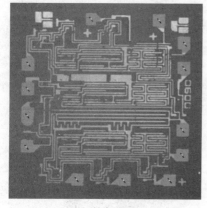

（c）针印 3

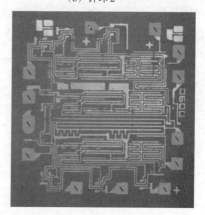

（d）针印 4

图 2-46 异常针印

2. 数据记录

故障处理完，设备进行正常测试，并在扎针测试结束后进行数据统计，数据结批界面如图 2-47 所示。

每片晶圆测试完成后，需从数据结批界面读取需要记录的合格数、不合格数、合格率等信息，填入晶圆测试随件单的测试记录单中，见表 2-5。

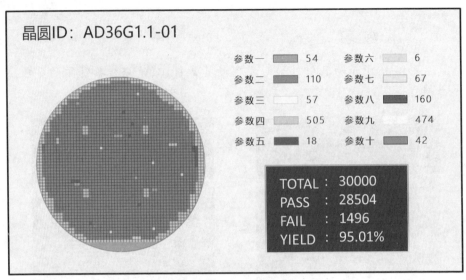

图2-47 数据结批界面

表2-5 晶圆测试记录单

晶圆测试记录单																				
芯片名称		74HC132				批号			AD36G1.1											
机台/测试机号		21#/LK8810S				探针卡号			2-101											
参数1	VCC	参数2	VIH	参数3	VIL	参数4	VOH	参数5	VOL											
参数6	OS_OS	参数7	IIN	参数8	IVCC	参数9	ICC	参数10	IOSS											
参数11		参数12		参数13		参数14														
片号	合格数	成品率(%)	失效分项																外检刷除	
			参数一	参数二	参数三	参数四	参数五	参数六	参数七	参数八	参数九	参数十	参数十一	参数十二	参数十三	参数十四	周边	中间		
01	28504	95.01	45	110	57	505	18	6	67	160	474	42								

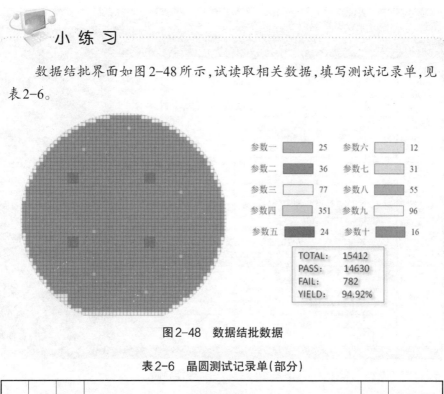

小 练 习

数据结批界面如图2-48所示,试读取相关数据,填写测试记录单,见表2-6。

参数一   25   参数六   12

参数二   36   参数七   31

参数三   77   参数八   55

参数四   351   参数九   96

参数五   24   参数十   16

TOTAL: 15412
PASS: 14630
FAIL: 782
YIELD: 94.92%

图2-48   数据结批数据

表2-6   晶圆测试记录单(部分)

片号	合格数	成品率	失效分项										测试剔除	外检剔除	
			参数一	参数二	参数三	参数四	参数五	参数六	参数七	参数八	参数九	参数十		周边	中间
01															

3. 结批

数据记录完毕后,测试员对测试记录进行确认,并在随件单上填写相关信息,其中晶圆测试的片号数字保留两位,且中间用逗号隔开,如图2-49所示。

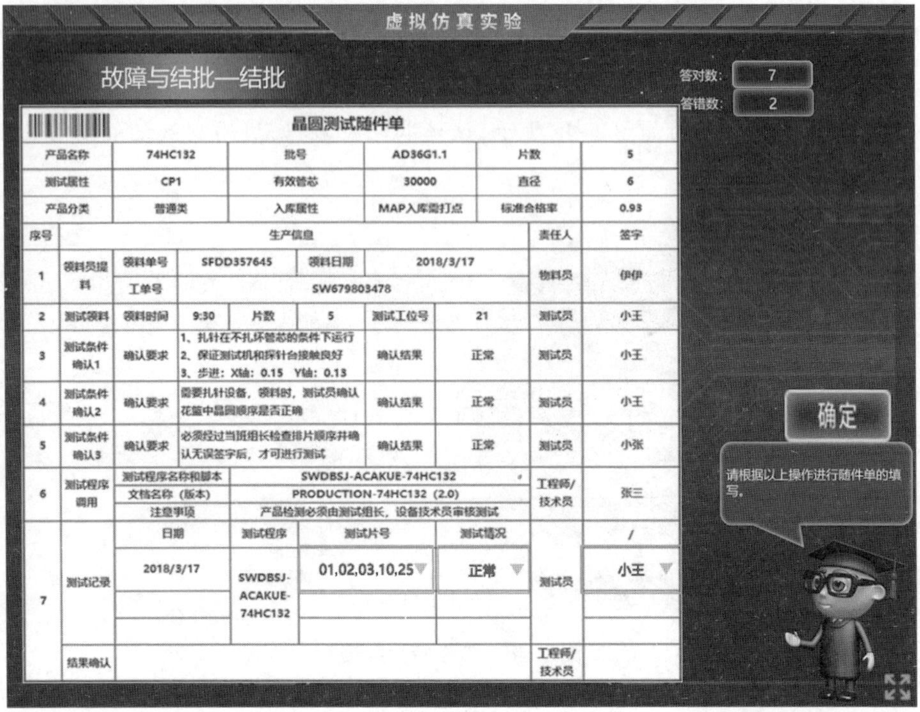

图2-49 扎针结批操作界面

2.4.2 晶圆打点外检

在晶圆打点运行过程中,可能出现打点位置偏移、墨点大小点或小而空心的墨点等情况,导致打出的墨点不符合实际需要,针对这些故障情况需要做出对应的处理以保证打点的顺利进行。因此,打点完成后,同样需要进行打点环节的外检工作,并待外检完成后,在晶圆随件单上记录相关的数据信息。

单击图2-50所示的晶圆打点虚拟仿真界面的"故障与结批"模块,再单击"开始模拟",即启动晶圆打点环节的故障与结批工序。

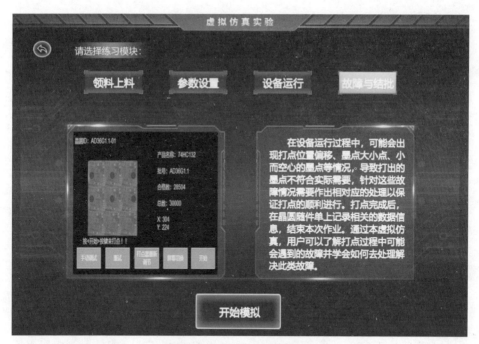

图2-50 "故障与结批"模块

1. 故障模拟

打点异常情况常有以下三类：

（1）墨点位置偏移且偏移位置一致。由图2-51所示的晶圆局部墨点形状示意图可见，虽然墨点覆盖了PAD点，但所有晶粒上的墨点都不在晶粒的中央，偏移位置基本一致，说明步进设备没有问题，需要整体调节打点器的针尖在晶粒上的位置。

（2）墨点位置偏移但偏移位置不一致。由图2-52所示显示界面可见，部分墨点位于晶粒中央，而部分墨点偏离晶粒中央，即晶圆中各墨点在晶粒上的偏移情况不一致，这是由步进设置不合理引起的，需调整打点参数。

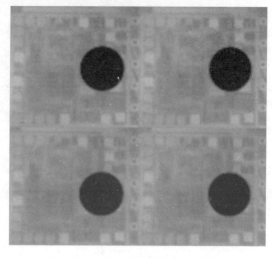

图2-51 晶圆局部墨点形状示意图

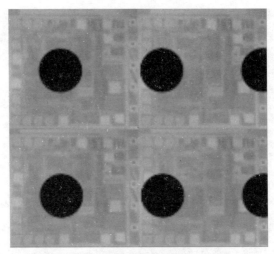

图2-52　晶圆局部墨点的显示界面

(3)墨点大小点或墨点空心。由图2-53所示的打点图可见,出现了墨点大小点和墨点空心两种故障现象。空心的墨点是由于墨管针尖的出墨异常,如出墨时墨管中有空气残留等问题引起的。墨点大小点则可能是墨管内墨水不足引起的。以上均需根据具体现象进行故障排除。

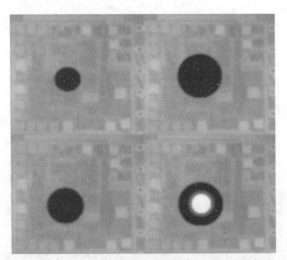

图2-53　墨点大小点或小而空心点的故障现象

故障排除后,操作员需对打点不合格的晶粒进行补点及打点数据复核操作,打点如无法修复,需先将晶圆进行清洗后再重新按照要求打点。

2.结批

在打点外检结束后,测试机将对应测试数据统计完毕,测试员需对测试记录进行确认,并在随件单上填写相关信息,见表2-7。

表2-7 打点结批记录表

晶圆测试随件单							
产品名称	74HC132	批号	AD36G1.1		片数		5
测试属性	CP1	有效管芯	30000		直径		6
产品分类	普通类	入库属性	MAP入库需打点		标准合格率		0.93
序号		生产信息				责任人	签字
1	领料员提料	领料单号	SFDD357645	领料日期	2018/3/17	物料员	伊伊
1	领料员提料	工单号	SW679803478			物料员	伊伊
2	打点领料	领料时间	13:50	片数	5 测试工位号 45	操作员	小伟
3	条件确认4	确认要求	1.打点器接触良好 2.步进:X轴:0.15mm Y轴:0.13mm	确认结果	正常	操作员	小伟
4	条件确认5	确认要求	需要打点设备,领料时,测试员确认花篮中晶圆顺序是否正确	确认结果	正常	操作员	小伟
5	条件确认6	确认要求	必须经过当班组长检查排片顺序并确认无误签字后,才可进行打点	确认结果	正常	操作员	李丽
6	打点记录	日期	打点片号	打点情况		操作员	/
6	打点记录	2018/3/17	01,02,03,10,15▼	正常 ▼		操作员	▼

2.5 晶圆测试任务4:烘烤

2.5.1 领料导片

晶圆烘烤是针对打点后的晶圆进行的工艺操作。在集成电路制造过程中会对晶圆进行清洗,为防止标记的墨点在制作过程中被清洗掉而影响后续工艺,需要根据墨水的特性选择是否对晶圆进行烘烤,若使用的是烘烤型墨水,在打点结束后要进行烘烤,从而固化墨点。

晶圆烘烤过程中,前期准备工作包括领料确认、导片、上片三个步骤。因扎针测试和打点环节均有导片、上片的环节,这里通过表2-8进行三个环节前期准备的对比。

表2-8 三个环节前期准备的对比

工艺名称	领料确认	导片	上片对象
晶圆扎针测试	确认晶圆的批号、片号和数量等基本信息 确认晶圆扎针测试条件	将晶圆转移到常温花篮	探针台
晶圆打点	确认晶圆的批号、片号和数量等基本信息 确认晶圆打点工艺条件	将晶圆转移到常温花篮	探针台
晶圆烘烤	确认晶圆的批号、片号和数量等基本信息 确认晶圆烘烤工艺条件	将晶圆转移到高温花篮	烘箱

2.5.2 参数设置

正确的参数设置是保证晶圆烘烤质量的基础。在烘烤过程中,温度、时间都会影响墨点的质量,温度过高或者时间过长,墨点可能会出现开裂的情况;温度过低或者烘烤时间过短,墨点可能会出现未固化,影响后期的芯片粘接效率。

单击图2-54所示晶圆烘烤工序虚拟仿真界面的"参数设置"模块,再单击"开始模拟",即启动参数设置工序。

图2-54 "参数设置"主界面

烘烤在高温烘箱中进行。晶圆烘烤时,温度和烘烤时长根据晶圆烘烤随件单信息进行烘箱的参数设置,由随件单可知,当前晶圆烘烤温度为120℃,烘烤时长为5min,见图2-55。

需要注意的是,烘烤前后取放高温花篮时,需戴高温手套,防止烫伤。此外,取放高温铜质花篮时,也需要用专用工具进行转移。

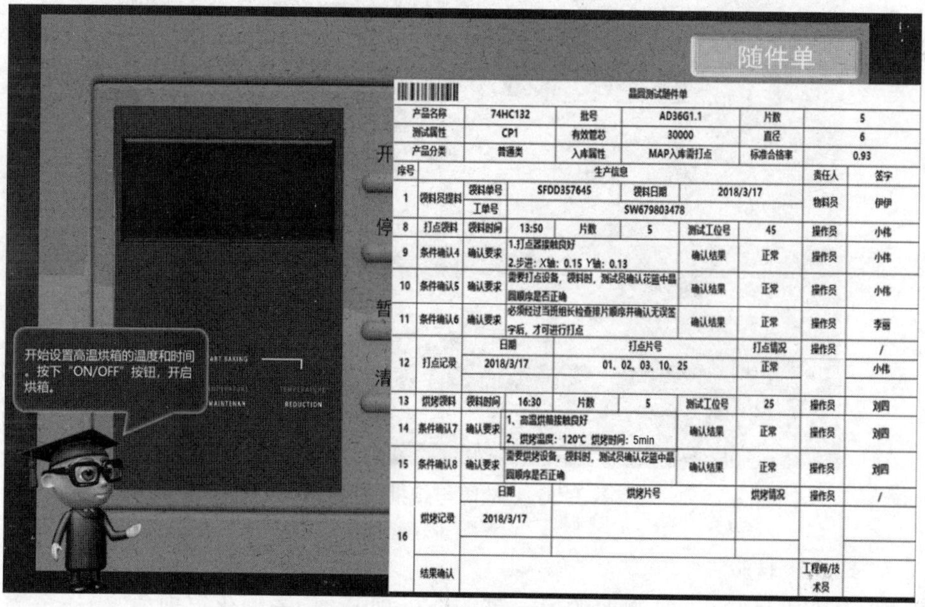

图2-55 由随件单设置烘箱参数

参数设置完成后,单击"开始",烘箱即自动开始烘烤作业。待烘烤完成后,需等烘箱温度下降,然后再将晶圆从高温烘箱中取出。后续操作员仍需再次确认晶圆片数与晶圆测试随件单一致,并用晶圆镊子从高温花篮中夹取晶圆,核对晶圆印章批号和晶圆片号,依次将晶圆放入常温花篮对应编号的晶圆槽中。在此过程中,对晶圆进行大概的预览,查看烘烤后墨点是否正常,即经过墨点质量的检查,确认无故障后进行结批,填写随件单。

2.5.3 故障与结批

在烘烤过程中,晶圆上的墨点可能会出现墨点开裂、墨点未固化等问题,或烘箱故障导致不能完成加热要求,操作员需针对这些故障情况进行相应的处理,直至烘烤完成后,在随件单上记录相应的数据。

单击图2-56所示晶圆烘烤工序虚拟仿真界面的"故障与结批"模块,再单击"开始模拟",即启动故障与结批工序。

故障与结批包括故障模拟与数据记录两个环节。

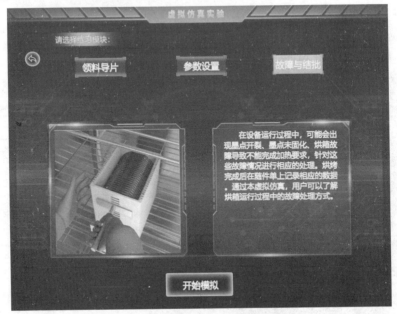

图2-56 "故障与结批"主界面

1.故障模拟

在烘烤过程中,晶圆上的墨点可能会出现开裂、未固化等现象,操作员需针对这些故障情况进行相应的处理。

(1)墨点开裂。如图2-57所示的墨点开裂现象是由于墨点中的水分蒸发过多引起的。操作员需利用清洗液将墨点擦除,对晶圆重新进行打点操作,并在高温固化时重新设置烘烤的温度和时间。

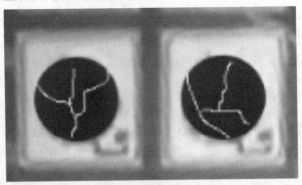

图2-57 墨点开裂现象

（2）墨点未固化。图2-58所示为墨点未固化现象,操作员需对温度和烘烤时间的设置情况进行确认,如果是由设备故障引起的,需要通知相关技术人员进行维修;如果设备正常,则需要调整固化时间和温度,再次进行烘烤。

图2-58　墨点未固化现象

2.数据记录

烘烤完成后在随件单上记录相应的数据,如片号、烘烤情况等,如表2-9所示,即完成结批操作。

表2-9　结批数据记录表

晶圆测试随件单					
产品名称	74HC132	批号	AD36G1.1	片数	5
测试属性	CP1	有效管芯	30000	直径	6
产品分类	普通类	入库属性	MAP入库需打点	标准合格率	0.93
序号		生产信息			责任人	签字
1	领料员提料	领料单号	SFDD357645	领料日期	2018/3/17	物料员	伊伊
		工单号	SW679803478				
⋮	⋮	⋮	⋮	⋮	⋮	⋮	⋮	⋮
8	打点领料	领料时间	13:50	片数	5	测试工位号	45	操作员	小伟
9	条件确认4	确认要求	1.打点器接触良好 2.步进:X轴:0.15　Y轴:0.13	确认结果	正常	操作员	小伟
10	条件确认5	确认要求	需要打点设备,领料时,测试员确认花篮中晶圆顺序是否正确	确认结果	正常	操作员	小伟
11	条件确认6	确认要求	必须经过当班组长检查排片顺序并确认无误签字后,才可进行打点	确认结果	正常	操作员	李丽

序号		生产信息					责任人	签字
12	打点记录	日期		打点片号		打点情况	操作员	/
		2018/3/17		01,02,03,10,25		正常		小伟
13	烘烤领料	领料时间	16:30	片数	5	测试工位号	25	操作员	刘四
14	条件确认7	确认要求	1.高温烘箱接触良好 2.烘烤温度:120℃ 烘烤时间:5min			确认结果	正常	操作员	刘四
15	条件确认8	确认要求	需要烘烤设备,领料时,测试员确认花篮中晶圆顺序是否正确			确认结果	正常	操作员	刘四
16	烘烤记录	日期		烘烤片号		烘烤情况	操作员	/
		2018/3/17		01、02、03、10、25▽		正常 ▽		▽
	结果确认						工程师/技术员	

项目3　数字集成电路测试

3.1　项目任务分析

3.1.1　项目描述

集成电路终测即芯片成品测试。集成电路后道工序的划片、键合、封装及老化过程都会损坏部分电路,所以在封装工艺完成后,要按照测试规范对成品芯片进行全面电特性测试,以挑出合格的成品,同时根据器件性能的参数指标分类,并记录测试结果。各类芯片的封装形式、性能指标差异决定了芯片测试的复杂流程,如图3-1所示。

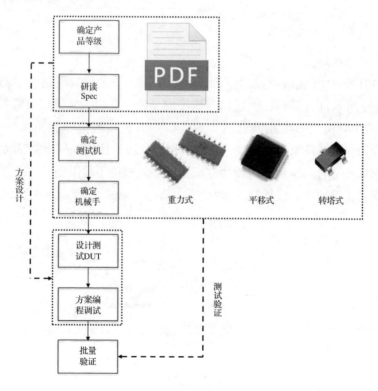

图3-1　集成电路终测流程

进行集成电路测试,首先需要确定产品等级为消费级、工业级还是汽车级,等级不同,测试需求不同。研读Spec(即集成电路产品规格书,又称技术手册)资料,是后续正确完成测试的基础,需从Spec中获得集成电路封装、功能特性、工作电压和电流范围、频率范围、输入输出信号类型、工作温度及客户应用环境模拟条件、扫描链、自测等参数信息。集成电路的类型决定了测试机的类型,如选择数字或模拟测试机,是否有特殊的信号需求等,而封装类型则决定了机械手的选择,即选择重力式、平移式或转塔式。确定了测试机和机械手,并不能完成集成电路的测试,还需要根据集成电路待测参数的要求设计对应的DUT板卡,并确定测试方案,以完成测试程序的编写和调试。DUT板卡,是集成电路与测试机之间的硬件联系。在测试程序灌入确定的测试机,并利用DUT板卡将集成电路与测试机对应管脚连通后,才能进行集成电路的批量验证。可见,一旦封装确定,集成电路终测的难点在于根据产品Spec进行对应的DUT板卡的设计和测试程序编程调试。

本项目利用LK8810S集成电路测试系统配合重力式分选系统进行数字集成电路测试。

3.1.2 测试准备

1.硬件环境

(1)LK8810S集成电路教学测试平台。LK8810S集成电路教学测试平台如图3-2所示,由控制系统、接口与参考电压模块(又称IV板)、电源与测量模块(又称PM板)、数字功能管脚模块(又称PE板)、模拟功能模块(又称WM板)、专用测试与模拟开关模块(又称CS板)组成。可以根据待测产品的实际测试需求选择适合的模块。各模块在机架内插入槽位不受限制(图3-3),软件自动识别模块类型并加以控制,实现集成电路芯片测试、板级电路测试。

图3-2 LK8810S集成电路教学测试平台

图3-3 测试模块位置示意图

平台内模块通过图3-4所示的标准线束接至外挂盒,用于集成电路测试的 DUT板卡通过外挂盒(图3-5)连接至测试平台。

图3-4 模块接口

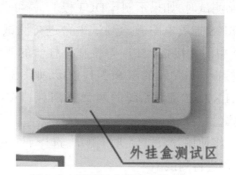

图3-5 测试平台外挂盒接口

95

（2）LK220T集成电路应用开发资源系统。LK220T集成电路应用开发资源系统由测试区、练习区、接口区、虚拟仪器区、案例模块区以及配件区组成，内部结构如图3-6所示。

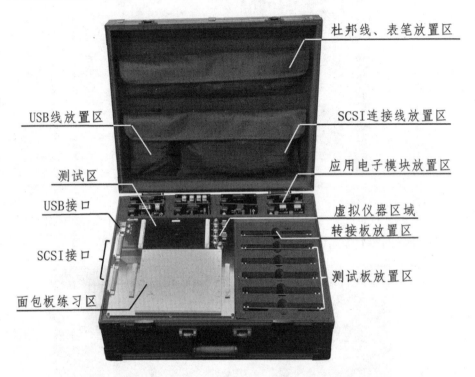

杜邦线、表笔放置区

USB线放置区

SCSI连接线放置区

应用电子模块放置区

测试区

USB接口

虚拟仪器区域
转接板放置区

SCSI接口

测试板放置区

面包板练习区

图3-6 LK220T集成电路应用开发资源系统内部结构图

系统配备了集成电路测试模块及电子产品应用模块，同时扩展电子产品应用模块和虚拟仪器模块，满足项目实施过程中的仪器需求。练习区提供面包板，可减少耗材的使用，降低项目实施过程中的耗材成本。

进行集成电路测试时，如果不制作DUT板卡，就可以选择使用LK220T资源系统配合LK8810S集成电路教学测试平台进行测试。此时，需将放置于LK220T资源系统中的转接板（图3-7）接在外挂盒的测试区，并用100PIN的SCSI连接线将转接板与资源箱的SCSI接口连接，如图3-8所示。

此时需注意，LK220T资源系统的两个SCSI接口在同一时间只能使用一个，否则将无法测试。

选择上方接口将使用"测试区"进行测试，选择下方接口将使用"面包板练习区"自行搭建电路进行测试。

　　面包板练习区提供了四块标准面包板,每块面包板的插孔互联情况如图3-9所示,每块面包板上下两侧的五个一组的插孔已连通,中间区域的插孔横向互为绝缘,纵向连通。

图3-7　转接板外形示意图

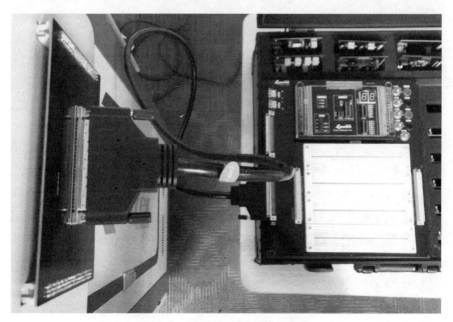

图3-8　LK220T测试连线示意图

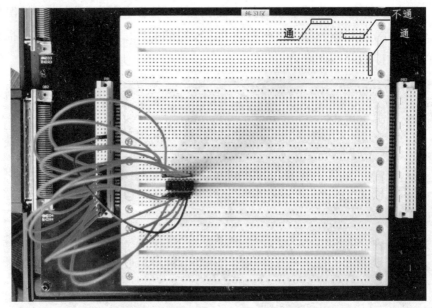

图3-9　面包板练习区测试电路连线图

对于微安、毫伏等小信号来说,经过长距离的传输后,信号的损耗较大,会导致一定的偏差。因此,对于小信号,建议直接使用LK8810S集成电路教学测试平台进行测试。

2.软件环境

(1)测试软件。测试机的工控机需安装 Visual C++ 6.0 编程环境、上位机软件LK8810S,如图3-10所示。

图3-10　LK8810上位机

LK8810S测试软件运行于Windows 7操作系统,用户可方便地新建、打开、复制用户测试程序。通过使用测试机专用函数,可有效使用和控制测试机的硬件资源,在Visual C++ 6.0编程环境下编写相应的芯片测试程序。

(2)LK8810S软件使用步骤。

①双击打开"LK8810S"上位机软件,单击"创建程序"按钮或单击左上角菜单栏"文件"选项下的"新建程序"命令,弹出"新建程序"对话框,输入用户程序名(如SN74hc08,一般程序名以被测芯片型号命名),设置保存路径为"C:\",

确定保存。此时系统自动为用户创建一个位于C盘根目录下的模板程序,如
图3-11所示。

图3-11　　LK8810S创建测试程序

②双击打开"Visual C++ 6.0"编程环境,点击菜单栏"文件"选项下拉菜单
中的"打开"命令,在弹出的对话框中选择需要编辑的用户测试程序文件夹,找
到之前创建的VC++的工程文件"SN74hc08.dsp"并打开,如图3-12所示。

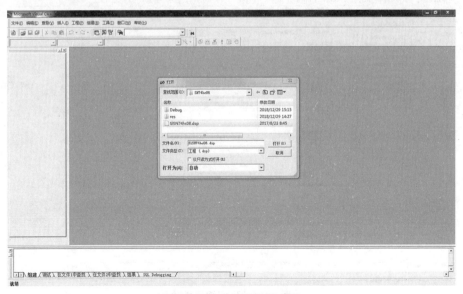

图3-12　VC软件打开文件

③进行程序编写（图3-13），并编译通过（图3-14），获取动态链接库文件以供上位机软件调用。

图3-13　新建程序文件

图3-14　程序编译成功

④在图3-11所示的"LK8810S"软件界面单击"载入程序"按钮或单击左上角菜单栏"文件"选项下拉菜单的"载入程序"命令,弹出"程序选择"对话框,如图3-15所示。顺次选择"*.*"类型→"SN74hc08"→"Debug"→"SN74hc08.dll",点击"OK",完成测试程序的载入,如图3-16所示。

图3-15 LK8810S程序选择

图3-16 LK8810S程序载入

⑤在板卡上电后,单击"LK8810S"软件界面上的"开始测试"按钮,测试结果将显示在软件中,如图3-17所示。

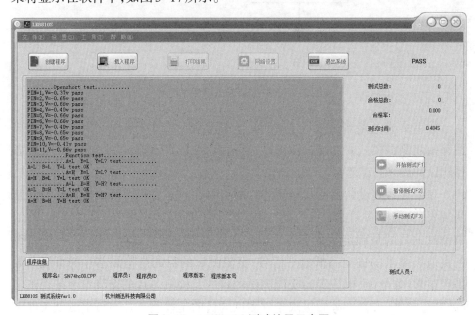

图3-17 LK8810S测试结果示意图

101

3.1.3 数字集成电路测试流程

在确定了测试、分拣设备的类型和DUT板卡接口后,数字集成电路测试流程如图3-18所示,主要分为新建程序、调用程序、测试设置等。其中新建程序环节中,开发者应按照设计的测试方案进行编程,基于VC++6.0编译平台编写测试程序,并调试生成 *dll* 动态链接库文件以供软件调用。

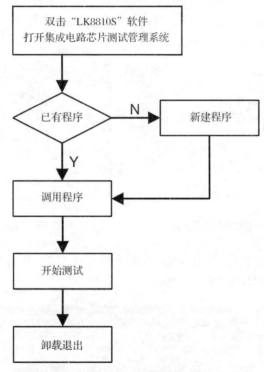

图3-18　数字集成电路测试流程

数字集成电路测试项目主要形式有接触测试(通常采用开尔文测试模式或开短路测试模式)、功能框图测试、真值表测试、直流测试、交流测试、极限条件测试和最终测试等。

其中接触测试的目的是检测芯片的引脚在封装过程是否出现短路或断路的现象;功能框图测试的目的是检测芯片的主要功能是否符合设计需求;真值表测试的目的是确定给数字芯片输入真值表指定的高低电平信号后,能否得到真值表要求的输出高低电平信号;直流测试的目的是检测芯片的直流参数是否正常(如电压、电流等);交流测试的目的是检测芯片的交流参数是否正常(如交流幅度、失真度等);极限条件测试的目的是检测芯片在极限测试条件下的电气特性(如击穿电压测试、最大输出电流测试等);最终测试的目的是检测芯片在完成各种测试后是否受到损伤或功能缺失。

本项目重点进行开短路测试、直流测试、功能测试,其中对74LS00芯片进行开短路测试和真值表测试,对74LS48芯片进行直流测试和真值表测试,对74HC151芯片进行直流测试和真值表测试,对74HC541芯片进行直流测试和真值表测试,对74LS74芯片进行开短路测试和逻辑功能测试。

3.1.4　测试程序编制约定

测试程序的编写围绕着集成电路的Spec文档要求进行,在熟悉软件编程环境、掌握系统标准函数的前提下,还需要了解测试机针对硬件板卡配套提供的专用函数,这些函数在利用LK8810S软件创建模板程序后,以*J8120C. lib*(静态链接库)的形式提供。与数字集成电路测试相关函数的定义如下:

1.IV卡函数

 小知识:IV卡

接口与参考电压板(简称IV板或IV卡)是测试机的核心,主要负责与计算机交换数据、实现与机械手或探针台的数据通信、控制远方仪器仪表的工作和测试机面板操作与指示等对外的接口,提供测试机四个参考电压(两个驱动电压和两个比较电压),还设有一个专用定时器并产生测试机有关信号。

四个参考电压的作用如下:

V_{IH}:输入(驱动)高电平电压;

V_{IL}:输入(驱动)低电平电压;

V_{OH}:输出(比较)高电平电压;

V_{OL}:输出(比较)低电平电压。

参考电压可通过函数设定,设定时需与所加的电源电压相适应。

与IV卡有关函数的约定如下:

(1)_outsubport()。

函数原形:*void _outsubport*(*unsigned int subport*,*unsigned int data*)。

函数功能:PC机向测试机发送数据。

参数说明:

subport——测试机硬件地址,0x00-0x7f。

data——发送数据,0x0000-0xffff。

(2)*_set_logic_level*()。

函数原形:*void _set_logic_level*(*float VIH*,*float VIL*,*float VOH*,*float VOL*)。

函数功能:设置参考电压。

参数说明:

VIH——驱动高电平,0.0~10.0(V)。

VIL——驱动低电平,0.0~10.0(V)。

VOH——比较高电平,0.0~10.0(V)。

VOL——比较低电平,0.0~10.0(V)。

(3)*_readdata*()。

函数原形:*unsigned int _readdata*(*int n*)。

函数功能:读取测试机数据。

参数说明:

n——待读取数据的测试机地址,0~15。

(4)*_wait*()。

函数原形:*void _wait*(*float n_ms*)。

函数功能:延时等待。

参数说明:

n_ms——延时时间,0.001~65 535(ms)。

(5)*_reset*()。

函数原形:*void _reset*(*void*)。

函数功能:测试机复位,产生CLR复位脉冲,端口数据清零。

参数说明:无参数。

(6)*_displed_pass*()。

函数原形:*void _displed_pass*(*void*)。

函数功能:点亮测试机面板上的*pass*(绿)灯。

参数说明:无参数。

(7)*_displed_fail*()。

函数原形:*void _displed_fail*(*void*)。

函数功能:点亮测试机面板上的*fail*(红)灯。

参数说明:无参数。

（8）_readyled_testing()。

函数原形：void _readyled_testing(void)。

函数功能：测试机已准备好下一电路的测试,只要按下面板上的按钮,即进入测试,同时面板上的黄灯亮。

参数说明：无参数。

（9）_handler()。

函数原形：void _handler(unsigned int hcode)。

函数功能：向机械手或探针台发送测试结果和BIN。

参数说明：

hcode——发送码,0x00-0xff。

（10）_get_start()。

函数原形：int _get_start(void)。

函数功能：接收机械手或探针台的开始测试信号,返回1——start。

参数说明：无参数。

（11）_get_testing()。

函数原形：int _get_testing(void)。

函数功能：接收面板按钮或脚踏开关的开始测试信号,返回1——start。

参数说明：无参数。

（12）_instrument()。

函数原形：void _instrument(unsigned int icode)。

函数功能：向外部仪表发送控制码。

参数说明：

icode——仪表控制码,0x00-0xff。

2.PM卡函数

 小知识：PM卡

　　电源与测量板(简称PM板或PM卡)提供被测电路的测试电源,并实现被测电路的所有直流测试。该板由两个完全相同的电源通道(图3-19)和一个高精度的直流测量系统(图3-20)组成。

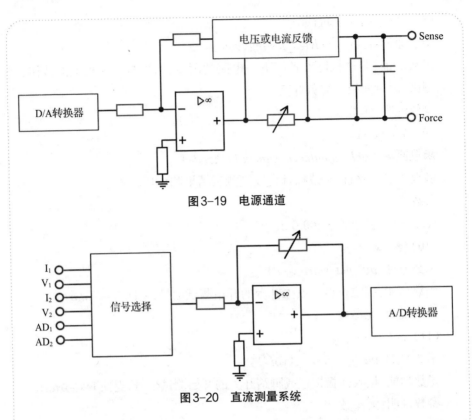

图3-19　电源通道

图3-20　直流测量系统

　　电源通道可提供程控的电压或电流源,Sense为反馈端,Force为输出端,在提供被测电路电源的同时,结合直流测量系统可完成电路功耗测试、管脚电压或驱动能力测试等。电源通道分别由两个12位D/A转换器提供模拟输入,根据不同的反馈输出相应的电压或电流。

　　直流测量系统以16位A/D转换器为核心,可精确测量第一电源通道的电流和电压、第二电源通道的电流和电压、外部输入的两个直流信号及其差值。

　　与PM卡有关函数的约定如下:

(1)_on_vp()。

函数原形:*void _on_vp(unsigned int chanel, float voltage)*。

函数功能:输出通道电压源。

参数说明:

chanel——电源通道,1,2。

voltage——输出电压,-20~20(V)。

（2）_on_vpt()。

函数原形：*void _on_vpt*（*unsigned int chanel*, *unsigned int current_stat*, *float voltage*）。

函数功能：输出通道电压源。

参数说明：

chanel——电源通道,1,2。

current_stat——电流挡位,可设置为1,2,3,4,5,6,各值对应电流为：

1:100mA;2:10mA;3:1mA;4:100μA;5:10μA;6:1μA。

voltage——输出电压,−20~20(V)。

（3）_off_vp()。

函数原形：*void _off_vp*（*unsigned int chanel*）。

函数功能：关闭通道电压源。

参数说明：

chanel——电源通道,1,2。

（4）_on_ip()。

函数原形：*void _on_ip*（*unsigned int chanel*, *float current*）。

函数功能：输出通道电流源。

参数说明：

chanel——电源通道,1,2。

current——输出电流,−100 000~100 000(μA)。

（5）_off_ip()。

函数原形：*void _off_ip*（*unsigned int chanel*）。

函数功能：关闭通道电流源。

参数说明：

chanel——电源通道,1,2。

（6）_get_ad()。

函数原形：*float _get_ad*（*void*）。

函数功能：读取A/D输入电压值。

参数说明：无参数。

（7）_ad_conver()。

函数原形：*float _ad_conver*（*unsigned int measure_ch*, *unsigned int gain*）。

函数功能：读取被选通道的实际测量值,电压(V),电流(μA)。

参数说明：

measure_ch——测量通道1,2,3,4,5,6,各值分别对应通道参数如下:

1:I_1——电源通道1输出电流,μA;

2:V_1——电源通道1输出电压,V;

3:I_2——电源通道2输出电流,μA;

4:V_2——电源通道2输出电压,V;

5:I_3(AD$_2$)——外部(WM)输入信号电压或压差,V;

6:V_3(AD$_1$)——外部(WM)输入信号电压,V。

gain——测量增益,1、2、3各值对应增益为:1:0.5;2:1;3:5。

(8) _measure_i()。

函数原形:float _measure_i(unsigned int chanel,unsigned int current_ch,unsigned int gain)。

函数功能:选择合适电流挡位,精确测量工作电流,返回值单位μA。

参数说明:

chanel——电源通道,1,2。

current_stat——电流挡位,1、2、3、4、5、6各档量程分别为:

1:100mA;2:10mA;3:1mA;4:100μA;5:10μA;6:1μA。

gain——测量增益,1、2、3各值对应增益为:1:0.5;2:1;3:5。

3.PE卡函数

 小知识:PE卡

数字功能管脚板(简称PE板或PE卡)是测试机实现数字功能测试的核心,能提供被测电路输入(驱动)信号、测试被测电路的输出状态(比较),与PM板配合可完成管脚的PMU测试。PE卡最多提供16个管脚通道,每个通道的原理如图3-21所示。

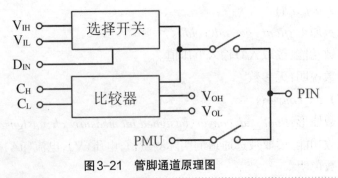

图3-21 管脚通道原理图

　　PE卡还提供频率和电平可程控的用户时钟信号,频率选择范围为8kHz~1MHz,时钟的高低电平与V_{IH}和V_{IL}相同。PE卡还提供4个继电器开关供测试电路板使用,在线路板上方还为测试线路板提供了统一的测试总线。

　　与PE卡有关函数的约定如下:

　　(1)_on_fun_pin()。

　　函数原形:*void _on_fun_pin(unsigned int pin,...)*。

　　函数功能:合上功能管脚继电器。

　　参数说明:

　　pin,...——管脚序列,1、2、3、……16管脚序列要以0结尾,如当要合上3、4、7管脚时,其序列为:3,4,7,0。

　　(2)_off_fun_pin()。

　　函数原形:*void _off_fun_pin(unsigned int pin,...)*。

　　函数功能:关闭功能管脚继电器。

　　参数说明:

　　pin,...——管脚序列,1、2、3、……16管脚序列要以0结尾,表述方式同_on_fun_pin()函数。

　　(3)_sel_comp_pin()。

　　函数原形:*void _sel_comp_pin(unsigned int pin,...)*。

　　函数功能:设定输出(比较)管脚。

　　参数说明:

　　pin,...——管脚序列,1、2、3、……16管脚序列要以0结尾,表述方式同_on_fun_pin()函数。

　　(4)_sel_drv_pin()。

　　函数原形:*void _sel_drv_pin(unsigned int pin,...)*。

　　函数功能:设定输入(驱动)管脚。

　　参数说明:

　　pin,...——管脚序列,1、2、3、……16管脚序列要以0结尾,表述方式同_on_fun_pin()函数。

　　(5)_set_drvpin()。

　　函数原形:*void _set_drvpin(char *logic, unsigned int pin,...)*。

函数功能:设置并输出驱动脚的逻辑状态,H:高电平;L:低电平。

参数说明:

*logic——逻辑标志,"H","L"。

pin,...——管脚序列,1、2、3、……16管脚序列要以0结尾,表述方式同_on_fun_pin()函数。

(6)_read_comppin()。

函数原形:unsigned int _read_comppin(char *logic, unsigned int pin,...)。

函数功能:读取比较脚的状态或数据。

当*logic="H"时,返回0则pass,否则为fail,并返回管脚序列中第一个不是"H"的管脚值,可用此法找上升沿;当*logic="L"时,返回0则pass,否则为fail,并返回管脚序列中第一个不是"L"的管脚值,可用此法找下降沿;当*logic为非"H"或"L"时,返回管脚序列的实际逻辑值,1:H;0:L,而不判断比较结果为pass或fail。

参数说明:

*logic——逻辑标志,"H""L"或其他字符。

pin,...——管脚序列,1、2、3、……16管脚序列要以0结尾,表述方式同_on_fun_pin()函数。

(7)_on_relay()。

函数原形:void _on_relay(unsigned int number)。

函数功能:合上用户继电器。

参数说明:

number——对应继电器编号1,2,3,4。

(8)_off_relay()。

函数原形:void _off_relay(unsigned int number)。

函数功能:关闭用户继电器。

参数说明:

number——对应继电器编号1,2,3,4。

(9)_on_pmu_pin()。

函数原形:void _on_pmu_pin(unsigned int pin)。

函数功能:合上管脚pmu继电器。

参数说明:

pin——管脚号1,2,3,…16。

(10)_off_pmu_pin()。

函数原形:*void _off_pmu_pin*(*unsigned int pin*)。

函数功能:断开管脚pmu继电器。

参数说明:

pin——管脚号1,2,3,...16。

(11)*_pmu_test_vi*()。

函数原形:*float _pmu_test_vi*(*unsigned int pin_number*, *unsigned int power_chanel*, *unsigned int current_stat*, *float voltage_souse*, *unsigned int gain*)。

函数功能:对管脚进行供电压测电流的*pmu*测量,返回管脚电流(μA)。

参数说明:

pin_number——被测管脚号1,2,3,…16。

power_chanel——电源通道1,2。

current_stat——电流挡位1,2,3,4,5,6,各档量程分别为:

1:100mA;2:10mA;3:1mA;4:100μA;5:10μA;6:1μA。

voltage_souse——给定电压,−20~20 V。

gain——测量增益1,2,3。

(12)*_pmu_test_iv*()。

函数原形:*float _pmu_test_iv*(*unsigned int pin_number*, *unsigned int power_chanel*, *float current_souse*, *unsigned int gain*)。

函数功能:对管脚进行供电流测电压的*pmu*测量,返回管脚电压(V)。

参数说明:

pin_number——被测管脚号1,2,3,…16。

power_chanel——电源通道1,2。

current_souse——给定电流,−100 000~100 000(μA)。

gain——测量增益1,2,3。

函数的使用方式在具体程序编制时进一步分析。

3.2 74LS00芯片测试

3.2.1 测试数据分析

1.逻辑功能

74LS00芯片为2输入与非门,包含4路独立的2输入与非门,芯片管脚图如图3-22所示。其中,第1、4、9、12脚为与非门的*A*输入端,即芯片的四路通道的第一数据输入端；第2、5、10、13脚为与非门的B输入端，即芯片的四路通道的第二数据输入端；第3、6、8、11脚为与非门的输出端Y，即芯片的四路通道的输出端；第7脚为GND，即电源地；第14脚为V_{cc}，即电源正极。

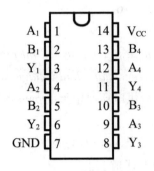

图3-22　74LS00管脚图

逻辑功能表达式为：$Y=\overline{A \cdot B}$（也可以表示为：$Y=\overline{A}+\overline{B}$）。两输入与非门的真值表参见项目1的表1-1。

2.74LS00电气参数

正确阅读芯片技术手册（Spec）是进行芯片测试的前提条件。由手册可知，74LS00的极限参数见表3-1，极限参数的测试需通过破坏性测试进行，常规芯片测试不进行这些项目的测试。

表3-1　74LS00极限参数表

符号	参数	限值
V_{cc}	电源电压	7V
V_I	输入电压	7V
T_A	工作温度	0℃~70℃
T_{stg}	存储温度	−65℃~150℃

常规特性测试关注更多的是典型工作条件表（表3-2）和电气参数表（表3-3）。

由表3-2可以看到，芯片供电电压在4.75~5.25V，在电路设计考虑电源转换芯片选择时，自然按照5V的典型值进行供电系统设计。而对V_{IH}和V_{IL}两个参数，一方面参数值说明本芯片管脚逻辑为正逻辑；另一方面，这里提供的是边界值，即如果输入逻辑高电平信号，只要信号幅值不小于2V，都视为有效高电平信号,而对于输入逻辑低电平信号而言,信号幅值不得超过0.8V,这是在多级逻辑信号传输时需要关注的细节。从性能测试的角度来说,如果超出边界的信号仍然让芯片产生了正常的逻辑结果,芯片的性能也就不可靠了。表中的 I_{OH} 和 I_{OL} 两参数提供了最大值,也就意味着实际工作时,无论什么逻辑条件下,输出电流都不可能超过最大限制。

表3-2　74LS00典型工作条件表

符号	参数	最小值	典型值	最大值	单位
V_{CC}	电源电压	4.75	5	5.25	V
V_{IH}	输入高电平电压	2	—	—	V
V_{IL}	输入低电平电压	—	—	0.8	V
I_{OH}	输出高电平电流	—	—	-0.4	mA
I_{OL}	输出低电平时电流	—	—	8	mA
T_A	工作温度	0	—	70	℃

表3-3　74LS00电气参数表(V_{CC}=5V,T_A=25℃)

符号	参数	测试条件	最小值	典型值	最大值	单位
V_I	输入钳制电压	V_{CC}=Min,I_I=−18mA	—	—	−1.5	V
V_{OH}	输出高电平电压	V_{CC}=Min,I_{OH}=Max,V_{IL}=Max	2.7	3.4	—	V
V_{OL}	输出低电平电压	V_{CC}=Min,I_{OL}=Max,V_{IH}=Min	—	0.35	0.5	V
		V_{CC}=Min,I_{OL}=4mA	—	0.25	0.4	
I_I	输入电压最大时的输入电流	V_{CC}=Max,V_I=7V	—	—	0.1	mA
I_{IH}	输入高电平电流	V_{CC}=Max,V_I=2.7V	—	—	20	μA
I_{IL}	输入低电平电流	V_{CC}=Max,V_I=0.4V	—	—	−0.36	mA
I_{OS}	输出短路电流	V_{CC}=Max*	−20	—	−100	mA

符号	参数	测试条件	最小值	典型值	最大值	单位
I_{CCH}	输出端置高电平时电源电流	V_{CC}=Max	—	0.8	1.6	mA
I_{CCL}	输出端置低电平时电源电流	V_{CC}=Max	—	2.4	4.4	mA

注:*此测试每次只能对一个输出端进行,且持续时间不超过1s。

表3-3所示电参数表罗列了74LS00芯片输入、输出端和电源端的参数信息和对应测试条件,每个参数的测试条件和参数典型值类型,就是后续测试方案制定的依据。这里对各参数测试对象及测试原则做简要分析。

(1)V_I。V_I为输入钳制电压,参数对应于所有输入端,对74LS00而言,就是1、2、4、5、9、10、12、13这八个管脚。根据测试条件,结合表3-2相关数据,在给电源供电4.75V时,逐一向管脚送-18mA电流信号,测量管脚电压,最大值不应超过-1.5V,即若测得管脚电压为-1.7V,则芯片性能不达标。

(2)V_{OH}。V_{OH}为输出端高电平时对应的电压值,该参数对应所有输出端,即芯片的3、6、8、11四个管脚。74LS00为与非门,根据真值表,任一输入管脚置低电平时输出端为高电平。因此根据测试条件,结合表3-2相关数据,应在电源供电4.75V,输入端送入0.8V电压信号,并在输出端加-0.4mA电流信号,测量对应输出端电压应不小于2.7V。为完成四个输出端的参数测试,需同时对所有输入端加入0.8V电压信号。

(3)V_{OL}。V_{OL}为输出端低电平时对应的电压值,其测试对象与V_{OH}参数的测试对象是一致的。从表3-3可以看到,当V_{CC}、I_{OL}、I_{IH}三个参数都取极限值时,测量对应输出端电压应不大于0.5V,若输出端加4mA电流信号,逻辑输入端在不低于2V的范围内任意取值时,对应输出端电压应不大于0.4V,实际测试时,应有针对性设置测试条件。

(4)I_I。I_I是指输入电压最大时对应的输入端电流,因此该参数的测试针对八个输入管脚。根据测试条件,需给电源按最大极限值供电,即5.25V,并在输入端送入7V电压信号,这时在输入端所测得电流不应大于0.1mA。

(5)I_{IH}和I_{IL}。I_{IH}和I_{IL}分别表征输入高电平电压信号和输入低电平电压信号时输入回路的电流大小,其测试对象与I_I相同。根据测试条件,除电源供电5.25V外,输入高电平电压选典型值2.7V,输入低电平电压选典型值0.4V,受输入内电阻影响,输入高电平时输入电流不应大于20μA;输入低电平时,输出电流不应大于−0.36mA。

（6）I_{OS}。I_{OS}为输出端与地短接时的回路电流，短路本身对电路就容易产生损害，因此芯片的短路电流测试只能承受短时单个管脚测试，测得电流应不小于−20mA，不大于−100mA。

（7）I_{CCH}和I_{CCL}。I_{CCH}和I_{CCL}是针对电源端的参数，在电源供电5.25V前提下，通过对逻辑输入管脚的控制，令输出端全为高电平时，测得的电源端电流即为I_{CCH}；令输出端全为低电平时，测得的电源端电流即为I_{CCL}。

实际测试时，由于测试机测试电路的参数影响，测得的正确参数值范围会与Spec文档所提供的电参数表有所差别。

3. 测试方案分析

对电路的测试是根据测试项目，对照电参数表的参数范围进行的。任何一个芯片，接触测试均为必测项目，功能框图测试、直流测试等测试项目则可根据芯片的具体情况进行选择。这里仅对74LS00芯片进行开短路测试和逻辑功能测试。

（1）开短路测试。IC开短路测试(open_short_test)是芯片测试常测项目。把该测试放在参数测试程序之前，能及早发现测试探针是否接触不良，并能及时发现芯片的各个引脚间是否有短路现象，以及引脚是否存在开路故障。

开短路测试可以选择对电源测试或对地测试。一般芯片的每个引脚都有ESD保护电路，通常是两个首尾相接的二极管，一端接V_{CC}，另一端接GND，如图3-23所示，信号从两个二极管的接点输入。

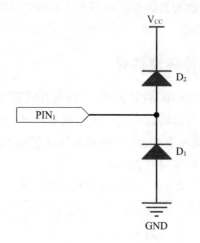

图3-23 管脚ESD保护电路

对电源测试时先把芯片的 V_{CC} 引脚接0伏(或 GND),从测试机向芯片引脚提供 $100\sim500\mu A$ 的电流,电流经上端二极管流向 GND,此时测量该引脚的电压,当保护二极管为硅管时,测量到的电压为0.7V左右;当保护二极管是锗管时,测量到的电压为0.3V左右。正常电压范围通常为上限1.2V,下限为0.2V,当测出电压大于1.2V判断为开路,小于0.2V判断为短路。

对地测试的原理基本相同。芯片的 GND 引脚接0V电压,从测试机向芯片引脚抽取 $100\sim500\mu A$ 的电流,电流由 GND 经下端二极管流向测试机。此时测量该引脚的电压,当保护二极管为硅管时,测量到的电压为-0.7V左右;当保护二极管是锗管时,测量到的电压为-0.3V左右。正常电压范围通常为上限-0.2V,下限为-1.2V,当测出电压小于-1.2V判断为开路,大于-0.2V判断为短路。

(2)逻辑功能测试(真值表测试)。74LS00芯片的逻辑功能简单,对芯片测试不同于逻辑功能验证,如果仅仅验证芯片逻辑功能是否正常,可以根据"全1出0,有0出1"的原则进行检测,但对芯片性能的测试,需要在所有逻辑组合情况下进行参数的测试,任一个状态有异常,都视为芯片性能不良。

进行真值表测试,实际上就是根据电参数表确定对管脚加入的信号类型,这里以第一组与非门的测试为例,若在 A_1、B_1 脚同时加高电平信号,在 Y_1 脚应检测到低电平信号,由表3-3可以看到,对 V_{OL} 参数的测量,应分别在两个测试条件下进行:①当 V_{CC} 取最小值,即4.75V,I_{OL} 取最大值,即输入8mA,此时在 A_1 和 B_1 脚加入的高电平信号要求加临界值即最小值2V,所读取的 Y_1 脚电压应不大于0.5V;②当 V_{CC} 取最小值,即4.75V,I_{OL} 输入4mA,此时在 A_1 和 B_1 脚加入的高电平信号无限制,所读取的 Y_1 脚电压应不大于0.4V。实际测试时,四组与非门是同时进行真值表测试的。

3.2.2　测试硬件环境搭建

由前述分析可知,74LS00各管脚除 GND 端有效接地,V_{CC} 端根据测试要求接地或接电源外,其余管脚均需根据不同测试要求进行电压、电流信号供给的调整,因此 V_{CC} 脚通过继电器控制,其他输入输出管脚按顺序接至数字功能管脚 $PIN_1\sim PIN_{12}$。具体接口编号见表3-4。

表3-4　74LS00测试接口对照表

管脚编号	管脚名称	测试机端口	管脚编号	管脚名称	测试机端口
1	A_1	DB1_PIN1	3	Y_1	DB1_PIN3
2	B_1	DB1_PIN2	4	A_2	DB1_PIN4

续表

管脚编号	管脚名称	测试机端口	管脚编号	管脚名称	测试机端口
5	B_2	$DB1\_PIN5$	10	B_3	$DB1\_PIN8$
6	Y_2	$DB1\_PIN6$	11	Y_4	$DB1\_PIN12$
7	GND	GND	12	A_4	$DB1\_PIN10$
8	Y_3	$DB1\_PIN9$	13	B_4	$DB1\_PIN11$
9	A_3	$DB1\_PIN7$	14	V_{CC}	$DB1\_K1\_2$ $DB1\_K2\_2$

　　因开短路测试时选择 V_{CC} 端接地,而在其他测试状态 V_{CC} 端需接电压源,因此利用继电器 K_1 控制 V_{CC} 端的接地,即将继电器 K_1 端子"$DB1\_K1\_1$"与GND相连;利用继电器 K_2 控制 V_{CC} 端接电压源,即将继电器 K_2 端子"$DB1\_K2\_1$"与电压源2即"$DB1\_FORCE2$"相连。根据LK8810S测试机外挂盒接口设计74LS00芯片测试电路(图3-24)和外挂盒接口间距尺寸设计测试电路PCB板,即制成了对应的测试用DUT板卡。

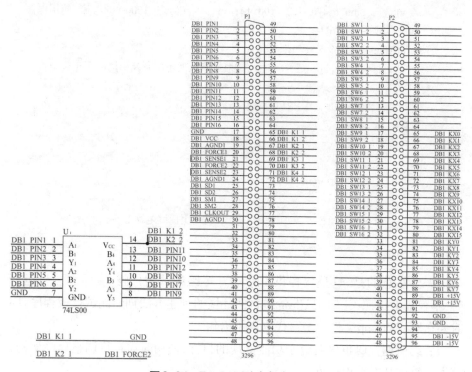

图3-24　74LS00测试电路原理图

3.2.3　测试程序设计

1. 开短路测试程序设计

对芯片的输入和输出引脚进行供电流测电压测试,以上测得的电压若在-1.2~-0.2V之间则为良品,否则为非良品。

开短路测试程序代码如下:

```
void Openshort()
{
    Mprintf("......SN74LS00 Openshort test......");
    int i;
    float v[13];
    _on_relay(1);            //打开用户继电器1,使VCC接地
    for(i=1;i<=12;i++)
    {
    v[i] = _pmu_test_iv(i,2,-100,1);            //给定-100μA的电流,使用电源
通道2测量引脚1~12的电压
    Mprintf("\nv[%d]=%5.3fV",i,v[i]);
    if(v[i]<-1.2||v[i]>-0.2)            //根据参数的范围判断引脚电压正确与否
        {
            Mprintf("\tOVERFLOW!\n");
            return;
        }
    else
            Mprintf("\tOK! ");
        }
    _off_relay(1);            //测试完成,关闭用户继电器1
}
```

需要注意的是,这里仅提供了针对开短路测试的代码,实际测试机运行时,不仅需要按照3.1.2测试准备中软件环境的创建方法创建测试模板程序,同时要在对应的.cpp文件中编写代码调用语句。

后续所列代码也仅对应于功能实现的目标,使用时需自行调整程序架构,使程序符合基本编程规范。

74LS00开短路测试结果如图3-25所示。

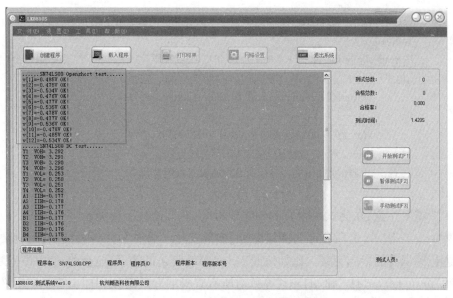

图3-25 74LS00开短路测试结果示例

2.芯片功能测试

参照74LS00芯片逻辑功能说明和真值表,编写相应测试程序,验证芯片逻辑功能是否与真值表符合,这里仅选择"01、10、00"三个逻辑输入组合进行编程,"11"逻辑输入组合测试对应代码可参照编写。

(1)给V_{CC}供4.75V电压,设置输入A_1、A_2、A_3、A_4(对应管脚A_1、A_2、A_3和A_4)为0,B_1、B_2、B_3、B_4(对应管脚B_1、B_2、B_3和B_4)为1,测输出Y_1、Y_2、Y_3、Y_4(对应管脚Y_1、Y_2、Y_3和Y_4)是否都为1。对应测试代码如下:

```
_on_relay(2);                              //打开用户继电器2,使VCC接FORCE2
_on_vpt(2,3,4.75);                         //FORCE2输出1mA电流,4.75V电压
_set_logic_level(2,0,2.7,1);               //设置VIH=2V、VIL=0V,VOH=2.7V,VOL=0.5V
/*需要说明的是,若将VOL设为0.5V,测试机将按照0V进行输出低电平的比较,
造成芯片状态判断出错,故设置为1V*/
_sel_drv_pin(A1,A2,A3,A4,B1,B2,B3,B4,0);   //按芯片管脚名设定驱动管脚
//_sel_drv_pin(1,2,4,5,7,8,10,11,0);       //按数字功能管脚编号设定驱动管脚
//实际编程可按管脚名或功能管脚编号进行定义,后续比较管脚定义与此相同
_sel_comp_pin(Y1,Y2,Y3,Y4,0);             //按芯片管脚名设定比较管脚
//_sel_comp_pin(3,6,9,12,0);               //按数字功能管脚编号设定比较管脚
//以上语句在同一次功能测试环节可不再重复定义
_set_drvpin("H",B1,B2,B3,B4,0);           //设置驱动管脚H电平
```

119

```
    _set_drvpin("L",A1,A2,A3,A4,0);          //设置驱动管脚L电平
    _wait(10);                               //延时 10ms
    if(_read_comppin("H",Y1,Y2,Y3,Y4,0))     //测试Y1,Y2,Y3,Y4是否输出全
部为高电平
            Mprintf("\n\tFunction A=L B=H Y=H test error\n");
        else
            Mprintf("\n\tFunction A=L B=H Y=H test OK\n");
    _off_relay(2);       //测试完成,关闭用户继电器2
//注意:继电器2关闭语句可在所有功能测试完成后执行
```

需要注意,在测试机生成的程序模板中,对应的数字功能管脚在程序中以数字1~16表示,上段程序为阅读方便,实际使用了管脚名称,因此编程时需要进行标识符的指向定义。比如按照表3-4对管脚A_1的定义,应在前述程序中撰写"$unsigned\ int\ A1$;"和"$A1=1$;"等针对所有管脚的变量定义和标识符指向定义语句。

(2)给V_{CC}供4.75V电压,设置输入A_1、A_2、A_3、A_4为1,B_1、B_2、B_3、B_4为0,测输出Y_1、Y_2、Y_3、Y_4是否都为1。对应测试代码如下:

```
    (注:此段程序将按上述(1)的测试代码顺序执行,因此VCC电压设置及高低电平
值设置不再重复设置,下同)
    _set_drvpin("L",B1,B2,B3,B4,0);          //设置驱动管脚L电平
    _set_drvpin("H",A1,A2,A3,A4,0);          //设置驱动管脚H电平
    _wait(10);                               //延时 10ms
    if(_read_comppin("H",Y1,Y2,Y3,Y4,0))     //测试Y1,Y2,Y3,Y4是否输出全
部为高电平
            Mprintf("\n\tFunction A=H B=L Y=H test error\n");
        else
            Mprintf("\n\tFunction A=H B=L Y=H test OK\n");
```

(3)给V_{CC}供4.75V电压,设置输入A_1、A_2、A_3、A_4为0,B_1、B_2、B_3、B_4为0,测输出Y_1、Y_2、Y_3、Y_4是否都为1。对应测试代码如下:

```
    _set_drvpin("L",A1,A2,A3,A4,B1,B2,B3,B4,0);//设置驱动管脚L电平
    _wait(10);                               //延时 10ms
    if(_read_comppin("H",Y1,Y2,Y3,Y4,0))     //测试Y1,Y2,Y3,Y4是否输
出全部为高电平
```

```
        Mprintf("\n\tFunction A=L B=L Y=H test error\n");
else
        Mprintf("\n\tFunction A=L B=L Y=H test OK\n");
```

74LS00功能测试结果示例如图3-26所示。

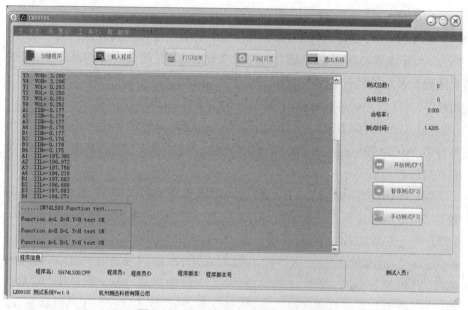

图3-26 74LS00功能测试结果示例

 小 练 习

1.仿照74LS00芯片功能测试程序,针对*A*、*B*端输入状态"11"编写对应功能测试代码,并运行验证。

2.74LS04为最常见的反相器,请进行以下工作:

(1)上网查阅Spec文档(又称DataSheet),摘录工作参数及电参数。

(2)编制进行开短路测试和逻辑功能测试的芯片接口对照表。

(3)绘制原理图及PCB图,制作测试用DUT板卡。

(4)编写开短路测试程序和逻辑功能测试程序并运行验证。

3.3 74LS48芯片测试

3.3.1 测试数据分析

1. 逻辑功能

在项目1中，我们进行了74LS48芯片的功能设计与仿真验证，对芯片实体而言，半导体生产厂家基于基本的逻辑功能要求，在前端设计的基础上，经过版图设计及功能验证，生产出具有各自特色又能互相兼容的芯片。而在实际应用环节，关注的还是芯片的通用性能，因此这里对74LS48芯片进行对照测试。

74LS48芯片是BCD—七段显示译码/驱动器，具有内部上拉电阻，常用在各种数字电路和单片机系统的显示模块中。输出端($Y_a \sim Y_g$)为高电平有效，可驱动灯缓冲器或共阴极LED。

74LS48管脚图如图3-27所示，对应逻辑功能表见表3-5。由功能表可以看到，74LS48芯片有十进制显示、消隐、灭零、灯测试四类工作状态。第7、1、2、6脚分别为芯片的BCD码输入端A、B、C、D，其中D为高位，高电平有效。第4脚为芯片的消隐输入/动态灭零输出端$\overline{BI}/\overline{RBO}$，消隐信号低电平有效，优先级最高，当$\overline{BI}$端置低时，第9~15脚对应的$a \sim g$ 7位输出端均输出低电平，即无显示。第3脚为芯片的灯测试输入端$\overline{LT}$，低电平有效，优先级仅次于消隐状态，即$\overline{BI}$端置高时，$\overline{LT}$端置低，数码管将显示完整的七段"8"形。第5脚为动态灭零输入端$\overline{RBI}$，优先级在消隐、灯测试功能之后，低电平有效，即$\overline{RBI}$端置高时，输入"$DCBA=0000$"时数码管将显示"0"，$\overline{RBI}$端置低时，4脚取输出功能，即输入"$DCBA=0000$"时输出低电平信号，"灭零"不显示。第8脚GND为电源地。第16脚V_{CC}为电源正极。

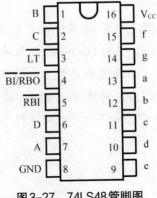

图3-27　74LS48管脚图

表3-5   74LS48逻辑功能表

十进制或功能	输入						$\overline{BI/RBO}$	输出						
	$\overline{LT}$	$\overline{RBI}$	D	C	B	A		a	b	c	d	e	f	g
0	H	H	L	L	L	L	H	H	H	H	H	H	H	L
1	H	×	L	L	L	H	H	L	H	H	L	L	L	L
2	H	×	L	L	H	L	H	H	H	L	H	H	L	H
3	H	×	L	L	H	H	H	H	H	H	H	L	L	H
4	H	×	L	H	L	L	H	L	H	H	L	L	H	H
5	H	×	L	H	L	H	H	H	L	H	H	L	H	H
6	H	×	L	H	H	L	H	L	L	H	H	H	H	H
7	H	×	L	H	H	H	H	H	H	H	L	L	L	L
8	H	×	H	L	L	L	H	H	H	H	H	H	H	H
9	H	×	H	L	L	H	H	H	H	H	H	L	H	H
10	H	×	H	L	H	L	H	L	L	L	H	H	L	H
11	H	×	H	L	H	H	H	L	L	H	H	L	L	H
12	H	×	H	H	L	L	H	L	H	L	L	L	H	H
13	H	×	H	H	L	H	H	H	L	L	H	L	H	H
14	H	×	H	H	H	L	H	L	L	L	H	H	H	H
15	H	×	H	H	H	H	H	L	L	L	L	L	L	L
消隐	×	×	×	×	×	×	L	L	L	L	L	L	L	L
灭零输入	H	L	L	L	L	L	L	L	L	L	L	L	L	L
灯测试	L	×	×	×	×	×	H	H	H	H	H	H	H	H

2.74LS48电气参数

表3-6为74LS48芯片的典型工作条件表,与74LS00工作条件表相比,这里多了一列标识54系列和74系列的参数对照,这在很多手册当中是常见的做法,进行测试数据分析时必须看仔细。同时需要注意的是,从表中可以看到,输出管脚的I_{OH}和动态灭零输出管脚的I_{OH}是不同的,需要分别测试,I_{OL}参数也是如此。

表3-6   74LS48典型工作条件表

符号	参数		最小值	典型值	最大值	单位
V_{CC}	电源电压	54	4.5	5.0	5.5	V
		74	4.75	5.0	5.25	

续表

符号	参数		最小值	典型值	最大值	单位
T_A	工作环境温度	54 74	−55 0	25 25	125 70	℃
I_{OH}	a~g脚输出高电平电流	54,74	—	—	−100	μA
I_{OH}	$\overline{BI/RBO}$脚输出高电平电流	54,74	—	—	−50	μA
I_{OL}	a~g脚输出低电平电流	54 74	—	—	2.0 6.0	mA
I_{OL}	$\overline{BI/RBO}$脚输出高电平电流	54 74	—	—	1.6 3.2	mA

 小知识：54系列和74系列

54系列的TTL电路和74系列的TTL电路具有完全相同的内部电路结构和电气参数，二者的差别仅为工作温度范围和电源电压范围。54系列的工作温度范围为−55℃~125℃，电源电压范围为5V±10%。74系列的工作温度范围为0℃~70℃，电源电压范围为5V±5%。

表3-7列出了74LS48芯片的直流电气参数，由于与逻辑门相比的逻辑功能复杂很多，不同属性的管脚在相同的电参数上会体现出数值的差异，制定实际测试方案时，就需要结合逻辑功能表具体分析。比如在灭零功能测试的时候，灯测试端置高电平即2.0V，灭零输入端和BCD码输入端置低电平即0.8V，此时虽然灭零输出端和a~g输出端均为低电平，但读取方式并不相同，灭零输出端需加3.2mA电流信号后读取电压值，而a~g输出端需加6mA电流信号后读取电压值，所测得电压均应不高于0.5V。

表3-7 74LS48直流电气参数表（V_{CC}=5V，T_A=25℃）

符号	参数		最小值	典型值	最大值	单位	测试条件
V_{IH}	输入高电平电压		2.0	—	—	V	对所有输入端有效
V_{IL}	输入低电平电压	54			0.7	V	对所有输入端有效
		74			0.8		
V_{IK}	输入钳制电压		—		−1.5	V	V_{CC}=Min，I_{IN}=−18mA
V_{OH}	输出高电平电压		2.4	4.2	—	V	V_{CC}=Min，I_{OH}=−50μA V_{IN}=V_{IH}或按真值表以电流方式 加载（U.L.）

续表

符号	参数		最小值	典型值	最大值	单位	测试条件
I_O	$a{\sim}g$ 脚输出电流		-1.3	-2.0	—	mA	V_{CC}=Min,V_O=0.85V,输入条件同 V_{OH}
V_{OL}	$a{\sim}g$ 脚输出低电平电压	54,74	—	—	0.4	V	I_{OL}=2.0mA V_{CC}=Min,V_{IH}=2.0V,V_{IL}=Max
		74	—	—	0.5		I_{OL}=6.0mA
V_{OL}	$\overline{BI/RBO}$ 脚输出低电平电压	54,74	—	—	0.4	V	I_{OL}=1.6mA V_{CC}=Max,V_{IH}=2.0V,V_{IL}=Max
		74	—	—	0.5		I_{OL}=3.2mA
I_{IH}	输入高电平电流(除 $\overline{BI/RBO}$)		—	—	20	µA	V_{CC}=Max,V_{IN}=2.7V
			—	—	0.1	mA	V_{CC}=Max,V_{IN}=7.0V
I_{IL}	输入低电平电流(除 $\overline{BI/RBO}$)		—	—	-0.4	mA	V_{CC}=Max,V_{IN}=0.4V
I_{IL}	$\overline{BI/RBO}$ 脚输入低电平电流		—	—	-1.2	mA	V_{CC}=Max,V_{IN}=0.4V
I_{OS}	$\overline{BI/RBO}$ 脚输出短路电流(*)		-0.3	—	-2.0	mA	V_{CC}=Max
I_{CC}	电源电流		—	25	38	mA	V_{CC}=Max

注:*此测试每次只能对一个输出端进行,且持续时间不超过1s。

小知识:怎样以电流方式加载信号

摩托罗拉(MOTOROLA)公司的SN74LS48芯片,其输入端的高低电平有效信号不仅可以电压方式加载到管脚,同时可以电流方式进行加载,加载参数以单位负荷Unit Load(U.L.)为标准单位,对应于高电平时加载电流为40µA,低电平时加载电流为-1.6mA。对 A、B、C、D 四个BCD码输入端、$\overline{RBI}$ 灭零端、$\overline{LT}$ 灯测试端,对应电流方式加载的参数分别为高电平时0.5U.L.,低电平时0.25U.L.,即高电平输入应加载电流20µA,低电平输入应加载电流-0.4mA。

3.测试方案分析

74LS48芯片与74LS00芯片的开短路测试方法一致,这里重点关注74LS48的逻辑功能测试和直流参数的测试。

(1)逻辑功能测试。逻辑功能测试可按照表3-5逻辑功能表的输入输出状态逐一进行测试。以显示"0"为例,此时需将灯测试端($\overline{LT}$)、消隐端($\overline{BI}$)、灭零输入端($\overline{RBI}$)置高电平,BCD码输入端 A、B、C、D 均置低电平,测输出 a、b、c、d、e、f 端应为高电平,输出 g 端应为低电平。根据表3-7可知,输入端高电平可取临界值2.0V,输入端低电平可取临界值0.8V,而输出a、b、c、d、e、f端应加$-50\mu A$电流信号,输出g端应加2.0mA电流信号,电源电压则取最小值4.75V,此时所测得输出a、b、c、d、e、f端电压应不小于2.4V,输出g端电压应不高于0.4V。

再以"灯测试"功能测试为例,由表3-5逻辑功能表可知,当消隐端置高电平,灯测试端置低电平时,输出$a\sim g$端均为高电平。测试时,可将输入端高电平取5V(V_{cc}),输入端低电平取0V(GND),其余输入端不进行设置,此时所测得输出a、b、c、d、e、f端电压典型值为4.2V,性能最差的端电压应不小于2.4V。

(2)直流参数测试。在表3-7中所列的直流电气参数可以根据测试条件逐一进行测试,如输入高电平电压V_{IH},对任一输入端而言,若送入低于2.0V的电压信号,输出却产生了高电平输入才会发生的现象,必然视为芯片非良品,但与输入输出高低电平电压、电流有关的参数,多在逻辑功能测试过程中进行了检验,可不再单独测试。而输入钳制电压V_{IK}、$\overline{BI}/\overline{RBO}$脚输出短路电流$I_{OS}$、电源电流$I_{CC}$等参数,就需要根据测试条件单独测试。这里以$\overline{BI}/\overline{RBO}$脚输出短路电流$I_{OS}$为例说明直流参数的测试方法。

从表3-7中可以看到,测试条件为V_{CC}取最大值5.25V,输出短路,意味着$\overline{BI}/\overline{RBO}$管脚需接地,再测量对应的电流即可,输出电流应为0.3~2.0mA。

3.3.2 测试硬件环境搭建

由前述分析可知,74LS48的各管脚,除GND端有效接地,V_{cc}端根据测试要求接地或接电源外,其余管脚均需根据不同测试要求进行电压、电流信号供给的调整。因此,V_{cc}脚通过继电器控制,其他输入输出管脚按顺序接至数字功能管脚$PIN_1\sim PIN_{14}$。74LS48测试接口见表3-8。

表3-8 74LS48测试接口对照表

管脚编号	管脚名称	测试机端口	管脚编号	管脚名称	测试机端口
1	B	$DB1\_PIN14$	9	e	$DB1\_PIN7$
2	C	$DB1\_PIN1$	10	d	$DB1\_PIN8$
3	$\overline{LT}$	$DB1\_PIN2$	11	c	$DB1\_PIN9$
4	$\overline{BI}/\overline{RBO}$	$DB1\_PIN3$	12	b	$DB1\_PIN10$
5	$\overline{RBI}$	$DB1\_PIN4$	13	a	$DB1\_PIN11$
6	D	$DB1\_PIN5$	14	g	$DB1\_PIN12$
7	A	$DB1\_PIN6$	15	f	$DB1\_PIN13$
8	GND	GND	16	V_{cc}	$DB1\_K1\_2$ $DB1\_K2\_2$

若要进行开短路测试,选择将V_{CC}端接地,而在其他测试状态V_{CC}端需接电压源(*FORCE*)。因此,仍然利用继电器K_1控制V_{CC}端的接地,利用继电器K_2控制V_{CC}端接电压源,即将继电器K_2端子"*DB1_K2_1*"与电压源1即"*DB1_FORCE1*"相连。根据LK8810S测试机外挂盒接口设计74LS48芯片测试电路如图3-28所示,根据外挂盒接口间距尺寸设计测试电路PCB板,即制成了对应的测试用DUT板卡。

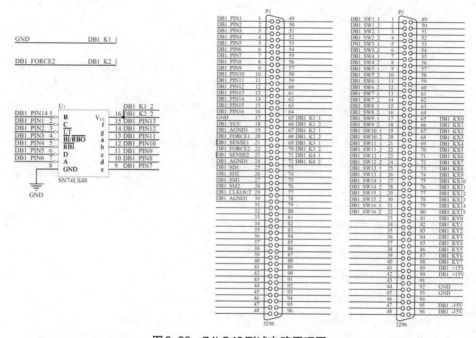

图3-28 74LS48测试电路原理图

3.3.3 测试程序设计

小 练 习

热身一下,为74LS48芯片编制开短路测试程序并运行调试。

1. 直流参数——输出短路电流测试程序设计

根据参数表可列出测试程序编制要点如下:

(1)闭合用户继电器2,使V_{CC}接*FORCE1*。

(2)*FORCE1*输出5.25V。

（3）设置 LT 为低电平。

（4）对 BI 供 0V 电压测电流。

输出短路电流测试程序代码如下：

```
_reset();                         //复位
_wait(10);                        //延时10ms
_on_vp(1,5.25);                   //对通道1供5.25V电压
_on_relay(2);                     //闭合用户继电器2
Mprintf("Ios Test\n");
_set_logic_level(5,0,3,1);        //设置VIH为5V,VIL为0V,VOH为3V,VOL为1V
_sel_drv_pin(LT,0);               //设置驱动管脚
_set_drvpin("L",LT,0);            //设置驱动管脚低电平
_wait(10);                        //延时10ms
Ios=_pmu_test_vi(BI,2,1,0,2);     //对BI脚供0V电压,测量管脚电流
Mprintf("BI Ios=%5.3f\n",Ios);    //输出电流值
```

2. 逻辑功能——全亮测试程序设计

根据参数表可列出测试程序编制要点如下：

（1）闭合用户继电器 2，使 V_{CC} 接 FORCE1。

（2）FORCE1 输出 5V。

（3）设置 LT 为低电平。

（4）读取 a~g 逻辑状态。

如果测得 a~g 逻辑状态全为高，则全亮功能正常。全亮测试程序代码如下：

```
_reset();                         //复位
_wait(10);                        //延时10ms
int i,q[7];
_on_vp(1,5);                      //对通道1供5V电压
_on_relay(2);
_set_logic_level(5,0,3,1);        //设置VIH为5V,VIL为0V,VOH为3V,VOL为1V
_sel_drv_pin(A,B,C,D,LT,0);       //设置驱动管脚
_sel_comp_pin(a,b,c,d,e,f,g,0);   //设置比较管脚
Mprintf("/* LT=L */\n");
_set_drvpin("L",LT,0);
_wait(10);
q[0]=_rdcmppin(a);                //读取a管脚高低电平
```

```
q[1]=_rdcmppin(b);              //读取b管脚高低电平
q[2]=_rdcmppin(c);              //读取c管脚高低电平
q[3]=_rdcmppin(d);              //读取d管脚高低电平
q[4]=_rdcmppin(e);              //读取e管脚高低电平
q[5]=_rdcmppin(f);              //读取f管脚高低电平
q[6]=_rdcmppin(g);              //读取g管脚高低电平
for(i=0;i<7;i++)
{
    Mprintf("%d",q[i]);         //输出结果
}
```

74LS48输出短路电流测试、全亮测试结果示例如图3-29所示。

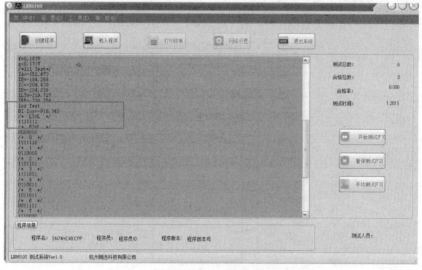

图3-29　74LS48输出短路电流测试、全亮测试结果示例

 小 练 习

74LS138为3～8线译码器,请进行以下工作:

(1)上网查阅Spec文档(又称DataSheet),摘录工作参数及电参数。

(2)编制进行开短路测试和逻辑功能测试的芯片接口对照表。

(3)绘制原理图及PCB图,制作测试用DUT板卡。

(4)编写开短路测试程序和逻辑功能测试程序。

3.4　74HC283芯片测试

3.4.1　测试数据分析

1.逻辑功能

74HC283芯片为超前进位的4位二进制全加器,芯片管脚如图3-30所示。其中3、5、12、14脚对应操作数A,A_3为高位,A_0为低位,2、6、11、15脚对应操作数B,同样B_3为高位,B_0为低位,操作数A与B相加的和用S表征,1、4、10、13脚对应两数相加的和,S_3为高位,S_0为低位,另有7脚为低位进位输入端C_{IN},9脚为A、B两数相加(若C_{IN}为高电平,还需加上C_{IN}的值"1")之和超出15后产生的进位位C_{OUT},逻辑关系见式(3-1)。

$$C_{IN}+(A_0+B_0)+2\times(A_1+B_1)+4\times(A_2+B_2)+8\times(A_3+B_3)$$
$$=S_0+2\times S_1+4\times S_2+8\times S_3+16\times C_{OUT} \qquad (3-1)$$

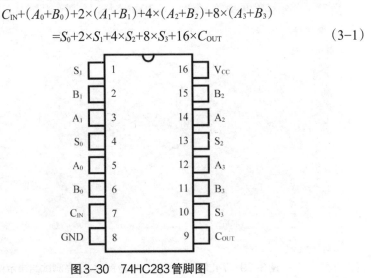

图3-30　74HC283管脚图

74HC283的逻辑功能表见表3-9。由表3-9可以看到,对这个芯片而言,由于加功能的相似性,芯片既能用于所有高电平有效(正逻辑)的操作数运算,又可用于所有低电平有效(负逻辑)的操作数运算。其中,当使用正逻辑时,如果没有进位,输入进位必须置低电平。

表3-9　74HC283逻辑功能表

管脚名	C_{IN}	A_3	A_2	A_1	A_0	B_3	B_2	B_1	B_0	S_3	S_2	S_1	S_0	C_{OUT}
逻辑电平	L	H	L	H	L	H	L	L	H	L	L	H	H	H

续表

| 正逻辑 | 0 | 1 | 0 | 1 | 0 | 1 | 0 | 0 | 1 | 0 | 0 | 1 | 1 | 1 |
| 负逻辑 | 1 | 0 | 1 | 0 | 1 | 0 | 1 | 1 | 0 | 1 | 1 | 0 | 0 | 0 |

 小知识：正逻辑和负逻辑

数字电路中,利用电平的高低来区分"0"和"1"两种状态,通常约定用高电平表示逻辑1,低电平表示逻辑0,这就是"正逻辑";相对的,"负逻辑"就是用高电平表示逻辑0,低电平表示逻辑1。

对同一电路,可以采用正逻辑,也可以采用负逻辑,不同的逻辑规定并不涉及逻辑电路本身的结构与性能好坏,但不同的逻辑约定会使同一电路具有不同的逻辑功能。比如正逻辑的两输入与逻辑的输入电平分别为 H、L,按照 $A \cdot B = Y$,得输出为"$1 \cdot 0 = 0$",即输出电平也为 L;若把逻辑约定为负逻辑,则两输入为0和1,输出为0,这时的逻辑功能就不再是与的逻辑关系了。实际上,正逻辑的与门等价于负逻辑的或门。

通常没有特殊说明时,都按照正逻辑讨论问题。

2. 74HC283 电气参数

74HC283芯片最典型的工作条件变化 V_1 就是电源电压 V_{CC} 的值,在2~6V范围内,芯片都能正常工作,随之变化的就是输入电压 V_1 和输出电压 V_0,其值的大小由 V_{CC} 决定。而工作温度 T_A 明显范围增大,为−55℃~125℃,这也扩展了芯片的应用面。

74HC283电气参数表见表3-10,由于工作温度范围的增大,实际芯片手册中针对不同温度范围列出电气参数,绝大多数参数在宽温度区内能保持不变,但个别参数还是有细微差别的,这里不做列举。此类参数在实际测试时会根据应用要求确定是否进行加温测试。常规消费级芯片仅进行常温测试,工业级芯片则需进行高温测试,汽车用芯片则需进行三温(低温、常温、高温)测试。

表3-10　74HC283电气参数表（T_A=25℃）

符号	参数	测试条件		V_{CC}（V）	最小值	典型值	最大值	单位
		V_1（V）	I_0（mA）					
V_{IH}	输入高电平电压	—	—	2	1.5	—	—	V
				4.5	3.15	—	—	
				6	4.2	—	—	

续表

符号	参数	测试条件		V_{CC} (V)	最小值	典型值	最大值	单位
		V_I(V)	I_O(mA)					
V_{IL}	输入低电平电压	—	—	2	—	—	0.5	V
				4.5	—	—	1.35	
				6	—	—	1.8	
V_{OH}	输出高电平电压	V_{IH} 或 V_{IL}	−0.02	2	1.9	—	—	V
			−0.02	4.5	4.4	—	—	
			−0.02	6	5.9	—	—	
V_{OL}	输出低电平电压	V_{IH} 或 V_{IL}	0.02	2	—	—	0.1	V
			0.02	4.5	—	—	0.1	
			0.02	6	—	—	0.1	
I_I	输入漏电流	V_{CC} 或 GND	—	6	—	—	±0.1	μA
I_O	静态电源电流	V_{CC} 或 GND	0	6	—	—	8	μA

表3-10提供了不同电源电压时各参数的对应限值,实际芯片测试时,需针对电源范围的边界值,即2V和6V两种情况进行测试程序的编制。

3.4.2　测试硬件环境搭建

同样,74HC283各管脚,除GND端有效接地及V_{CC}端根据测试要求接地或接电源外,其余管脚均需根据不同测试要求进行电压、电流信号供给的调整,因此V_{CC}脚通过继电器控制,其他输入输出管脚按顺序接至数字功能管脚$PIN_1 \sim PIN_{14}$,见表3-11。芯片管脚与数字功能管脚的对应,按照管脚编号进行排序是最简单的方式,如果软件编程有特殊要求,则需要在确定对照表之前做好沟通。同样在实际PCB板设计过程中,由走线便捷性需求引起的编号调整虽不会影响芯片测试,但在程序中变量定义也要随之严格按照接口对照表进行。

表3-11　74HC283测试接口对照表

管脚编号	管脚名称	测试机端口	管脚编号	管脚名称	测试机端口
1	S_1	$DB1\_PIN12$	7	C_{IN}	$DB1\_PIN9$
2	B_1	$DB1\_PIN6$	8	GND	GND
3	A_1	$DB1\_PIN2$	9	C_{OUT}	$DB1\_PIN10$
4	S_0	$DB1\_PIN11$	10	S_3	$DB1\_PIN14$
5	A_0	$DB1\_PIN1$	11	B_3	$DB1\_PIN8$
6	B_0	$DB1\_PIN5$	12	A_3	$DB1\_PIN4$

续表

管脚编号	管脚名称	测试机端口	管脚编号	管脚名称	测试机端口
13	S_2	$DB1\_PIN13$	15	B_2	$DB1\_PIN7$
14	A_2	$DB1\_PIN3$	16	V_{CC}	$DB1\_K1\_2$ $DB1\_K2\_2$

为开短路测试的需要,V_{CC}端仍然利用继电器K_1控制接GND,利用继电器K_2控制接电源($FORCE1$)。根据LK8810S测试机外挂盒接口设计74HC283芯片测试电路如图3-31所示,再根据外挂盒接口间距尺寸设计测试电路PCB板,即制成了对应的测试用DUT板卡。

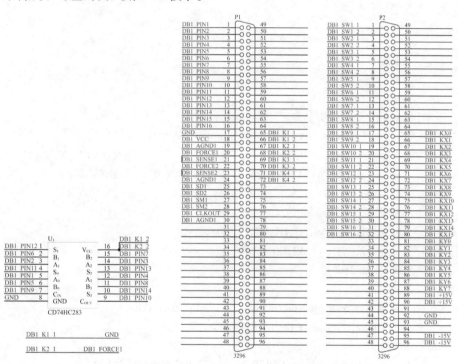

图3-31　74HC283测试电路原理图

3.4.3　测试程序设计

为74HC283芯片编制开短路测试程序并运行调试。

1. 逻辑功能测试程序设计

对全加器而言,两操作数相加,应在有进位和无进位两种状态下从 0~15 逐个进行加运算过程的测试,对每组数据运算编写的程序具有相似性,所以这里仅针对表 3-9 正逻辑对应数值运算进行编程,C_{IN} 输入电平为 0,A_3~A_0 输入 1010(1 为高电平,0 为低电平),B_3~B_0 输入 1001,则检验输出 S_3~S_0 电平是否为 0011,且 C_{OUT} 电平是否为 1。

逻辑功能测试程序代码如下:

```
void Function()
{
    int f;
    float V[7];
    _reset();
    _on_relay(4);
    Mprintf(".............开始测试.............\n");
    _on_vpt(1,3,6);    //FORCE1 输出 1mA 电流,6V 电压
    _set_logic_level(5,0,0,0);                          //设置 VIH=5V、VIL=0V
    _sel_drv_pin(A0,A1,A2,A3,B0,B1,B2,B3,CIN,0);    //设定驱动管脚
    _sel_comp_pin(COUT,S[1],S[2],S[3],S[4],0);       //设定比较管脚
    Mprintf(".............1.............\n");
    _set_drvpin("L",A0,A2,B1,B2,CIN,0);
    _set_drvpin("H",A1,A3,B0,B3,0);
    for(n=1;n<5;n++)
    {
        V[n]=_read_pin_voltage(S[n],2); //选定输出,读取
        Mprintf("\tS%d=\t%2.2f",n,V[n]);
    }
    V[5]=_read_pin_voltage(COUT,2);     //COUT 端电压读给 V[5]
    Mprintf("\tCOUT=\t%2.2f",V[5]);
    if(V[1]>4 && V[2]>4 && V[3]<1 && V[4]<1 && V[5]>4) //对输出电压进行判别
        Mprintf("pass\n");
    else
        Mprintf("error\n");
}
```

小 练 习

为74HC283芯片编制逻辑功能验证代码(正逻辑),要求:

(1)C_{IN}输入电平为0,$A_3 \sim A_0$输入1101,$B_3 \sim B_0$输入1011。

(2)C_{IN}输入电平为1,$A_3 \sim A_0$输入1001,$B_3 \sim B_0$输入0011。

(3)C_{IN}输入电平为1,$A_3 \sim A_0$输入1011,$B_3 \sim B_0$输入1000。

2.直流参数测试程序设计

(1)静态电源电流I_{CC}。根据参数表可列出测试程序编制要点如下:

①闭合用户继电器2,使V_{CC}接$FORCE$1。

②$FORCE$1输出6V。

③设置所有输入端为低电平。

④测电源端电流。

直流参数测试程序代码如下:

```
_wait(10);
_reset();
_on_relay(2);//合上用户继电器2
_on_vpt(1,3,6);//输出1通道电压源,电流挡位3:1mA,输出电压6V
_set_logic_level(4.2,1.8,5.9,0.1);　//设置参考电压VIH4.2V,VIL1.8V,VOH5.9V,
VOL0.1V
_sel_drv_pin(A0,A1,A2,A3,B0,B1,B2,B3,CIN,0);//设定输入(驱动)管脚,序
列以0结尾
_sel_comp_pin(COUT,S[1],S[2],S[3],S[4],0);//设定输出(比较)管脚,序列以
0结尾
_set_drvpin("L",A0,A1,A2,A3,B0,B1,B2,B3,CIN,0);//选定输入
u=_measure_i(2,5,2);//选择合适电流挡位,精确测量工作电流,返回μA
Mprintf("/******静态驱动电流***ICC=%5.3fμA******阈值5μA*****/\n",u);
```

(2)输出电压V_{OUT}。输出电压采用PMU方式测量。根据参数表可列出测试程序编制要点如下:

①闭合用户继电器2,使V_{CC}接$FORCE$1。

②$FORCE$1输出6V。

③设定输入高电平参考电压为4.2V,输入低电平参考电压为1.8V。

④选择合适的电流测试挡位,对输出管脚进行供电流测电压的PMU测量,返回管脚电压。

输出电压测试程序代码如下：

```
_on_relay(2);//合上用户继电器2
_wait(10);延时10ms
_set_drvpin("H",A0,A1,A2,A3,B0,B1,B2,B3,CIN,0);//选定输入
for(i=10;i<15;i++)
{
vout=_pmu_test_iv(i,2,-10000,2);//对管脚10~14进行供电流测电压的pmu测量,返回管脚电压(V)
Mprintf("/*****驱动高电位vout=%5.3f*******阈值5.90V*******/\n",vout);
}
_off_fun_pin(1,2,3,4,5,6,7,8,9,10,11,12,13,14,0);//关闭功能管脚继电器
_off_vp(1);//关闭通道1电压源
_wait(100);
_off_relay(2);//关闭用户继电器2
```

PMU测试

PMU测试,指利用精密测量单元(Precision Measurement Unit)进行的集成电路芯片测试。PMU通常用于精确的DC(直流)参数测量,它能驱动电流进入器件而去测量电压或为器件加上电压而去测量产生的电流。在对PMU测试功能进行编程时,驱动功能可选择为电压或电流,如果选择了电流,则测量模式自动被设置成电压;反之,如果选择了电压,则测量模式自动被设置成电流。

74HC283功能测试结果示例如图3-32所示。

图3-32 74HC283功能测试结果示例

小练习

为74HC283芯片编制输出高电平电压V_{OH}、输出低电平电压V_{OL}等直流参数的测试程序并运行调试。(注意:测试方案需分别针对$V_{CC}=2V$和$V_{CC}=6V$两种状态进行编程)

3.5 74HC151芯片测试

3.5.1 测试数据分析

1. 逻辑功能

74HC151(TI公司产品)芯片是八选一数据选择器/多路复用器,提供完整的二进制解码,以选择八个数据源中的一个。其主要应用于布尔函数发生器、并行到串行转换器、数据源选择器,74HC151管脚图如图3-33所示。其中,第1~4脚D_3~D_0、第12~15脚D_7~D_4为芯片的八路二进制数据输入端;第5、6脚Y、

137

W为芯片的两路输出端;第7脚为芯片数据输出选通端$\overline{G}$,低电平有效;第9~11脚C、B、A为数据选择输入端;第8脚GND为电源地;第16脚V_{CC}为电源正极。

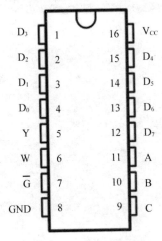

D_3	1	16	V_{CC}
D_2	2	15	D_4
D_1	3	14	D_5
D_0	4	13	D_6
Y	5	12	D_7
W	6	11	A
$\overline{G}$	7	10	B
GND	8	9	C

图3-33　74HC151管脚图

74HC151的逻辑功能表见表3-12。选通端子的高电平强制W输出为高电平,Y输出为低电平。当选通端置低电平时,选择输入端C、B、A的组合将决定了Y端获得哪个输入端的信号,W端信号与Y端信号反相。如果C、B、A状态为"LHL",对应正逻辑"010",即Y端输出D_2的信号,W端输出$\overline{D_2}$的信号。

表3-12　74HC151逻辑功能表

输入				输出	
选择输入			选通		
C	B	A	$\overline{G}$	Y	W
×	×	×	H	L	H
L	L	L	L	D_0	$\overline{D_0}$
L	L	H	L	D_1	$\overline{D_1}$
L	H	L	L	D_2	$\overline{D_2}$
L	H	H	L	D_3	$\overline{D_3}$
H	L	L	L	D_4	$\overline{D_4}$
H	L	H	L	D_5	$\overline{D_5}$
H	H	L	L	D_6	$\overline{D_6}$
H	H	H	L	D_7	$\overline{D_7}$

2.74HC151 电气参数

查阅 74HC151 芯片手册可以发现，74HC151 和 74HC283 芯片一样，也具有 2~6V 的宽工作电压范围，并且其输入高电平电压、输入低电平电压、输出高电平电压、输出低电平电压在不同电源电压作用下的参数范围完全一致。因此，这里不再逐一列出其电气参数，在编程时，可参照表 3-10 的 74HC283 的电气参数表获得对应数据。

3.5.2　测试硬件环境搭建

下面仅对 74HC151 芯片进行输入漏电流和逻辑功能的测试，这里 GND 端有效接地，V_{CC} 端通过继电器控制接地或接电源，其他输入输出管脚按顺序接至数字功能管脚 PIN_1~PIN_{14}。74HC151 测试接口对照表见表 3-13。

表3-13　74HC151测试接口对照表

管脚编号	管脚名称	测试机端口
1	D_3	$DB1\_PIN1$
2	D_2	$DB1\_PIN2$
3	D_1	$DB1\_PIN3$
4	D_0	$DB1\_PIN4$
5	Y	$DB1\_PIN5$
6	W	$DB1\_PIN6$
7	$\overline{G}$	$DB1\_PIN7$
8	GND	GND
9	C	$DB1\_PIN8$
10	B	$DB1\_PIN9$
11	A	$DB1\_PIN10$
12	D_7	$DB1\_PIN11$
13	D_6	$DB1\_PIN12$
14	D_5	$DB1\_PIN13$
15	D_4	$DB1\_PIN14$
16	V_{CC}	$DB1\_K1\_2$ $DB1\_K2\_2$

根据 LK8810S 测试机外挂盒接口设计 74HC151 芯片测试电路如图 3-34 所示，再根据外挂盒接口间距尺寸设计制作测试用 DUT 板卡。

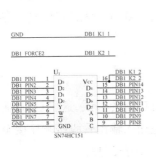
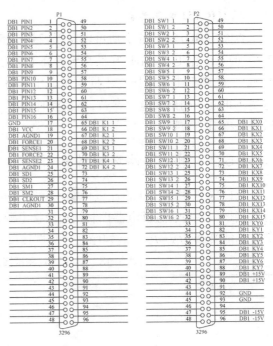

图3-34　74HC151测试电路原理图

3.5.3　测试程序设计

小练习

热身一下，为74HC151芯片编制开短路测试程序并运行调试。

1.直流参数——输入漏电流 I_L 测试程序设计

这里对所有输入管脚进行输入漏电流 I_L 的测试，由表3-10电气参数表可知，此时电源电压应加6V，各输入端加电源电压或接地，再测量管脚电流，因此可以采用PMU测试方式进行。

输入漏电流测试程序代码如下：

```
void DC()
{
    float _V[16];
```

```
        float V[16];
        int i;
        _on_vpt(2,1,6);          //FORCE2输出6V电压
        Mprintf("\n.........II test............\n");
        for(i=0;i<16;i++)
        {
                if(i!=4||i!=5)
                {
                V[i]=_pmu_test_vi(i+1,1,6,6,2);    //各个引脚接6V测量电流
                _V[i]=_pmu_test_vi(i+1,1,6,0,2);    //各个引脚接0V测量电流
                if(V[i]<0.1||V[i]>-0.1)
                {
                        Mprintf("\tPIN=%d\t,IIH=%2.2fv\t error",i,V[i]);
                        Mprintf("\tPIN=%d\t,IIL=%2.2fv\t error\n",i,_V[i]);
                }
                else
                {
                        Mprintf("\tPIN=%d\t,IIH=%2.2fv\t pass",i,V[i]);
                        Mprintf("\tPIN=%d\t,IIL=%2.2fv\t pass\n",i,_V[i]);
                }
        }
    }
}
```

2. 逻辑功能测试程序设计

对74HC151芯片而言,表3-12已经罗列了所有选通工作状态,下面按照功能表状态顺序,编写相应测试程序,验证芯片逻辑功能是否与真值表符合。

(1)给V_{CC}供6V电压,$D_0 \sim D_7$设置为11001111的状态。设置选通端G为1,测输出Y是否为0,W是否为1。逻辑功能测试程序代码如下:

```
    _on_relay(2);                    //打开用户继电器2
    _wait(50);                       //延时50ms
    _on_vp(2,6.0);                   //电源通道2输出6V给芯片供电
    _wait(50);                       //延时50ms
    _set_logic_level(4.5,0,0,0);     //设置2路参考电压 VIH=4.5V、VIL=0V
    _sel_drv_pin(A,B,C,G,D[0],D[1],D[2],D[3],D[4],D[5],D[6],D[7],
0);//设置芯片的输入管脚
```

141

```
_sel_comp_pin(Y,W,0);              //设置芯片的输出管脚
_wait(10);
_set_drvpin("H",D[0],D[1],D[4],D[5],D[6],D[7],0);
//设置芯片的输入管脚D[0],D[1],D[4],D[5],D[6],D[7]为高电平
_set_drvpin("L",D[2],D[3],0);      //设置芯片的输入管脚D[2],D[3]为低电平
_wait(50);                         //延时50ms
a[0] = _rdcmppin(Y);               //读取Y脚电平状态
b[0] = _rdcmppin(W);               //读取W脚电平状态
Mprintf("Y=%d W=%d\n",a[0],b[0]);
```

(2)设置输入 G 为 0，C 为 0，B 为 0，A 为 0，延续项(1)中设置 D_0 ~ D_7 为 11001111 的状态，因"CBA"对应值为"000"，故测输出 Y 是否为 $1(D_0)$，W 是否为 0，逻辑功能测试程序代码如下：(此段代码应接前段代码运行，后续亦如此，否则运行出错)

```
_set_drvpin("L",A,B,C,G,0);        //设置A,B,C,G引脚为低电平
a[1] = _rdcmppin(Y);               //读取Y脚电平状态
b[1] = _rdcmppin(W);               //读取W脚电平状态
Mprintf("Y=%d W=%d\n",a[1],b[1]);
```

(3)设置输入 G 为 0，C 为 0，B 为 0，A 为 1，因"CBA"对应值为"001"，故测输出 Y 是否为 $1(D_1)$，W 是否为 0，逻辑功能测试程序代码如下：

```
_set_drvpin("L",B,C,G,0);          //设置B,C,G引脚为低电平
_set_drvpin("H",A,0);              //设置A引脚为高电平
_wait(50);                         //延时50ms
a[2] = _rdcmppin(Y);               //读取Y脚电平状态
b[2] = _rdcmppin(W);               //读取W脚电平状态
Mprintf("Y=%d W=%d\n",a[2],b[2]);
```

(4)设置输入 G 为 0，C 为 0，B 为 1，A 为 0，因"CBA"对应值为"010"，故测输出 Y 是否为 $0(D_2)$，W 是否为 1，逻辑功能测试程序代码如下：

```
_set_drvpin("L",A,C,G,0);          //设置A,C,G引脚为低电平
_set_drvpin("H",B,0);              //设置B引脚为高电平
```

```
_wait(50);                          //延时50ms
a[3] = _rdcmppin(Y);                //读取Y脚电平状态
b[3] = _rdcmppin(W);                //读取W脚电平状态
Mprintf("Y=%d W=%d\n",a[3],b[3]);
```

（5）设置输入 G 为 0，C 为 0，B 为 1，A 为 1，因"CBA"对应值为"011"，故测输出 Y 是否为 0(D_3)，W 是否为 1，逻辑功能测试程序代码如下：

```
_set_drvpin("L",C,G,0);             //设置C,G引脚为低电平
_set_drvpin("H",A,B,0);             //设置A,B引脚为高电平
_wait(50);                          //延时50ms
a[4] = _rdcmppin(Y);                //读取Y脚电平状态
b[4] = _rdcmppin(W);                //读取W脚电平状态
Mprintf("Y=%d W=%d\n",a[4],b[4]);
```

（6）设置输入 G 为 0，C 为 1，B 为 0，A 为 0，因"CBA"对应值为"100"，故测输出 Y 是否为 1(D_4)，W 是否为 0，逻辑功能测试程序代码如下：

```
_set_drvpin("L",A,B,G,0);           //设置A,B,G引脚为低电平
_set_drvpin("H",C,0);               //设置C引脚为高电平
_wait(50);                          //延时50ms
a[5] = _rdcmppin(Y);                //读取Y脚电平状态
b[5] = _rdcmppin(W);                //读取W脚电平状态
Mprintf("Y=%d W=%d\n",a[5],b[5]);
```

（7）设置输入 G 为 0，C 为 1，B 为 0，A 为 1，因"CBA"对应值为"101"，故测输出 Y 是否为 1(D_5)，W 是否为 0，逻辑功能测试程序代码如下：

```
_set_drvpin("L",B,G,0);             //设置B,G引脚为低电平
_set_drvpin("H",A,C,0);             //设置A,C引脚为高电平
_wait(50);                          //延时50ms
a[6] = _rdcmppin(Y);                //读取Y脚电平状态
b[6] = _rdcmppin(W);                //读取W脚电平状态
Mprintf("Y=%d W=%d\n",a[6],b[6]);
```

（8）设置输入 G 为 0，C 为 1，B 为 1，A 为 0，因"CBA"对应值为"110"，故测输

出 Y 是否为 $1(D_6)$，W 是否为 0，逻辑功能测试程序代码如下：

```
_set_drvpin("L",A,G,0);              //设置A,G引脚为低电平
_set_drvpin("H",B,C,0);              //设置B,C引脚为高电平
_wait(50);                           //延时50ms
a[7] = _rdcmppin(Y);                 //读取Y脚电平状态
b[7] = _rdcmppin(W);                 //读取W脚电平状态
Mprintf("Y=%d W=%d\n",a[7],b[7]);
```

(9)设置输入 G 为 0，C 为 1，B 为 1，A 为 1，因"CBA"对应值为"111"，故测输出 Y 是否为 $1(D_7)$，W 是否为 0，逻辑功能测试程序代码如下：

```
_set_drvpin("L",G,0);                //设置G引脚为低电平
_set_drvpin("H",A,B,C,0);            //设置A,B,C引脚为高电平
_wait(50);                           //延时50ms
a[8] = _rdcmppin(Y);                 //读取Y脚电平状态
b[8] = _rdcmppin(W);                 //读取W脚电平状态
Mprintf("Y=%d W=%d\n",a[8],b[8]);
_off_relay(2);                       //关闭用户继电器2
```

74HC151直流参数测试、功能测试结果示例如图3-35所示。

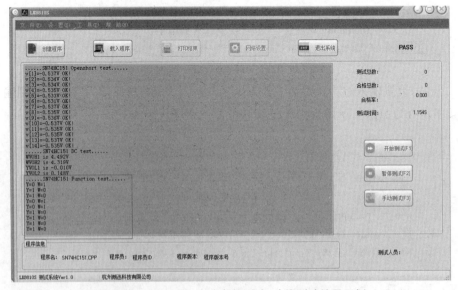

图3-35　74HC151直流参数测试、功能测试结果示例

小 练 习

为74HC151芯片编制输出高电平电压V_{OH}、输出低电平电压V_{OL}等直流参数的测试程序并运行调试。(注意:测试方案需分别针对V_{CC}=2V和V_{CC}=6V两种状态进行编程)

3.6 74HC541芯片测试

3.6.1 测试数据分析

1.逻辑功能

74HC541器件为8路缓冲器/线路驱动器,三态输出由一个两输入或非门控制,其逻辑功能表见表3-14。当任一个输出使能端($\overline{OE_1}$或$\overline{OE_2}$)为高电平时,八个输出端将进入高阻态。74HC541器件的输出为原码数据,并且把输入引脚和输出引脚分布在封装的两边,便于进行PCB板布线。

表3-14 74HC541逻辑功能表

输入			输出
$\overline{OE_1}$	$\overline{OE_2}$	A_n	Y_n
L	L	L	L
L	L	H	H
H	×	×	Z
×	H	×	Z

74HC541管脚图如图3-36所示,其中第1、19脚$\overline{OE_1}$、$\overline{OE_2}$为芯片的输出使能端。第2~9脚A_1~A_8为8路二进制输入端;第11~18脚Y_8~Y_1为8路二进制数据输出端;第10脚GND为电源地;第20脚V_{CC}为电源正极。

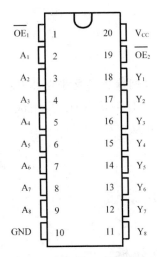

图3-36　74HC541管脚图

2.74HC541电气参数

　　74HC541芯片常规电气参数也与74HC283芯片相同,因此在编写测试程序时,可参照表3-10 74HC283的电气参数表获得对应数据。由于74HC541芯片三态输出的特殊性,其电气参数中列出了高阻态时的漏电流I_{OZ},详细数据见表3-15,实际测试时不能漏掉。

表3-15　74HC541电气参数表(部分)(T_A=25℃)

符号	参数	测试条件		V_{CC} (V)	最小值	典型值	最大值	单位
		V_1(V)	I_0(mA)					
I_{OZ}	三态漏电流	V_{IL}或V_{IH}	$V_0=V_{CC}$或GND	6	—	—	±0.5	μA

3.测试参数——三态漏电流测试

　　由表3-15可知,三态漏电流I_{OZ}指三态门工作在高阻态时输出端的电流值,此时不仅需要进行输入输出端电压的设置,同时还需要根据表3-14功能表对输出使能端的状态进行设置。

3.6.2　测试硬件环境搭建

　　74HC541各管脚中除GND端有效接地及V_{CC}端根据测试要求接地或接电源外,其余管脚均需根据不同测试要求进行电压、电流信号供给的调整。这时,我们就碰到了问题,除去电源和GND端,芯片还有各类管脚18个,而PE卡最多提供了16个管脚通道。如果只是试测功能,可以选择分别制作测试电路,把通态逻辑功能和高阻态逻辑功能分开测试,否则,就需要利用PE卡提供的继电器作为输出使能端信号切换器件来完成全功能测试。这里先关注通态逻辑功能,把输出使能端$\overline{OE_1}$和$\overline{OE_2}$接GND,(务必注意,这样的连接方式无法进行高阻态逻辑功能测试)V_{CC}脚仍然通过继电器控制,其他输入输出管脚按顺序接至数字功能管脚$PIN_1 \sim PIN_{16}$。74HC541测试接口对照表见表3-16。

表3-16　74HC541测试接口对照表

管脚编号	管脚名称	测试机端口
1	$\overline{OE_1}$	GND
2	A_1	$DB1\_PIN1$
3	A_2	$DB1\_PIN2$
4	A_3	$DB1\_PIN3$
5	A_4	$DB1\_PIN4$
6	A_5	$DB1\_PIN5$
7	A_6	$DB1\_PIN6$
8	A_7	$DB1\_PIN7$
9	A_8	$DB1\_PIN8$
10	GND	GND
11	Y_8	$DB1\_PIN9$
12	Y_7	$DB1\_PIN10$
13	Y_6	$DB1\_PIN11$
14	Y_5	$DB1\_PIN12$
15	Y_4	$DB1\_PIN13$
16	Y_3	$DB1\_PIN14$
17	Y_2	$DB1\_PIN15$
18	Y_1	$DB1\_PIN16$
19	$\overline{OE_2}$	GND
20	V_{CC}	$DB1\_K1\_2$ $DB1\_K2\_2$

根据LK8810S测试机外挂盒接口设计74HC541芯片测试电路如图3-37所示,再根据外挂盒接口间距尺寸设计测试电路PCB板,即制成了对应的测试用DUT板卡。

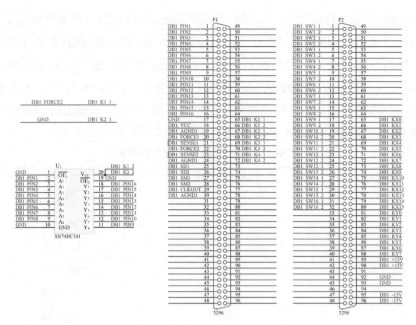

图3-37　74HC541测试电路设计

小 练 习

为74HC541芯片绘制全功能测试电路。[提示:利用两个继电器实现 $\overline{OE_1}$ 和 $\overline{OE_2}$ 的高电平($V_{CC}/FORCE$)、低电平(GND)切换]

3.6.3　测试程序设计

小 练 习

热身一下,为74HC541芯片编制开短路测试程序并运行调试。

1. 直流参数测试程序设计

(1)输出高电平电压测试。对芯片的 V_{CC} 进行供电,电压为4.5V。然后利用供给芯片电流测电压函数来测量芯片的输出高电平电压,若测得的电压大于4.4V,则为良品;否则为非良品。输出高电平电压测试程序代码如下:

```
        _on_vp(2,4.5);      //电源通道2输出4.5V给芯片供电
        _set_logic_level(3.5,0,1,0);      //设置逻辑参考电压VIH、VIL、VOH、VOL
        _sel_drv_pin(A[1],A[2],A[3],A[4],A[5],A[6],A[7],A[8],0); //设置芯片的输入
管脚
        _sel_comp_pin(Y[1],Y[2],Y[3],Y[4],Y[5],Y[6],Y[7],Y[8],0); //设置芯片的输出
管脚
        _set_drvpin("H",A[1],A[2],A[3],A[4],A[5],A[6],A[7],A[8],0); //设置芯片的输
入管脚为高电平
        _wait(10);
        for(int j=9;j<=16;j++)
        {
            VOH[17-j] = _pmu_test_iv(Y[17-j],1,-20,2); //对W脚供-20μA(芯片
手册查阅得到)电流,测量管脚电压
            Mprintf("VOH[%d] is %3.3fV ",17-j,VOH[17-j]); //输出管脚电压值
            if(VOH[17-j]>4.4)   //根据芯片手册给定的测试条件进行判断
                Mprintf("\tOK\n");
            else
                Mprintf("\tOVERFLOW\n");
        }
```

(2)输出低电平电压测试。对芯片的 V_{CC} 进行供电,电压为4.5V。然后供给电流测电压函数来测量芯片的输出低电平电压,若测得的电压小于0.1V,则为良品;否则为非良品。输出低电平电压测试程序代码如下:

```
        _wait(50);
        _set_drvpin("L",A[1],A[2],A[3],A[4],A[5],A[6],A[7],A[8],0); //设置芯片的输
入管脚为低电平
        for(int k=9;k<=16;k++)
        {
            VOL[17-k] = _pmu_test_iv(Y[17-k],1,20,2); //对Y脚供20μA(芯片手册查
阅得到)电流,测量管脚电压
            Mprintf("VOL[%d] is %3.3fV ",17-k,VOL[17-k]); //输出管脚电压值
            if(VOL[17-k]<0.1)   //根据芯片手册给定的测试条件进行判断
                Mprintf("\tOK\n");
            else
                Mprintf("\tOVERFLOW\n");
        }
```

2. 逻辑功能测试程序设计

74HC541芯片为8路驱动器,在通态下可通过输入高电平或低电平对输出的影响来验证。即给V_{CC}提供5V电压,设置输入$A[1]\sim A[8]$全为1时,测输出$Y[1]\sim Y[8]$是否都为1;设置输入$A[1]\sim A[8]$全为0时,测输出$Y[1]\sim Y[8]$是否都为0即可。逻辑功能测试程序代码如下:(注意,由于篇幅原因,这里并没有对逻辑功能进行全测试,实际芯片测试时还需要考虑其他输入状态组合来剔除逻辑功能异常的可能性)

```
    _on_relay(1);                        //打开继电器1
    _wait(50);                           //延时50ms
    _on_vp(2,5.0);                       //电源通道2输出4.5V给芯片供电
    _set_logic_level(5,0,4,1);           //设置逻辑参考电压VIH、VIL、VOH、VOL
    _on_fun_pin(A[1],A[2],A[3],A[4],A[5],A[6],A[7],A[8],Y[1],Y[2],Y[3],Y[4],
    Y[5],Y[6],Y[7],Y[8],0);  //打开引脚的功能继电器
    _sel_drv_pin(A[1],A[2],A[3],A[4],A[5],A[6],A[7],A[8],0);       //设置芯片的输
入管脚
    _sel_comp_pin(Y[1],Y[2],Y[3],Y[4],Y[5],Y[6],Y[7],Y[8],0);       //设置芯片的输
出管脚
    _set_drvpin("H",A[1],A[2],A[3],A[4],A[5],A[6],A[7],A[8],0);       //设置芯片的输
入管脚为高电平
    _wait(50);
    if(_read_comppin("H",Y[1],Y[2],Y[3],Y[4],Y[5],Y[6],Y[7],Y[8],0)) //读取Y[1]-
Y[8]的引脚电平状态是否都为高"H"
            Mprintf("\n\tFunction test error");
        else
            Mprintf("\n\tFunction test OK");
    _set_drvpin("L",A[1],A[2],A[3],A[4],A[5],A[6],A[7],A[8],0);       //设置芯片的
输入管脚为低电平
    _wait(50);
    if(_read_comppin("L",Y[1],Y[2],Y[3],Y[4],Y[5],Y[6],Y[7],Y[8],0)) //读取Y[1]-
Y[8]的引脚电平状态是否都为低"L"
            Mprintf("\n\tFunction test error");
        else
            Mprintf("\n\tFunction test OK");
```

74HC541输出电压测试、功能测试结果示例如图3-38所示。

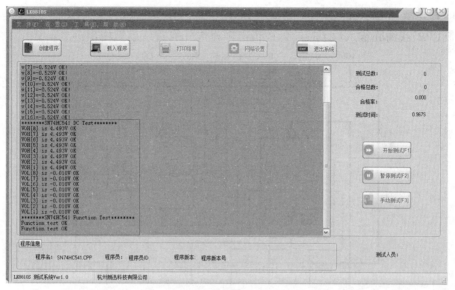

图3-38　74HC541输出电压测试、功能测试结果示例

小 练 习

1.为74HC541芯片进行逻辑功能验证,其中设置输入$A[1]$~$A[8]$分别为01010101和10101010,测试输出$Y[1]$~$Y[8]$是否正确,编制测试程序并运行调试。

2.为74HC541芯片编制输入漏电流I_1的测试程序并运行调试。

3.7　74LS74芯片测试

3.7.1　测试数据分析

1.逻辑功能

74LS74芯片包含两个独立的正边沿触发D触发器,并且具有互补输出。图3-39所示为内部连接图,D触发器可用于寄存器、移位寄存器、振荡器、单稳态电路、分频计数器等电路设计。

74LS74各管脚功能见表3-17、表3-18列出了逻辑功能。由表3-18可知,D输入端的信息仅在时钟脉冲的上升沿被触发器接收,D输入端的数据可以在时钟低或高时改变,但不影响输出,数据设置与保持时间的长短没有关系。预制(PR)或清除输入(CLR)的低逻辑电平将优先设置或重置输出。

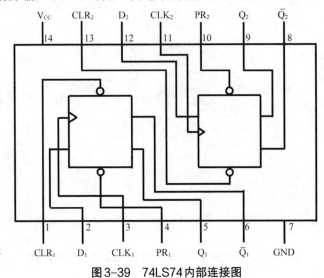

图3-39　74LS74内部连接图

表3-17　74LS74管脚功能

管脚号	管脚代码	管脚功能	管脚号	管脚代码	管脚功能
1	CLR_1	复位信号	8	$\overline{Q}_2$	反相位输出
2	D_1	触发信号	9	Q_2	同相位输出
3	CLK_1	时钟信号	10	PR_2	控制
4	PR_1	控制	11	CLK_2	时钟信号
5	Q_1	同相位输出	12	D_2	触发信号
6	$\overline{Q}_1$	反相位输出	13	CLR_2	复位信号
7	GND	地	14	V_{CC}	电源

表3-18　74LS74逻辑功能表

输入				输出	
PR	CLR	CLK	D	Q	$\overline{Q}$
L	H	×	×	H	L
H	L	×	×	L	H
L	L	×	×	$H(*)$	$H(*)$
H	H	↑	H	H	L

输入				输出	
H	H	↑	L	L	H
H	H	L	×	Q_0	$\overline{Q}_0$

注:*为非稳定状态。

2.74LS74电气参数

从74LS74芯片的技术手册中,获取对应的典型工作条件参数见表3-19,电气参数见表3-20。把74LS74的工作条件和电气参数与表3-2、表3-3的74LS00数据对照可以发现,除74LS74因管脚类型的多样性(数据端、时钟端、置复位端等)在输入电流的参数上有数值的差异,其他参数类型和阈值基本一致,因此,各参数测试可以参照74LS00的测试方法进行。

表3-19 74LS74典型工作条件表

符号	参数	最小值	典型值	最大值	单位
V_{CC}	电源电压	4.75	5.0	5.25	V
V_{IH}	输入高电平电压	2	—	—	V
V_{IL}	输入低电平电压	—	—	0.8	V
I_{OH}	输出高电平电流	—	—	−0.4	mA
I_{OL}	输出低电平电流	—	—	8	mA

表3-20 74LS74电气参数表($V_{CC}=5V$, $T_A=25℃$)

符号	参数	测试条件		最小值	典型值	最大值	单位
V_I	输入钳制电压	V_{CC}=Min, I_I=−18mA		—	—	−1.5	V
V_{OH}	输出高电平电压	V_{CC}=Min, I_{OH}=Max, V_{IL}=Max, V_{IH}=Min		2.7	3.4	—	V
V_{OL}	输出低电平电压	V_{CC}=Min, I_{OL}=Max, V_{IL}=Max, V_{IH}=Min		—	0.35	0.5	V
		V_{CC}=Min, I_{OL}=4mA		—	0.25	0.4	
I_I	输入电压最大时的输入电流	V_{CC}=Max, V_I=7V	数据端	—	—	0.1	mA
			时钟端	—	—	0.1	
			控制端	—	—	0.2	
			复位端	—	—	0.2	

符号	参数	测试条件		最小值	典型值	最大值	单位
I_{IH}	输入高电平电流	V_{CC}=Max, V_1=2.7V	数据端	—	—	20	μA
			时钟端	—	—	20	
			控制端	—	—	40	
			复位端	—	—	40	
I_{IL}	输入低电平电流	V_{CC}=Max, V_1=0.4V	数据端	—	—	−0.4	mA
			时钟端	—	—	−0.4	
			控制端	—	—	−0.8	
			复位端	—	—	−0.8	
I_{OS}	输出短路电流	V_{CC}=Max		−20		−100	mA
I_{CC}	电源电流	V_{CC}=Max		—	4	8	mA

3.7.2 测试硬件环境搭建

这里仅对74LS74芯片进行逻辑功能测试,为了自行进行其他测试,如开短路测试的调试方便,在硬件测试环境搭建时,仍然规划相应的硬件电路,即GND端有效接地,V_{CC}端通过继电器控制接地或接电源,其他输入输出管脚按顺序接至数字功能管脚PIN_2~PIN_{13}。74LS74测试接口对照表见表3-21。

表3-21 74LS74测试接口对照表

管脚编号	管脚名称	测试机端口	管脚编号	管脚名称	测试机端口
1	CLR_1	$DB1\_PIN7$	8	$\overline{Q}_2$	$DB1\_PIN8$
2	D_1	$DB1\_PIN6$	9	Q_2	$DB1\_PIN9$
3	CLK_1	$DB1\_PIN5$	10	PR_2	$DB1\_PIN10$
4	PR_1	$DB1\_PIN4$	11	CLK_2	$DB1\_PIN11$
5	Q_1	$DB1\_PIN3$	12	D_2	$DB1\_PIN12$
6	$\overline{Q}_1$	$DB1\_PIN2$	13	CLR_2	$DB1\_PIN13$
7	GND	$DB1\_PIN9$	14	V_{CC}	$DB1\_K1\_2$ $DB1\_K2\_2$

根据LK8810S测试机外挂盒接口设计74LS74芯片测试电路如图3-40所示,再根据外挂盒接口间距尺寸设计测试电路PCB板,即制成了对应的测试用

DUT板卡。

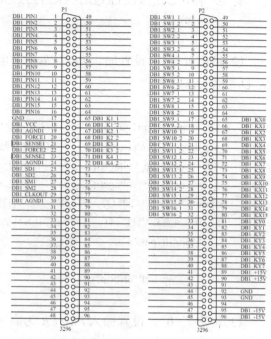

图3-40　74LS74测试电路原理图

3.7.3　测试程序设计

小 练 习

热身一下,为74LS74芯片编制开短路测试程序并运行调试。

按照74LS74芯片及功能说明,编写相应测试程序,验证芯片逻辑功能是否与真值表相符合。

(1)测试条件设置。

```
_reset();
_on_relay(1);        //打开继电器1
Mprintf("............开始测试............\n");
_on_vpt(1,3,5);
_set_logic_level(5,0,0,0);        //设置逻辑参考电压
```

155

```
_sel_drv_pin(CLK1,PR1,CLR1,D1, CLK2,PR2,CLR2,D2,0);        //设置芯片的输入管脚
_wait(20);
```

（2）输出置"1"。设置输入 PR_1、PR_2 为低电平，CLR_1、CLR_2 为高电平，判断 Q_1、Q_2 是否为高电平。

```
_set_drvpin("L",pr1,pr2, 0);        //设置为低电平
_set_drvpin("H",clr1,clr2, 0);        //设置为高电平
V[0] = _read_pin_voltage(q1,2);        //读取电平
V[1] = _read_pin_voltage(q2,2);        //读取电平
Mprintf("\tQ1 = %2.2f Q2 = %2.2f",V[0], V[1]);
if(V[0] > 4 && V[1] > 4)        //验证74LS74的两个触发器是否输出高电平
     Mprintf("pass\n");
else
          Mprintf("error\n");
```

（3）输出置"0"。设置输入 PR_1、PR_2 为高电平，CLR_1、CLR_2 为低电平，判断 Q_1、Q_2 是否为低电平。

```
_set_drvpin("H",pr1, pr2, 0);        //设置为低电平
_set_drvpin("L",clr1, clr2, 0);        //设置为高电平
V[0] = _read_pin_voltage(q1,2);
V[1] = _read_pin_voltage(q2,2);
Mprintf("\tQ1 = %2.2f Q2 = %2.2f",V[0], V[1]);
if(V[0] < 1 && V[1] < 1)
     Mprintf("pass\n");
else
          Mprintf("error\n");
```

（4）D 端输入高电平触发动作测试。设置输入 PR_1、PR_2、CLR_1、CLR_2、D_1、D_2 为高电平，给 CLK_1、CLK_2 管脚上升沿，判断 Q_1、Q_2 是否为高电平。

```
_set_drvpin("H",pr1,clr1,pr2, clr2, 0);
_set_drvpin("H",d1,d2,0);
_set_drvpin("L",clk1,clk2, 0);
_wait(10);
```

```
    _set_drvpin("H",clk1,clk2, 0);
    V[0] = _read_pin_voltage(q1,2);
    V[1] = _read_pin_voltage(q2,2);
    Mprintf("\tQ1 = %2.2f Q2 = %2.2f",V[0], V[1]);
    if(V[0] > 4 && V[1] > 4)
        Mprintf("pass\n");
    else
        Mprintf("error\n");
```

（5）D 端输入低电平触发动作测试。设置输入 PR_1、PR_2、CLR_1、CLR_2 为高电平，D_1、D_2 为低电平，给 CLK_1、CLK_2 管脚上升沿，判断 Q_1、Q_2 是否为低电平。

```
    _set_drvpin("H",pr1,clr1,pr2, clr2, 0);
    _set_drvpin("L",d1,d2, 0);
    _set_drvpin("L",clk1,clk2, 0);
    _wait(10);
    _set_drvpin("H",clk1,clk2, 0);
    V[0] = _read_pin_voltage(q1,2);
    V[1] = _read_pin_voltage(q2,2);
    Mprintf("\tQ1 = %2.2f Q2 = %2.2f",V[0], V[1]);
    if(V[0] < 1 && V[1] < 1)
        Mprintf("pass\n");
    else
        Mprintf("error\n");
```

（6）输出状态保持测试。设置输入 PR_1、PR_2、CLR_1、CLR_2 为高电平，CLK_1、CLK_2 为低电平，判断 Q_1、Q_2 是否保持上一次输出电平，是否为低电平。

```
    _set_drvpin("H",pr1,clr1, pr2, clr2,0);
    _set_drvpin("L",clk1, clk2,0);
    V[0] = _read_pin_voltage(q1,2);
    V[1] = _read_pin_voltage(q2,2);
    Mprintf("\tQ1 = %2.2f Q2 = %2.2f",V[0], V[1]);
    if(V[0] < 1 && V[1] < 1)
        Mprintf("pass\n");
    else
        Mprintf("error\n");
```

74LS74功能测试结果示例如图3-41所示。

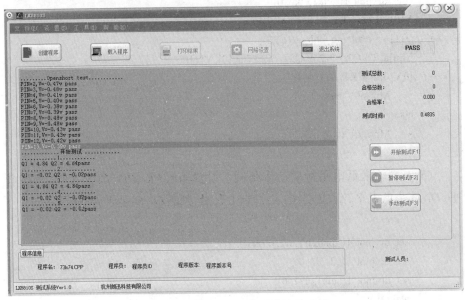

图3-41　74LS74功能测试结果示例

 小 练 习

为74LS74芯片编制电源电流I_{CC}的测试程序并运行调试。

项目4 模拟集成电路测试

4.1 项目任务分析

4.1.1 项目描述

与数字集成电路的存储、运算、传输、控制等应用相比,模拟集成电路的应用范围是全领域的,作用于模拟信号的处理,工作电流大、工作电压大、抗干扰能力弱,测试难度大,测试项目设计需考虑各种损耗,测试环境需根据集成电路的型号关注其磁场、压强、环境噪声等指标。

模拟集成电路测试项目和数字集成电路测试项目基本一致,也包含接触测试、功能测试、直流测试、交流测试、其他测试和最终测试等。所不同的是,数字集成电路测试的各项测试内容,都可以直接连测试机进行测试,如逻辑电路的真值表,测试机直接给电路加"0"和"1",就能直接判断输出是"H"还是"L"。但模拟电路的测试内容,基本都需要搭建外围电路,如运放的放大功能测试,就需要搭建一个放大回路。因此,进行模拟集成电路测试方案设计的时候,需选择LK8810S集成电路测试系统与LK220T资源系统配合进行,其中外围电路搭建选择使用"面包板测试区"进行,便于测试方案的调整。

本项目重点对模拟集成电路的几种常见参数的测试方式进行分析,介绍模拟集成电路参数的典型测试方法。比如利用AD712芯片测试运放输入失调电压和最大不失真输出电压,利用LF353芯片测试运放工作电流和共模抑制比,利用UN2003芯片测试基本逻辑功能和集电极—发射极饱和电压,利用QX5305芯片测试基本逻辑功能和EN高电平阈值。本项目还是以ADC0804和DAC0832为例介绍转换特性相关参数的测试方法。

4.1.2 模拟集成电路测试流程

进行模拟集成电路测试,首先应根据待测模拟芯片的Spec(技术手册)设计对应的测试方案,基于搭建的硬件测试电路编写用户测试程序,再利用LK8810S集成电路测试系统调用相应的测试程序完成对待测芯片的参数测

159

量,从而获得测量数据并判断其合格与否。

模拟集成电路测试流程与数字集成电路测试流程相同,在选择测试机、机械手,搭建测试电路后,打开软件环境,选择已有程序或新建程序,调用程序,正确进行测试设置,即可开始测试。其中在新建程序环节中,开发者应按照设计的测试方案进行编程,基于VC编译平台编写测试程序,并调试生成*dll*动态链接库文件以供软件调用。

4.1.3 测试程序编制约定

模拟信号的发生与数字逻辑信号有着本质的区别,因此测试机也针对模拟信号的处理提供了专用函数,现分别说明如下:

1.WM板函数

与WM板有关函数的约定如下:

(1) *_nwave_on*()。

函数原形:*void _nwave_on*(*unsigned int channel*)。

函数功能:接通波形输出继电器,输出波形。

参数说明:

channel——波形发生器通道,1,2。

(2) *_nwave_off*()。

函数原形:*void _nwave_off*(*unsigned int channel*)。

函数功能:断开波形输出继电器,禁止输出波形。

参数说明:

channel——波形发生器通道,1,2。

(3) *_nset_wave*()。

函数原形:*void _nset_wave*(*unsigned int channel*,*unsigned int wave*,*float freq*,*float peak_value*)。

函数功能:设置波形发生器波形、频率、峰—峰值。

参数说明:

channel——波形发生器通道,1,2。

wave——波形选择,1,2,3,正弦波为1,方波为2,三角波为3。

freq——频率,10.0~200 000.0Hz。

peak_value——峰—峰值,0.0~5.0V。

(4) *_nac_distortion*()。

函 数 原 形 :*float _nac_distortion*(*int channel*,*int input_range*,*int gain_range*,*int notch_range*,*char state*,*char out_num*)。

函数功能:测量交流信号失真度,可返回信号的AD_1、AD_2或失真度。

参数说明:

channel——测量交流信号测量通道,1,2。

input_range——输入衰减倍数,1,2,3,4,各值对应衰减倍数如下:

1:*k*=1.0　　2:*k*=0.316

3:*k*=0.1　　4:*k*=0.0316

gain_range——信号增益,1,2,3,4,5,各值对应增益如下:

1:*k*=1　2:*k*=3　3:*k*=10　4:*k*=30　5:*k*=100

notch_range——失真度增益,1,2,3,各值对应增益如下:

1:*k*=1　2:*k*=10　3:*k*=30

state——测试方式,1,2,　1:*fast*;2:*normal*。

out_num——测量信号值选择,1,2,3,各值对应信号如下:

1:测量AD_1　　2:测量AD_2　　3:测量失真度

(5)*_set_dist_range*1()。

函 数 原 形 : *void _set_dist_range*1(*int input_range*, *int gain_range*, *int notch_range*)。

函数功能:设置失真度通道1的档位。对通道1的信号进行放大缩小处理。

参数说明:

input_range——输入衰减倍数,1,2,3,4,各值对应衰减倍数如下:

1:*k*=1.0　　2:*k*=0.316

3:*k*=0.1　　4:*k*=0.0316

gain_range——信号增益,1,2,3,4,5,各值对应增益如下:

1:*k*=1　2:*k*=3　3:*k*=10　4:*k*=30　5:*k*=100

notch_range——失真度增益,1,2,3,各值对应增益如下:

1:*k*=1　2:*k*=10　3:*k*=30

(6)*_dist_rms*1()。

函数原形:*float _dist_rms*1(*void*)。

函数功能:测量失真度通道1输入信号的有效值。

参数说明:无参数。

(7)*_distortion*1()。

函数原形:*float _distortion*1(*void*)。

函数功能:测量失真度通道1输入信号的失真度。

参数说明:无参数。

(8)_set_dist_range2()、_dist_rms2()、distortion2()。

函数功能:失真度通道2的函数,功能及使用方法同通道1。

2.CS 板函数

(1)_turn_key()。

函数原形:*void _trun_key(char *state, int x, int y)*。

函数功能:操作xy矩阵接点。

参数说明:

*state——接点状态标志,"*on*"接通,"*off*"断开。

x——矩阵行,0~15。

y——矩阵列,0~7。

(2)_turn_switch()。

函数原形:*void _turn_switch(char *state, int n, ...)*。

函数功能:操作继电器。

参数说明:

*state——接点状态标志,"*on*"接通,"*off*"断开。

n,……——继电器编号序列,1,2,3,…16,序列以0结尾。

(3)_writ_cpu()。

函数原形:*void _writ_cpu(int dat_p1)*。

函数功能:向89C51的P1口写8位数据。

参数说明:

*dat_p*1——8位数据,0x00~0xff。

(4)_read_cpu()。

函数原形:*unsigned int _read_cpu(void)*。

函数功能:从89C51的P0、P2口读数据。

参数说明:无参数。

(5)_set_p1()。

函数原形:*void _set_p1(char *state, int time1, int time2, int n, ...)*。

函数功能:设置cpu的P1口信号或cpu复位信号。

参数说明:

*state——设置电平,"*H*","*L*"。

*time*1——设置类型或脉冲宽度(ms)。

*time*2——输出波形后的延时时间(ms)。

n,...——cpu管脚序列,各数字对应管脚如下:

1:*p*1.1   2:*p*1.2   3:*p*1.3   4:*p*1.4

5:*p*1.5   6:*p*1.6   7:*p*1.7   8:*cpureset*

```
/*
stat="H" OR "L"        n=1,2,3,4,5,6,7,8(p1.1,p1.2,...p1.7,cpureset)
if time1=0: __|∿ or ∿|__ ,if time1>0: __|∿|__ or ∿|__|∿, after end to time2
*/
```

*state、*time*1和*time*2的选择与管脚产生的波形如图4-1所示。

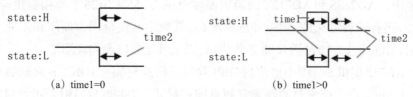

(a) time1=0   (b) time1>0

图4-1 实际参数与波形效果示意图

4.2 AD712芯片测试

4.2.1 测试数据分析

1. 芯片功能

AD712是亚德诺半导体(Analog Devices)公司生产的一款高速、精密、单芯片双通道运算放大器(简称"运放"),具有极高的性价比。它采用先进的激光晶圆调整技术,具有极低的失调电压和失调电压漂移特性。AD712管脚图如图4-2所示。

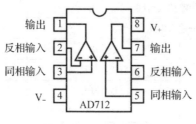

图4-2 AD712管脚图

AD712具有出色的交流和直流性能,适合有源滤波器应用。其转换速率(压摆率)为16V/μs,±0.01%建立时间为1μs,因而AD712非常适合用作12位DAC/ADC的缓冲器以及高速积分器。同时,建立时间性能则是任何类似IC放大器所无法比拟的。

出色的噪声性能与低输入电流的组合使AD712也适合用于光电二极管前置放大器,其共模抑制为88dB,开环增益为400V/mV,因而即使在高速单位增益缓冲电路中也能确保12位性能。

AD712采用标准运算放大器引脚排列配置,按性能分为七种等级。AD712极限参数表见表4-1,AD712J和AD712K的额定温度范围为0°C~70°C商用温度范围。AD712A、AD712B和AD712C的额定温度范围为-40°C~85°C工业温度范围。AD712S和AD712T的额定温度范围为-55°C~125°C军用温度范围。另外,还有扩展可靠性、增强筛选型产品,其额定温度范围为商用和工业温度范围,增强筛选方法包括168h老化测试,以及其他环境和物理测试。

AD712提供8引脚小型塑封DIP(双列直插式封装)、SOIC(表面贴装型封装)、Cerdip(用玻璃密封的陶瓷双列直插式封装)、TO-99金属帽壳四种封装及裸片形式。

2. AD712 常用参数

AD712芯片是LF412和TL082的增强替代产品,芯片的替代源于常用参数的具体数值。表4-1 AD712极限参数应用需要注意,相同电源电压在不同封装形式的芯片中,其内部功耗是有差异的,需要在Spec手册中进一步查看相关数据。而输入电压的确定,也并非在限制范围内可任意选择,其最大值应与芯片的电源电压保持一致。

表4-1 AD712极限参数表

参数		限值
电源电压		±18V
输入电压		±18V
输出短路持续时间		不确定
差分输入电压		$+V_S$和$-V_S$
存储温度	Q后级	−65°C~150°C
	N后级和R后级	−65°C~125°C
工作温度	AD712J/K	0°C~70°C
	AD712A	−40°C~85°C
	AD712S	−55°C~125°C
引脚温度(焊接持续60s)		300°C

表4-2列出了AD712的规格参数,以下就AD712的常用参数进行具体分析:

表4-2 AD712规格参数表(V_S=±15V,T_A=25℃)

参数			AD712J/AD712A/AD712S			AD712K			单位
			最小值	典型值	最大值	最小值	典型值	最大值	
输入失调电压 V_{IO}	失调电压初值	—	—	0.3	3/1/1	—	0.2	1.0	mV
		最低温至最高温范围	—		4/2/2	—	—	2.0	mV
		相对于温度	—	7	20/20/20	—	7	10	μV/℃
		相对于电源电压	—	76	95	—	80	100	—	dB
			最低温至最高温范围	76	—	—	80	—	—	dB
		长期偏移稳定性	—	15	—	—	15	—	μV/Month
输入偏置电流 I_{IB}	V_{CM}=0V		—	25	75	—	20	75	pA
	V_{CM}=0V(T_{max})		—	0.6/1.6/26	1.7/4.8/77	—	0.5	1.7	nA
	V_{CM}=±10V		—	—	100	—	—	100	pA
输入失调电流 I_{IO}	V_{CM}=0V		—	10	25	—	5	25	pA
	V_{CM}=0V(T_{max})		—	0.3/0.7/11	0.6/1.6/2.6	—	0.1	0.6	nA
匹配特性	输入失调电压	—	—	—	3/1/1	—	—	1.0	mV
		最低温至最高温范围	—	—	4/2/2	—	—	2.0	mV
	输入失调电压温漂		—	—	20/20/20	—	—	10	μV/℃
	输入偏置电流		—	—	25	—	—	25	pA
	串扰	f=1kHz	—	120	—	—	120	—	dB
		f=100kHz	—	90	—	—	90	—	dB
频率响应	小信号带宽		3.0	4.0	—	3.4	4.0	—	MHz
	全功率响应		—	200	—	—	200	—	kHz
	转换速率		16	20	—	18	20	—	V/μs
	建立时间		—	1.0	1.2	—	1.0	1.2	μs
	总谐波失真		—	0.0003	—	—	0.0003	—	%

参数			AD712J/AD712A/AD712S			AD712K			单位
			最小值	典型值	最大值	最小值	典型值	最大值	
输入阻抗	差模		—	$3×10^{12}$‖5.5	—	—	$3×10^{12}$‖5.5	—	Ω‖pF
	共模		—	$3×10^{12}$‖5.5	—	—	$3×10^{12}$‖5.5	—	Ω‖pF
输入电压范围	差模		—	±20	—	—	±20	—	V
	共模		—	+14.5, -11.5	—	—	+14.5, -11.5	—	V
		T_{min} to T_{max}	$-V_S+4$	—	$+V_S-2$	$-V_S+4$	—	$+V_S-2$	V
	共模抑制比	$V_{CM}=±10V$	76	88	—	80	88	—	dB
		T_{min} to T_{max}	76	84	—	80	84	—	dB
		$V_{CM}=±11V$	70	84	—	76	84	—	dB
		T_{min} to T_{max}	70	80	—	74	80	—	dB
输入电压噪音	f=0.1~10Hz		—	2	—	—	2	—	μV_{p-p}
	f=10Hz		—	45	—	—	45	—	$nV/\sqrt{Hz}$
	f=100Hz		—	22	—	—	22	—	$nV/\sqrt{Hz}$
	f=1kHz		—	18	—	—	18	—	$nV/\sqrt{Hz}$
	f=10kHz		—	16	—	—	16	—	$nV/\sqrt{Hz}$
输入电流噪音(f=1kHz)			—	0.01	—	—	0.01	—	$pA/\sqrt{Hz}$
开环增益	V_{OUT}=-10V~+10V		150	400	—	200	400	—	V/mV
		T_{min} to T_{max}	100	—	—	100	—	—	V/mV
输出特性	电压		+13, -12.5	+13.9, -13.3	—	+13, -12.5	+13.9, -13.3	—	V
			±12	+13.8, -13.1	—	±12	+13.8, -13.1	—	V
	电流		—	+25	—	—	+25	—	mA
电源	额定性能		—	±15	—	—	±15	—	V
	使用范围		±4.5	—	±18	±4.5	—	±18	V
	静态电流		—	+5.0	+6.8	—	+5.0	+6.0	mA

(1)输入失调电压V_{IO}。指在差分放大器或差分输入的运算放大器中,为了在输出端获得恒定的零电压输出,在两个输入端所需加的直流电压之差。此参数表征差分放大器的本级匹配程度。

如果运放的输入信号为零时,则集成运放的输出存在不为零的直流电压,该输出电压称为输出失调电压(Output Offset Voltage),为了使输出电压回到零,需要在输入端加上反相补偿电压,这个补偿电压就是输入失调电压。输入失调电压的测试示意图如图4-3所示,在输入端接地时,测得输出端电压,输入失调电压就是输出电压与电路的电压增益之比。若设置图4-3所示电路的增益为1 001倍(因输入失调电压较小,增益设置值大将利于测试),运放输入端接地,则$V_{IO}=V_O/1001$。实际测试获得的数据,与表4-2对应数值进行对比,需要注意的是,表4-2仅提供了与电源电压相对的比值关系,需要根据测试电源电压的值进行换算,即$20\lg\dfrac{V_S}{V_{IO}}\geqslant76\text{dB}$(以AD712J为例)。需要注意的是,输入失调电压的测量需在常温条件且电路持续供电5min以上状态下进行。

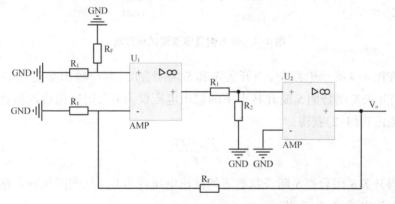

图4-3 输入失调电压的测试示意图

(2)输入偏置电流I_{IB}和输入失调电流I_{IO}。理想情况下,运放的输入端电流为0,而实际工作中,输入电流是确实存在的,尽管很小。同相输入端和反相输入端输入电流的平均值就称为输入偏置电流I_{IB},这两个电流的差值,就是输入失调电流I_{IO}。

当输入偏置电流流过外电路电阻网络时,会转化成运放的失调电压,从而造成运放的输入误差,这也是设计电路时在运放同相输入端连一等于反相输入端的电阻与反馈电阻并联后值相等的电阻再接地的原因。同样,运放的偏置电流也限制了输入电阻和反馈电阻的数值,否则偏置电流在电阻上的压降与运算电压相比太大,直接影响运算精度。输入偏置电流的测试示意图如图4-4所示。设运放反相输入端直流偏置电流为I_{B1},同相输入端直流偏置电流为I_{B2},则输入偏置电流I_{IB}的值由式(4-1)获得。

$$I_{IB} = \frac{I_{B1} + I_{B2}}{2} \tag{4-1}$$

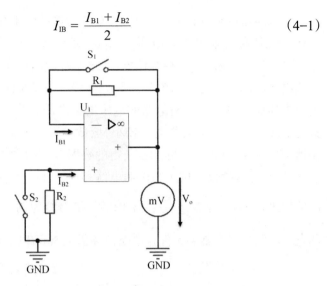

图4-4　输入偏置电流测试示意图

在图4-4所示电路中,当开关S_1和S_2均闭合时,对应输出端电压V_O设为V_{O1},当开关S_2闭合而S_1断开状态下的输出电压设为V_{O2},则反相输入端直流偏置电流由式(4-2)获得。

$$I_{B1} = \frac{V_{O2} - V_{O1}}{R_1} \tag{4-2}$$

当开关S_1闭合而S_2断开状态下的输出电压设为V_{O3}时,则同相输入端直流偏置电流由式(4-3)获得。

$$I_{B2} = \frac{V_{O1} - V_{O3}}{R_2} \tag{4-3}$$

将式(4-2)和式(4-3)的运算结果代入式(4-1)即可得到输入偏置电流的值,而输入失调电流根据定义,由式(4-4)获得。

$$I_{IO} = |I_{B1} - I_{B2}| \tag{4-4}$$

实际测试时,由于测试板卡布线、连线阻抗等因素,会造成较大的测量误差,此时选择在运放后级增加一级辅助运放的方式进行参数测试。由此可以看到,模拟参数测试的难点在外围电路的设计。

(3)匹配特性。这里主要解释一下匹配特性中的输入失调电压温漂和串扰。

输入失调电压的温漂,指在给定的温度范围内,输入失调电压的变化与温度变化的比值。这个参数实际是输入失调电压的补充,便于计算在给定的工作范围内,放大电路由于温度变化造成的漂移大小。AD712的输入失调电压在常温时为1mV左右,因此在温度变化范围内(设由25℃升高至125℃),将产生1mV左右的温漂电压。从性能测试的角度来说,工业用芯片和车用芯片需要关注输入失调电压温漂的具体数据,而从应用的角度来说,就需要在设计上采取措施,抑制温漂。串扰在芯片中体现为两通道之间的互相干扰。由参数表可见,串扰往往在信号频率变高时发生,而且频率越高,串扰的影响越大。AD712进行串扰信号测试电路示意图如图4-5所示,即将AD712芯片的两个运放按照示意图进行连接,并提供特定频率的峰-峰值为20V的交流输入信号V_{IN},测量输出电压V_{OUT},再根据式(4-5)计算串扰。

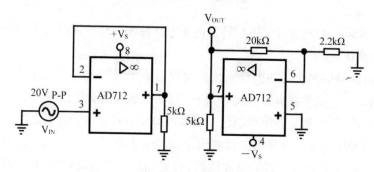

图4-5 AD712串扰测试电路示意图

$$Crosstalk = 20\lg \frac{V_{OUT}}{10V_{IN}} \tag{4-5}$$

(4)频率响应。频率响应的前两个参数是比较容易理解的,而且测试的方法也比较简单,只需要针对芯片的放大功能实现方案,分别在小信号和大信号输入情况下,通过改变信号频率,测量输出信号幅值,至放大倍数明显下降到0.707倍对应的频率值即可确定为带宽的边界——截止频率。

转换速率又称压摆率,指运放接成闭环条件下,将一个大信号(含阶跃信号)输入到运放的输入端后,从运放的输出端测得的输出信号上升的速率。转换速率与闭环增益无关,其值越高,运放对信号的细节成分的还原能力越强,一般运放的转换速率低于10V/μs。建立时间与转换速率都用于大信号运放电路选型。实际测试中需对输出信号进行高速采样转换后的处理数据进行评定。

总谐波失真,又称THD,指输出信号比输入信号多出的谐波成分。THD测试示意图如图4-6所示,对谐波成分的有效读取是本参数测试的难点。

(5)输入阻抗。输入阻抗包含输入电阻和输入电容,在低频时,仅指输入电

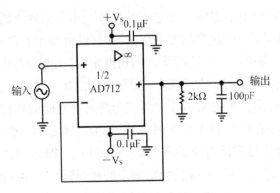

图4-6　THD测试示意图

阻。输入阻抗的测量可使用加特定内阻电压源测回路电流的方式,再利用*KVL*定律计算获得。

(6)共模抑制比。共模抑制比是运放工作于线性区时,其差模增益与共模增益的比值。其参数并非直接测量获得,而是通过测量电压放大特性后,按照定义进行计算得到。共模抑制比一般采用分贝方式记录和比较。

(7)开环增益。开环增益指输出电压与输入电压的比值,运放的开环增益很大,一般采用分贝方式记录和比较,这里利用了V和mV的1 000倍的差值,使参数的可读性更好,如AD712在全温度范围的开环增益用分贝方式表示,即为100dB(100V/mV)。

(8)最大不失真输出电压。顾名思义,最大不失真输出电压是指放大回路在交流信号输入的时候,输出波形在不失真的前提下能输出的最大幅度。最大不失真输出电压可以按照图4-3所示的失调电压测试示意图进行测试,即先输入较小交流信号,测量输出信号的幅度和失真度,然后逐渐调大输入信号幅度,直到输出信号开始失真。在失真前的输出电压有效值即为最大不失真输出电压。

表4-2提供了AD712的完整规格参数,这里不再一一细述,如果仔细阅读芯片的技术手册,就会发现,除了考量各参数的边界值外,在温度作用或频率影响下参数的线性度也是芯片测试时需要关注的问题。由此,实际芯片测试根据性能的优劣将进行更精细的分类。

4.2.2　测试硬件环境搭建

本节仅对AD712的输入失调电压和最大不失真电压进行测试。由前述分析可知,输入失调电压测试参照图4-3所示进行,为测试机能更准确读出在输入失调电压影响下产生的输出电压数值,在AD712测试电路后级增加辅助测量电路(图4-7),图中负反馈放大回路的放大增益为101倍。与数字芯片测试电路设计不一样的是,模拟芯片的管脚通常并不直接与测试机的端口相接,而是根据测试项目搭建对应的外围电路,再根据所需信号类型和测试要求进行管脚的定义,并最终确定接口,根据外挂盒接口间距尺寸设计测试电路PCB板,制作测试用DUT板卡。

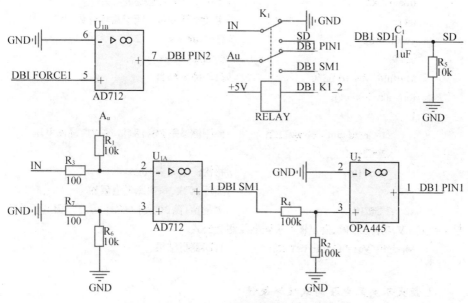

图4-7　AD712输入失调电压测试原理图

AD712的输入通过继电器来切换。当测试输入失调电压时,继电器K_1不动作,即常闭触点闭合,使输入IN端接地,输出$DB1\_PIN1$接A_u形成反馈回路,此时通过$DB1\_PIN1$脚测量电压,由$V_{IO}=V_O/101$,即得输入失调电压;当测试最大不失真输出电压的时候,继电器K_1动作,常开触点闭合,常闭触点断开,此时不需用到OPA445的辅助放大电路,输入IN端接交流输入$DB1\_SD1$,输出接交流测量端口$DB1\_SM1$。

4.2.3　测试程序设计

1.输入失调电压测试程序设计

根据参数特性可列出测试程序编制要点如下:

(1)用户继电器1确定不动作。

171

（2）多次测量求平均值以减小误差。

（3）根据输入失调电压公式计算得到失调电压。

输入失调电压测试程序代码如下：

```
_reset();                          //测试机复位
_wait(10);                         //延时 10ms
float x1,x2;                        //定义 2 个浮点型变量
int i;                             //定义整形变量 i,用于循环计数
_wait(100);                        //延时 100ms
x2=0;                              //初始测试值赋 0
Mprintf("Vos Test\n");             //打印测试项目
for(i=0;i<20;i++)
{
    x1=_read_pin_voltage(1,2);     //使用测试机 PIN1 测量 AD712 输出电压
    x2=x2+x1;
    _wait(10);                     //每次测量间隔 10ms
}                                  //循环 20 次,每次测量值累加
x2=x2*50/101;                      //测量值(除 20 乘 1 000 即)乘 50,相当于单位
```
从 V 改成 mV,再除以 101,满足输入失调电压测量公式
```
Mprintf("Vos=%3.2fmV\n",x2);       //打印测量结果
```

2. 最大不失真电压测试程序设计

根据参数特性可列出测试程序编制要点如下。

（1）交流信号设定从 10mV（有效值）开始。

（2）闭合用户继电器 1,使 $DB1\_SD1$ 输入 IN 端。

（3）交流信号递增量设置 1mV。

（4）逐次测量输出交流信号有效值和失真度。

最大不失真电压测试程序代码如下：

```
_reset();                          //测试机复位
_wait(10);                         //延时 10ms
j=0.01;                            //设置初始输入交流信号幅度 10mV
_on_relay(1);                      //闭合继电器,使输入接 DB1_SD1,输出
```
接 DB1_SM1
```
_wait(10);                         //延时 10ms
Mprintf("Vopp Test\n");            //打印测试项目
```

```
        for(i=0;i<150;i++)                    //循环150次
        {
            _nset_wave(1,1,1000,j);           //设置 SD1 输出 1kHz 正弦波,变量 j 为幅
度大小
            _nwave_on(1);                     //打开测试机交流输出
            _set_dist_range(1,1,1);           //设置测试机测量档位
            _wait(100);                       //延时 100ms
            x1=_dist_rms1()*1000;             //测量输出交流有效值,乘以 1 000,单位
从 V 转换成 mV
            x2=_distortion1();                //测量输出交流失真度
            Mprintf("rms=%2.2fmV\t",x1);      //打印测量幅度
            Mprintf("distortion=%2.2f\n",x2); //打印测量失真度
            j=j+0.001;
        }
```

AD712 输入失调电压、最大不失真电压测试结果如图 4-8、图 4-9、图 4-10 所示。

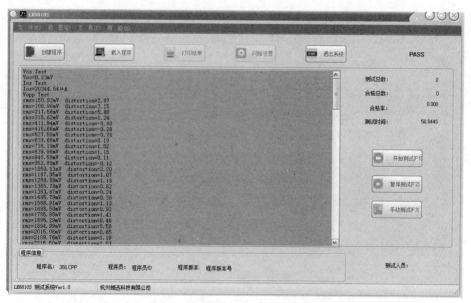

图 4-8　AD712 输入失调电压、最大不失真电压测试结果示例 1

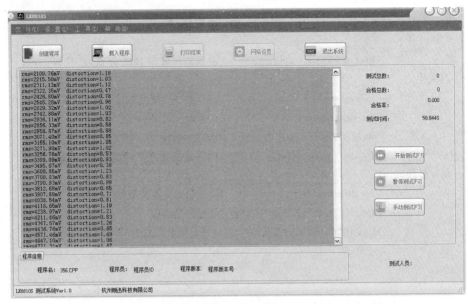

图4-9　AD712输入失调电压、最大不失真电压测试结果示例2

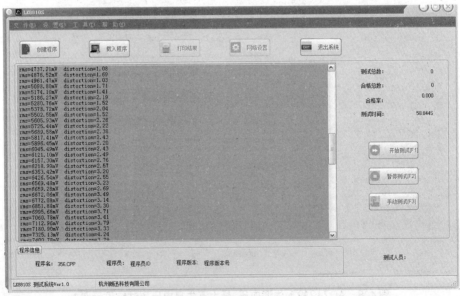

图4-10　AD712输入失调电压、最大不失真电压测试结果示例3

4.3 LF353芯片测试

4.3.1 测试数据分析

1.芯片功能

LF353是德州仪器(TI)公司生产的一款宽频双路通用JFET输入运算放大器。该输入运算放大级是由两只P沟道JFET组成的共源极差分电路,并且用镜像恒流源做负载来提高增益;在输入差分放大级和主电压放大级之间是一个由射极跟随器构成的电流放大级,用来提高主电压放大级的输入阻抗和共源极差分电路的负载增益。LF353管脚图如图4-11所示,虽然图中各管脚名称与AD712的管脚名称有很大差别,但是从表4-3的LF353管脚功能可以看到,两个运放管脚功能完全一致,这也就意味着,只要工作参数符合要求,两芯片是可以互相替换的,且测试电路可以通用,则测试程序的调整也仅限于数值的改变了。

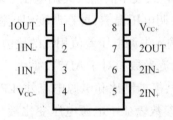

图4-11 LF353管脚图

表4-3 LF353管脚功能

| 管脚 | | 输入/输出属性 | 功能描述 |
名称	编号		
1*OUT*	1	*O*	输出端
1*IN*_	2	*I*	反相输入端
1*IN*_+	3	*I*	同相输入端
V_{CC-}	4	—	负电源端
2*IN*_+	5	*I*	同相输入端
2*IN*_	6	*I*	反相输入端
2*OUT*	7	*O*	输出端
V_{CC+}	8	—	正电源端

LF353具有低功耗、高速、低输入失调电压的特点,且电源静态电流小、增益带宽大、压摆率高,多用于高速积分、数模转换、采样保持等电路,工作温度为0℃~70℃。

2.LF353的电参数

在LF353的技术手册中,首先会读到极限参数表,如正电源电压V_{CC+}的最大值为18V,负电源电压V_{CC-}的最大值为−18V,差分输入电压V_{ID}的最大值为±30V等,这些参数与AD712的对应值有差异,需通过破坏性测试来验证芯片相关性能,在进行电参数测试时,应关注表4-4推荐的工作条件。

表4-4　LF353推荐工作条件

参数	最小值	最大值	单位
V_{CC+}电源电压	3.5	18	V
V_{CC-}电源电压	−3.5	−18	V
V_{CM}共模输入电压	V_{CC-}+4	V_{CC+}−4	V
T_A工作温度	0	70	℃

LF353的电参数见表4-5,表中的输入失调电压平均温度系数就是AD712参数表中所提到的输入失调电压温漂,可在改变温度测试输入失调电压参数时,由特定温差与对应的输入失调电压差值相比的比值计算得到。LF353的输入失调电流和输入偏置电流参数相对于AD712偏大一些,测试方法与AD712一致。除输入失调电压、共模抑制比和电源电流外,LF353的参数表中多了一项电源电压抑制比,这个参数表征了电源电压变化量与对应引起运放输入量的比值,即在正、负电源电压变化ΔV_S时,将造成运放输出变化,将此变化等效换算至输入端,记为ΔV_{in},K_{SVR}为ΔV_S与ΔV_{in}的比值,记成分贝方式见式(4-6)。

$$K_{SVR} = 20\lg\frac{\Delta V_S}{\Delta V_{in}} \tag{4-6}$$

表4-5　LF353电参数表(T_A=0℃~70℃,V_{CC}=±15V,特殊标注除外)

符号	参数	测试条件		最小值	典型值	最大值	单位
V_{IO}	输入失调电压	$V_{IC}=0, R_S=10\text{k}\Omega$	$T_A=25℃$	—	5	10	mV
			$T_A=0℃\sim70℃$			13	
αV_{IO}	输入失调电压平均温度系数	$V_{IC}=0, R_S=10\text{k}\Omega$			10	—	μV/℃
I_{IO}	输入失调电流	$V_{IC}=0$	$T_A=25℃$	—	25	100	pA
			$T_A=70℃$	—	—	4	nA

续表

符号	参数	测试条件		最小值	典型值	最大值	单位
I_{IB}	输入偏置电流	$V_{IC}=0$	$T_A=25℃$	—	50	200	pA
			$T_A=70℃$	—	—	8	nA
V_{ICR}	共模输入电压范围	低限		−11	−12	—	V
		高限		11	15	—	
V_{OM}	最大峰值输出电压摆幅	$R_L=10kΩ$		±12	±13.5		V
A_{VD}	差模电压放大倍数	$V_O=±10V$ $R_L=2kΩ$	$T_A=25℃$	25	100		V/mV
			$T_A=0℃～70℃$	15	—	—	
r_i	输入电阻	$T_J=25℃$		—	10^{12}		Ω
$CMRR$	共模抑制比	$R_S≤10kΩ$		70	100	—	dB
K_{SVR}	电源电压抑制比	—		70	100	—	dB
I_{CC}	电源电流			—	3.6	6.5	mA

3.参数测试方案

(1)电源电流的测试方法。电源电流指芯片在正常工作的时候,V_{CC+}和V_{CC-}之间的电流。如果是单电源模式,V_{CC-}接地,则直接测试V_{CC+}端的输入电流。如果是双电源模式,则测试V_{CC+}对地的电流和V_{CC-}对地的电流,两者相加即可,如图4-12所示。

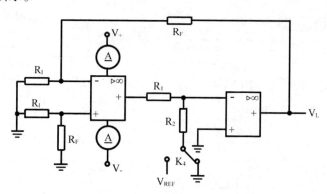

图4-12　LF353双电源模式电源电流测试线路

(2)共模抑制比的测试方法。运算放大器对差模信号的电压放大倍数A_{ud}与对共模信号的电压放大倍数A_{uc}之比,称为共模抑制比。测试线路如图4-13所示,将LF353接成差分放大电路,再在两个输入端输入共模电压V_{I+},测量辅助运放输出电压,记为V_{O+}。然后将共模电压改为V_{I-},再测量辅助运放输出电

压,记为V_{O-}。通过公式(4-7)计算得:

$$CMRR = 20 \lg\left(\frac{V_{I+} - V_{I-}}{V_{O+} - V_{O-}} \cdot \frac{R_1 + R_F}{R_1}\right) \tag{4-7}$$

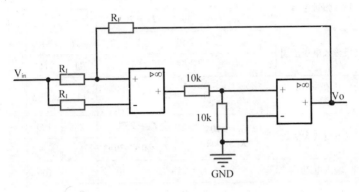

图4-13 LF353共模抑制比测试线路

4.3.2 测试硬件环境搭建

实际在进行多个参数的测试中,不可能为每个参数测试搭建测试电路,因此同时进行电源电流测试和共模抑制比测试,需利用测试机的设备继电器完成相关电路的切换,并最终确定接口,根据外挂盒接口间距尺寸设计测试电路PCB板,制作测试用DUT板。LF353测试原理图如图4-14所示。

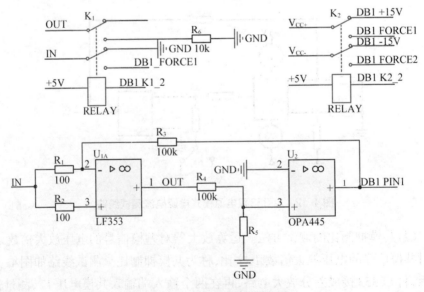

图4-14 LF353测试原理图

　　继电器 K_1 不动作时,常闭触点闭合,LF353 电路输入端 *IN* 接 GND,此时可以测试输入失调电压(具体测试原理见 AD712 测试部分)。继电器 K_1 动作,常开触点闭合,LF353 输入 *IN* 接测试机 *DB1_FORCE*1,输出接负载到地,此时可以通过调节测试机 *DB1_FORCE*1 端电压大小,达到测试 LF353 共模抑制比的目的。

　　继电器 K_2 不动作,即常闭触点闭合时,LF353 的电源直接加±15V。继电器 K_2 动作,即常开触点闭合时,LF353 的 V_{CC+} 接测试机 *DB1_FORCE*1,V_{CC-} 接测试机 *DB1_FORCE*2,此时可以通过调节测试机 *FORCE*1 和 *FORCE*2 端的输出电流达到测试 LF353 工作电流的目的。

4.3.3　测试程序设计

1. 电源电流测试程序设计

根据参数特性可列出测试程序编制要点如下:

(1)闭合用户继电器 2,电源通道 1、2 作为运放的正、负电源。

(2)设置电源通道 1、2 输出电压。

(3)测量电源通道 1、2 的正、负电源电流。

(4)根据公式计算电源电流。

电源电流测试程序代码如下:

```
_reset();                          //测试机复位
_wait(10);                         //延时 10ms
_on_relay(2);                      //闭合继电器,VCC+接 VP1,VCC-接 VP2
_on_vp(1,15);                      //VCC+加+15V
_on_vp(2,-15);                     //VCC-加-15V
_wait(100):                        //延时 100ms
Mprintf("Icc Test\n");             //打印测试项目
Icc+=_measure_i(1,1,2);            //测量 VCC+端电流
Icc+=Icc+/1000;                    //转换单位从 μA 到 mA
Mprintf("Icc+=%2.3fmA\n",Icc+);    //打印 VCC+端电流测量值
Icc-=_measure_i(2,1,2);            //测量 VCC-端电流
Icc-=Icc-/1000;                    //转换单位从 μA 到 mA
Mprintf("Icc-=%2.3fmA\n",Icc-);    //打印 VCC-端电流测量值
Icc=fabs(Icc-)+fabs(Icc+);
Mprintf("Ivcc=%2.3fmA\n",Icc);     //打印 VCC-端电流测量值
_off_relay(2);
```

2.共模抑制比测试程序设计

根据参数特性可列出测试程序编制要点如下：

(1)闭合用户继电器1,电源通道1作为运放的输入端。

(2)循环改变共模输入电压。

(3)循环测量输出电压。

(4)根据公式求取共模抑制比。

(5)根据测量循环次数求取共模抑制比平均值。

共模抑制比测试程序代码如下：

```
_reset();                                    //测试机复位
_wait(10);                                   //延时10ms
_on_relay(1);                                //闭合继电器1,使输入共模接VP1
CMRR=0;                                      //变量CMRR初始赋0
Mprintf("CMRR Test\n");                      //打印测试项目
for(i=0;i<10;i++)                            //循环测试10次
{
_on_vp(1,15);                                //共模输入15V
_wait(50);                                   //延时50ms
Vo+=_read_pin_voltage(1,2);                  //测量经辅助运放放大后的输出电压
_on_vp(1,-12);                               //共模输入-12V
_wait(50);                                   //延时50ms
Vo-=_read_pin_voltage(1,2);                  //测量经辅助运放放大后的输出电压
CMRR1=20*log10(fabs(27*101/(Vo+-Vo-)));      //计数共模抑制比(CMRR)
CMRR=CMRR+CMRR1;                             //将计算值累加给变量CMRR
}
CMRR=CMRR/10;                                //求10次测量的平均值
Mprintf("CMRR=%4.3fdB\n"CMRR);               //打印测量共模抑制比值
_off_relay(1);
```

LF353工作电流测试、共模抑制比测试结果如图4-15所示。

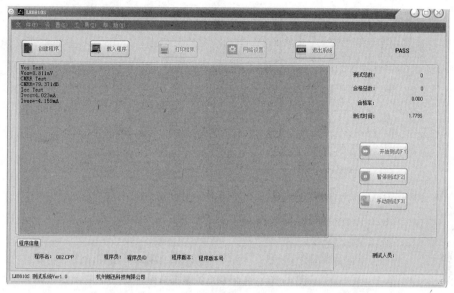

图4-15 LF353工作电流测试、共模抑制比测试结果示例

 小 练 习

仿照LF353芯片共模抑制比测试程序,编制AD712芯片的共模抑制比参数测试代码,并运行验证。

4.4 ULN2003芯片测试

4.4.1 测试数据分析

1.芯片功能

ULN2003是一个单片高电压、高电流的达林顿晶体管阵列集成电路。它是由7对NPN达林顿管组成的,它的高电压输出特性和共阴极钳位二极管可以转换感应负载。单个达林顿的集电极电流是500mA,达林顿管并联可以承受更大的电流。此电路主要应用于继电器驱动器、灯驱动器、显示驱动器(LED气体放电)、线路驱动器和逻辑缓冲器等。

ULN2003的每对达林顿管都有一个2.7kΩ串联电阻,可以直接和TTL或5V CMOS器件连接。ULN2003的管脚排列如图4-16所示。

181

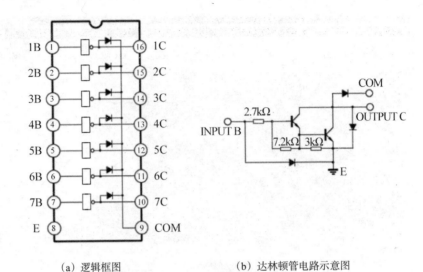

（a）逻辑框图　　　　　　　　（b）达林顿管电路示意图

图4-16　ULN2003的管脚排列

2.参数测试方案

ULN2003的待测参数见表4-6。

表4-6　ULN2003电气参数表（部分）

参数	最小值	典型值	最大值	单位
导通状态输入电压[$V_{i(on)}$]			2.4	V
集电极—发射极饱和电压[$V_{CE(SAT)}$]		0.9	1.1	V

（1）导通状态输入电压$V_{i(on)}$。测试方法如图4-17所示，E接地，COM脚悬空，B脚输入从2.4V开始减小，向输出端施加100mA电流，测量此时C脚的电压。当C脚电压大于规定值时记录B脚输入的电压，即为导通状态输入电压。

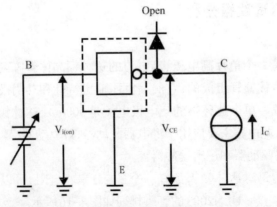

图4-17　ULN2003导通状态输入电压测试方法

（2）集电极—发射极饱和电压 $V_{CE(SAT)}$。测试方法如图4-18所示，E 接地，COM脚悬空，B 脚输入 $250\mu A$，C 脚外输 $100mA$ 电流，测量此时 C 脚的电压，即为集电极—发射极饱和电压。

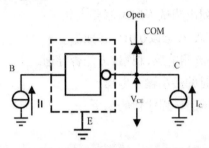

图4-18 ULN2003集电极-发射极饱和电压测试方法

4.4.2 测试硬件环境搭建

图4-19所示为ULN2003在LK8810上开发的测试原理图。

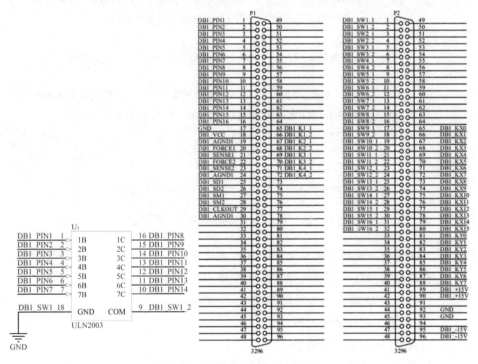

图4-19 ULN2003测试原理图

ULN2003 的输入（$1B{\sim}7B$）接测试机 PIN_1-PIN_7，输出（$1C{\sim}7C$）接测试机 PIN_8-PIN_{14}，COM脚接继电器 $SW1\_2$ 脚，$SW1\_1$ 脚接地。

4.4.3 测试程序设计

1.导通状态输入电压测试程序设计

根据参数特性可列出测试程序编制要点如下：

(1)输入电压从2.4V开始以0.01V递减。

(2)通过对C加电流测电压，观察CE是否导通。

(3)记录CE导通时的最小输入电压。

导通状态输入电压测试程序代码如下：

```
_reset();                          //测试机复位
int VI[7]={2.4,2.4,2.4,2.4,2.4,2.4,2.4};
_wait(10);                         //延时10ms
_Mprintf("Vion test\n");           //打印测试项目
_sel_drvpin(1,2,3,4,5,6,7,0);      //设置PIN1-7为测试机输出脚
_set_logic_level(0,0,0,0);         //设置初始输入高电平0V,初始输入低电平0V
for (i = 0; i < 7; i++)            //循环七次分别测试每个通道
{
    for (Vce = 0; Vce <2; )        //以C脚电压为退出循环条件≥2退出
    {
        VI[i] = VI[i] - 0.01;      //输入电压每次减小0.01(减小幅度决定测试精度)
        _set_logic_level(VI[i], 0, 0, 0); //设置当前输入电压
        cy-> _set_drvpin("H", 1+i,0);
        Vce = cy-> _pmu_test_iv(i+8, 2, 100000, 2);
    }
    Mprintf("D%d Vion=%4.3fV",i+1,VI[i]);   //打印测试值
}
```

2.集电极—发射极饱和电压测试程序设计

根据参数特性可列出测试程序编制要点如下：

(1)驱动PIN脚向输入管脚施加规定电流。

(2)对输出管脚加电流测电压。

(3)循环测试每一通道。

集电极—发射极饱和电压测试程序代码如下：

```
_reset();                                    //测试机复位
_wait(10);                                   //延时10ms
Mprintf("VCE(SAT) Voltage Test\n");          //打印测试项目
for (i = 0; i < 7;i++)
{
    _on_pmu_pin(i+1);//闭合管脚pmu继电器
    SUBPORT[124]|=0x03;//此时选择一通道,0x0c则选择二通道
    _outsubport(0x7c,SUBPORT[124])        //发送指令将pin脚与电源通道连接
    _on_ip(1, 250);//向pin1输出250μA电流
    VCEsat[i] = _pmu_test_iv(i+8, 2, 100000, 2);
    _off_ip(2);
    SUBPORT[124]&=0xf0;
    _outsubport(0x7c,SUBPORT[124]);
    _off_pmu_pin(i + 1);
Mprintf("T%d Vce sat t=%4.3fV",i+1,VCEsat[i]);    //打印测试值
}
```

ULN2003芯片测试结果如图4-20所示。

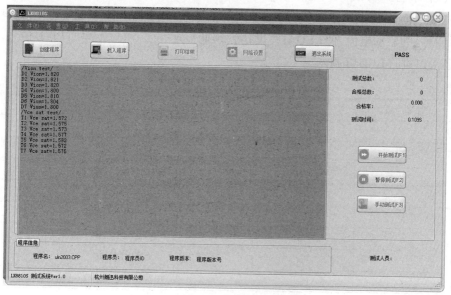

图4-20　ULN2003芯片测试结果

4.5 QX5305芯片测试

4.5.1 测试数据分析

1.芯片功能

QX5305是一款高效率、稳定可靠的高亮度LED灯驱动控制IC,内置高精度比较器、固定关断时间控制电路、恒流驱动控制电路等,特别适合大功率、多个高亮度LED的串恒流驱动。它的管脚排列如图4-21所示,管脚功能见表4-7,其中使能端EN低电平时,QX5305处于休眠状态,而高电平时芯片处于工作状态。QX5305采用固定关断时间的控

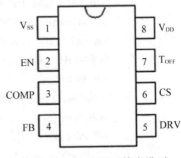

图4-21　QX5305管脚排列

制方式,其工作频率最高可达1MHz,可使外部电感和滤波电容体积减小,效率提高,节省PCB面积。关断时间可通过外部电容进行调节,工作频率可根据用户要求而改变。实际工作时,通过调节外置的电流采样电阻,能控制高亮度LED灯的驱动电流,使LED灯亮度达到预期恒定亮度。在EN端加PWM信号,还可以进行LED灯调光。

表4-7　QX5305管脚功能

管脚序号	管脚名称	功能描述
1	V_{SS}	电源地
2	EN	芯片使能端
3	COMP	内部比较器补偿
4	FB	电压反馈端
5	DRV	外部MOS驱动端
6	CS	电流反馈检测端
7	T_{OFF}	关断时间设定
8	V_{DD}	电源正(2.0~6.5V)

2.QX5305的电参数

QX5305的极限参数见表4-8,电参数表见表4-9。QX5305芯片的工作目标是对输出电流的控制,可通过改变外围电路中的R_{FB}电阻,或通过EN脚输入频率占空比的变化,获得不同输出电流,QX5305功能测试电路如图4-22所示。

续表

参数	符号	描述	值	单位
电压	V_{max}	V_{DD}端电压	8	V
	$V_{min}-V_{max}$	EN,CS和FB端电压	$-0.3\sim V_{DD}+0.3$	V
温度	$T_{min\sim max}$	工作温度范围	$-20\sim85$	℃
	$T_{storage}$	存储温度范围	$-40\sim165$	℃
ESD	V_{ESD}	ESD电压（人体模式）	2 000	V

 小知识：ESD测试

ESD（Electro-Static discharge）即静电释放。静电在多个领域造成严重危害，摩擦起电和人体静电常造成电子产品运行不稳定甚至损坏。集成电路芯片内部多设计了ESD保护电路。根据静电产生的方式及对电路损伤模式的不同，ESD测试通常分为四种测试方式：人体放电模式（HBM：Human-Body Model）、机器放电模式（MM：Machine Model）、元件充电模式（CDM：Charge-Device Model）和电场感应模式（FIM：Field-Induced Model），通常选择HBM和MM两种模式进行测试。

表4-9 QX5305电参数

参数	符号	测试条件	最小值	典型值	最大值	单位
电源电压	V_{DD}	—	2.5	—	6.5	V
CS脚反馈电压	V_{CS}	—	250	260	270	mV
FB脚反馈电压	V_{FB}	—	250	260	270	mV
工作电流	I_{DD}	—	—	0.5	1	mA
关断时间（T_{OFF}脚悬空）	T_{OFFO}	—	—	640	—	ns
待机电流	I_{DDQ}	—	—	—	1	μA
EN脚逻辑高电平	V_{ENH}	—	2.0	—	—	V
EN脚逻辑低电平	V_{ENL}	—	—	—	0.8	V
DRV脚电压上升时间	T_{RISE}	DRV端接500pF电容	—	—	50	ns
DRV脚电压下降时间	T_{FALL}	DRV端接500pF电容	—	—	50	ns

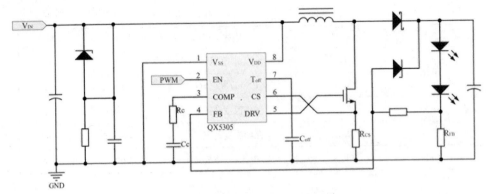

图4-22 QX5305功能测试电路

由于LED的亮度变化,对QX5305而言,*EN*脚逻辑高低电平无法以是否单纯的"1"或"0"来界定。以逻辑高电平为例,实际测量时,先向*EN*端输入一高电平为1V的方波,此时输出处于关闭状态,输出电流小于10μA,再将*EN*端方波高电平逐渐抬高,直到输出空载电流大于100μA,此时的输入电平即为*EN*脚的逻辑高电平。

4.5.2 测试硬件环境搭建

本案例将两个测试项目合在一起,通过测试*EN*脚逻辑电平来覆盖逻辑功能测试。图4-23所示为QX5305在LK8810上开发的测试原理图。

QX5305的*EN*脚接测试机*DB*1_*FORCE*1,这样就可以通过测试机调节*EN*输入电平变化。

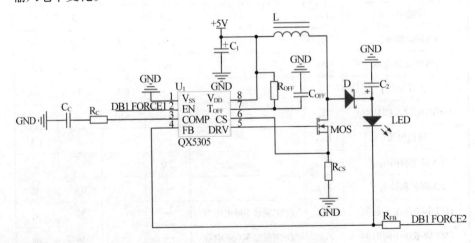

图4-23 QX5305测试原理图

QX5305 输出 R_{FB} 电阻接测试机 $DB1\_FORCE2$，当 $DB1\_FORCE2$ 输出设为 0V 时，等效于 R_{FB} 电阻接地，此时可以通过测试机 $DB1\_FORCE2$ 测量 R_{FB} 上流过的电流大小。

4.5.3　测试程序设计

根据逻辑功能及参数特性分析，在改变 EN 脚电压的同时测量输出电流，测试程序代码如下：

```
_reset();                            //测试机复位
_wait(10);                           //延时 10ms
Mprintf("Funtion Test\n");           //打印测试项目
_on_vp(2,0);                         //电源通道 2 加 0V，等效于 Rfb 接地
_wait(5);                            //延时 5ms
for(i=0;i<20;i++)                     //循环 20 次，电源通道 1 电压从 1V 加到 2V
{
    _on_vp(1,1+i*0.05);              //EN 脚电平通过电源通道 1 加 1V 到 2V 电压
    _wait(10);                       //延时 10ms
    Icc=_measure_i(2,3,2)*1000;      //测量电源通道 2 电流，即输出电流
    Mprintf("\nDrive Current(input=%2.3fV)=%2.3fμA",1+i*0.05,icc);
                                     //打印测量结果
}
```

4.6　ADC0804 芯片测试

4.6.1　测试数据分析

1.芯片功能

ADC0804 是德州仪器(TI)公司的一款八位、单通道、低价格 A/D 转换器，主要特点有模数转换时间大约 100μs，方便 TTL 或 CMOS 标准接口，可以满足差分电压输入，具有参考电压输入端，内含时钟发生器；单电源工作时 $(0\sim5)V$ 输入电压范围为 $0\sim5V$，不需要调零等。

ADC0804 管脚图如图 4-24 所示，表 4-10 列出了各管脚功能。其中 $V_{IN(+)}$ 和 $V_{IN(-)}$ 可接收单极性、双极性和差模输入信号。$DB_0\sim DB_7$ 是具有三态特性的数字信号输出端，DB_0 为低位，输出结果为八位二进制数据。$CLK\ R$ 为内部时钟发

生器的外接电阻端,与 CLK 端配合可由芯片自身产生时钟脉冲,其频率计算方式是: $f_{ck}=1/(1.1RC)$ 。 $INTR$ 为转换完毕中断请求端,A/D 转换结束后,发出低电平信号表示本次转换已完成。 $V_{REF}/2$ 端为数模转换参考电平输入端,决定了A/D 转换的量化单位。

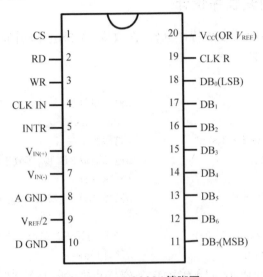

图 4-24　ADC0804 管脚图

表 4-10　ADC0804 管脚功能

管脚		输入/输出属性	功能描述
名称	编号		
$\overline{CS}$	1	I	片选信号输入端,低电平有效
$\overline{RD}$	2	I	读信号输入端,低电平输出端有效
$\overline{WR}$	3	I	写信号输入端,低电平启动 A/D 转换
$CLK\ IN$	4	I	时钟信号输入端
$\overline{INTR}$	5	O	转换完毕中断请求
$V_{IN(+)}$	6	I	模拟信号输入端(+)
$V_{IN(-)}$	7	I	模拟信号输入端(−)
$A\ GND$	8	I	模拟电源地线
$V_{REF}/2$	9	I	数模转换参考电平输入端
$D\ GND$	10	I	数字电源地线
DB_7	11	O	数字信号输出端7

续表

| 管脚 | | 输入/输出属性 | 功能描述 |
名称	编号		
DB_6	12	O	数字信号输出端6
DB_5	13	O	数字信号输出端5
DB_4	14	O	数字信号输出端4
DB_3	15	O	数字信号输出端3
DB_2	16	O	数字信号输出端2
DB_1	17	O	数字信号输出端1
$DB_0(LSB)$	18	O	数字信号输出端0
CLK R	19	I	内部时钟发生器的外接电阻端
V_{CC}(或V_{REF})	20	I	5V电源输入

图4-25所示为ADC0804启动转换操作时序图,由图可知,$\overline{CS}$先为低电平,$\overline{WR}$端随后置低,经时间$t_{w(\overline{WR})L}$后,$\overline{WR}$置高,随后A/D转换器被启动,并且在经过一段时间后,模数转换完成,转换结果存入数据锁存器,同时$\overline{INTR}$端自动变为低电平,通知控制器(单片机)本次转换已结束。实际使用中,也可以不采用中断方式读取A/D转换数据,即在启动A/D转换后,延时一段时间,直接读取A/D转换数据结果,读取结束后再启动一次A/D转换,如此循环。

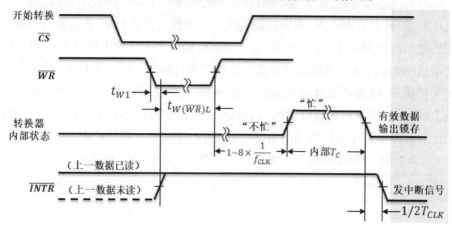

图4-25　ADC0804转换操作时序图

图4-26所示是ADC0804读取数据的时序图,由图可知,当$\overline{INTR}$端变为低电平后,将$\overline{CS}$端先置低,接着再将$\overline{RD}$端置低,在$\overline{RD}$端置低至少经过t_{ACC}时间

后,输出端口上的数据到达稳定状态,此时直接读取输出端口的数据,读走数据后马上将 $\overline{RD}$ 拉高,然后再将 $\overline{CS}$ 拉高,$\overline{INTR}$ 端是自动变化的,无须人为干涉。若连续转换并连续读取数据,则不需要每次把 $\overline{CS}$ 置低再拉高,只要一开始将 $\overline{CS}$ 置低,以后要启动转换和读取数据时只要操作 $\overline{WR}$ 端和 $\overline{RD}$ 端即可。

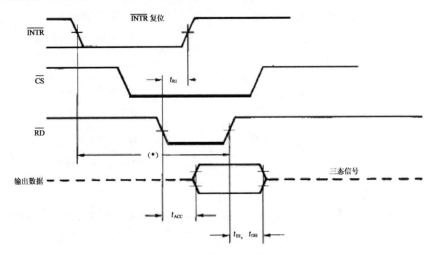

图 4-26　ADC0804 读时序图

注:*读选通信号需在 $\overline{INTR}$ 端出现有效中断信号后保持8个时钟周期($8/f_{clk}$)

2.ADC0804 电气参数

与其他芯片一样,ADC0804 的技术手册中提供了类似的极限参数,如电源电压 V_{CC} 的最大值为 6.5V,逻辑控制输入端电压最大值为 18V,其他输入和输出端的电压范围为 $-0.3V\sim V_{CC}+0.3V$ 等。当然也提供了人体放电模式的 ESD 电压的限值(800V),这些参数需通过破坏性测试进行验证。而总不可调整误差、直流共模误差、电源灵敏度等参数的测试,是建立在高灵敏度的数据读取转换基础上的,只要设备转换精度足够高,按照测试条件要求进行测试即可。这里仅关注后续测试程序设计涉及的电气参数,ADC0804 电气参数见表 4-11。

表 4-11　ADC0804 电气参数(部分)(T_A=0~70℃,V_{CC}=5V_{DC},特殊标注除外)

参数	测试条件	最小值	典型值	最大值	单位
V_{REF}/2 端输入电阻	—	0.75	1.1	—	kΩ
$I_{IN(1)}$ 逻辑 1 输入电流	V_{IN}=5V_{DC}	—	0.005	1	μA_{DC}
$V_{OUT(0)}$ 时钟和复位端逻辑 0 输出电压	I_O=360μA,V_{CC}=4.75V_{DC}	—		0.4	V_{DC}
$V_{OUT(1)}$ 时钟和复位端逻辑 1 输出电压	I_O=−360μA,V_{CC}=4.75V_{DC}	2.4			V_{DC}

参数		测试条件	最小值	典型值	最大值	单位
$V_{\text{OUT}(0)}$逻辑0输出电压	数据输出端	$I_{\text{OUT}}=1.6\text{mA}$, $V_{\text{CC}}=4.75\text{V}_{\text{DC}}$	—	—	0.4	V_{DC}
	$\overline{INTR}$端	$I_{\text{OUT}}=1.0\text{mA}$, $V_{\text{CC}}=4.75\text{V}_{\text{DC}}$	—	—	0.4	
$V_{\text{OUT}(1)}$逻辑1输出电压		$I_{\text{O}}=-360\mu\text{A}$, $V_{\text{CC}}=4.75\text{V}_{\text{DC}}$	2.4	—	—	
		$I_{\text{O}}=-10\mu\text{A}$, $V_{\text{CC}}=4.75\text{V}_{\text{DC}}$	4.5	—	—	
I_{CC}电源电流		$f_{\text{clk}}=640\text{kHz}$, $\dfrac{V_{\text{REF}}}{2}=\text{NC}$, $T_{\text{A}}=25℃$且$\overline{CS}=5\text{V}$	—	1.9	2.5	mA

4.6.2 测试硬件环境搭建

因测试机仅仅配有4个继电器,在进行ADC0804芯片测试时,需要增加一个带两组触点的继电器,实现固定电压5V和可调电源端的切换,并根据ADC0804测试需要增加参考电压的分压电路及时钟外围电路,其余端口依次与测试机数字功能管脚相接,ADC0804各管脚与测试机端口对照见表4-12。图4-27所示为ADC0804测试板硬件原理图,同样需根据外挂盒接口间距尺寸设计测试电路PCB板。

表4-12 ADC0804测试接口对照表

管脚编号	管脚名称	测试机端口	管脚编号	管脚名称	测试机端口
1	$\overline{CS}$	$DB1\_PIN9$	6	$V_{\text{IN}(+)}$	$DB1\_K3\_1$
2	$\overline{RD}$	$DB1\_PIN10$	7	$V_{\text{IN}(-)}$	GND
3	$\overline{WR}$	$DB1\_PIN11$	8	$A\ GND$	GND
4	$CLK\ IN$	$DB1\_PIN12$	9	$V_{\text{REF}}/2$	$DB1\_K4\_2$ $DB1\_K1\_1$
5	$INTR$	$DB1\_PIN13$	10	$D\ GND$	GND
11	DB_7	$DB1\_PIN8$	16	DB_2	$DB1\_PIN3$
12	DB_6	$DB1\_PIN7$	17	DB_1	$DB1\_PIN2$
13	DB_5	$DB1\_PIN6$	18	$DB_0(LSB)$	$DB1\_PIN1$
14	DB_4	$DB1\_PIN5$	19	$CLK\ R$	$DB1\_PIN14$
15	DB_3	$DB1\_PIN4$	20	V_{CC}(或V_{REF})	$K5A$

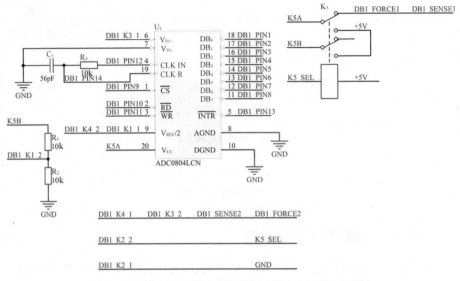

图4-27　ADC0804测试板硬件原理图(3296接口图略)

4.6.3　测试程序设计

1. 工作电流和直流参数测试程序设计

根据参数特性可列出测试程序编制要点如下：

(1)芯片电源脚20脚通过K_5常闭端接$FORCE1$端。

(2)$FORCE1$端输出+5V。

(3)AD芯片片选使能。

(4)测量$FORCE1$端电流。

以上测得的电流若在0~2.5mA则为良品，否则为非良品。工作电流和直流参数测试程序代码如下：

```
Mprintf("****** SUPPLY CURRENT AND DC TEST ***********\n");
    _reset();         //软件硬件复位
    _sel_comp_pin(D0,D1,D2,D3,D4,D5,D6,D7,INTR,CLKR,0);   //比较管脚声明
    _sel_drv_pin(CS,RD,WR,CLKIN,0);      //驱动管脚声明
    _set_logic_level(2,0.8,4.5,0.4);      //设置VIH、VIL
    _on_vp(1,5);                //FORCE1输出5V给芯片
    _wait(10);                  //等待10ms
    _set_drvpin("H",CS,0);           //CS=H,片选信号使能
    _wait(10);
```

```
        sc1=_measure_i(1,1,2)/1000;        //工作电流测试,电源通道为1,电流挡位1为
100mA,测量增益2为1倍
        Mprintf("\tPower Supply Current=%5.3fmA",sc1);
        if(sc1<0||sc1>2.5)        //如果工作电流小于0或者大于2.5mA,显示"溢出
OVERFLOW!",否则显示"OK!"
    {
            Mprintf("\tOVERFLOW!\n");
            failflag=1;
            return;

    }
        else
            Mprintf("\tOK!\n");
```

2. 输入阻抗测试程序设计

根据参数特性可列出测试程序编制要点如下:

(1)打开继电器4,则芯片参考电压端9脚和 $FORCE2$ 端相连。

(2)$FORCE2$ 端输出+2.5V。

(3)测量 V_{REF} 输入电流。

(4)根据欧姆定律计算 V_{REF} 输入阻抗。

以上测得的输入阻抗若在 0.4~10kΩ 则为良品,否则为非良品。输入阻抗测试程序代码如下:

```
    _on_relay(4);        //VREF接VP2
    _on_vp(2,2.5);        //VREF=2.5V
    _wait(10);
    IputI=_measure_i(2,5,2);        //测量VREF输入电流
    IputR=2.5/IputI*1000;        //计算VREF输入阻抗
        Mprintf("\tVref Iput Resistance=%5.3fOM",IputR);
        if(IputR<400||IputR>6000)        //若VREF输入阻抗小于0.4kΩ或者超过6kΩ
(上限可放宽),显示"OVERFLOW",否则显示"OK"
    {
            Mprintf("\tOVERFLOW!\n");
            failflag=1;
            return;
    }
```

```
        else
                Mprintf("\tOK!\n");
```

3.输入电流测试程序设计

根据参数特性可列出测试程序编制要点如下：

(1)CS、RD、WR三个输入管脚接入高电平5V。

(2)测量以上3个管脚电流,测得的电流若小于1μA则为良品,否则为非良品。

(3)CS、RD、WR三个输入管脚接入低电平0V。

(4)测量以上3个管脚电流,测得的电流若大于−1μA则为良品,否则为非良品。输入电流测试程序代码如下：

```
    _off_relay(4);
    _off_vp(2);
    _wait(10);
    for(i=0;i<3;i++)
    {
        InputIH[i]=_pmu_test_vi(i+9,2,5,5,2);    //各个输入接5V测量输入电流
        Mprintf("\tPIN[%d] INPUT H CURRENT=%5.3fμA\n",i+9,InputIH[i]);
        putchar(13);
        if(InputIH[i]>1)
        {
            Mprintf("\tOVERLFOW!\n");
            failflag=1;
            return;
        }
    }
    Mprintf("\tDigital Pin Input H Current Test is OK!\n");
    for(i=0;i<3;i++)
    {
        InputIL[i]=_pmu_test_vi(i+9,2,5,0,2);    //各个输入接0V测量输入电流
        Mprintf("\tPIN[%d] INPUT L CURRENT=%5.3fμA\n",i+9,InputIL[i]);
        putchar(13);
        if(InputIL[i]<-1)
        {
            Mprintf("\tOVERLFOW!\n");
```

```
                failflag=1;
                return;
            }
    }
Mprintf("\tDigital Pin Input L Current Test is OK!\n");
```

4. 时钟管脚输出电压 PMU 测试程序设计

根据参数特性可列出测试程序编制要点如下：

(1) 设置 *CLK IN* 输入高电平=3.1V。

(2) 测量 *CLK R* 输出低电平，灌 360μA 电流。

以上测得的电压若不超过 0.5V 则为良品，否则为非良品。

(3) 设置 *CLK IN* 输入高电平=1.8V。

(4) 测量 *CLK R* 输出高电平，拉 360μA 电流。

以上测得的电压若不小于 4.5V 则为良品，否则为非良品。时钟管脚输出电压 PMU 测试程序代码如下：

```
        _set_logic_level(3.1,0.8,4.5,0.4);      //设置 CLK IN 输入高电平=3.1V
        _set_drvpin("H",CLKIN,0);
        _wait(10);
        ClkRVoutL=_pmu_test_iv(CLKR,2,360,2);        //测量 CLK R 输出低电平，灌
360μA 电流
        Mprintf("\tClkR Vout L=%5.3fV\n",ClkRVoutL);
        if(ClkRVoutL>0.5)
        {
            Mprintf("\tClkRVoutL TEST IS OVERFLOW!\n");
            failflag=1;
            return;
        }
        else
            Mprintf("\tClkRVoutL TEST IS OK!\n");
    //***********************************************************
        _set_logic_level(1.8,0.8,4.5,0.4);      //设置 CLK IN 输入高电平=1.8V
        _set_drvpin("H",CLKIN,0);
        _wait(10);
        ClkRVoutH=_pmu_test_iv(CLKR,2,-360,2); //测量 CLK R 输出高电平，拉
360μA 电流
```

```
            Mprintf("\tClkR Vout H=%5.3fV\n",ClkRVoutH);
        if(ClkRVoutH<4.5)                    //条件可放宽最低2.4V
        {
            Mprintf("\tClkRVoutH TEST IS OVERFLOW!\n");
            failflag=1;
            return;
        }
        else
            Mprintf("\tClkRVoutH TEST IS OK!\n");
```

5. 中断管脚输出电压 PMU 测试程序设计

根据参数特性可列出测试程序编制要点如下:

(1)打开继电器1、继电器2,此时V_{REF}端接入由电阻R_1、R_2分压得到的2.5V。

(2)CS、WR置0,RD置1,A/D转换准备,尚未开始。

(3)测量$INTR$输出高电平,拉1mA电流。

以上测得的电压若不小于4.5V则为良品,否则为非良品。

(4)WR、CS置1,开启A/D转换。

(5)寻找$INTR$下降沿,因为每完成一次A/D转换,$INTR$都会由高变低。

(6)测量$INTR$低电平,灌1mA电流。

以上测得的电压若不大于0.4V则为良品,否则为非良品。中断管脚输出电压PMU测试程序代码如下:

```
    _off_fun_pin(CLKIN,CLKR,0);
    _off_vp(2);
    _on_relay(1);
    _on_relay(2);
    _set_logic_level(2.0,0.8,4.0,0.7);
    _set_drvpin("L",CS,WR,0);
    _set_drvpin("H",RD,0);
    _wait(10);
    VintR=_pmu_test_iv(INTR,2,-1000,2);    //测量INTR输出高电平,拉1mA电流
        Mprintf("\tINTR Initial Statue=%5.3fV\n",VintR);
    if(VintR<4.5)
    {
        Mprintf("\tOVERFLOW!\n");
```

```
        failflag=1;
        return;
    }
    else
        Mprintf("\tOK!\n");
//********************************************************
    _set_drvpin("H",WR,CS,0);
    _wait(10);
    i=0;while(_rdcmppin(INTR)==1&&i++<30000);        //寻找INTR下降沿
    VintR=_pmu_test_iv(INTR,2,1000,2);        //测量INTR低电平,灌1mA电流
        Mprintf("\tINTR Transformed Statue=%5.3fV\n",VintR);
    if(VintR>0.4)
    {
        Mprintf("\tOVERFLOW!\n");
        failflag=1;
        return;
    }
    else
        Mprintf("\tOK!\n");
```

6.漏电流测试程序设计

根据参数特性可列出测试程序编制要点如下:

(1)紧跟着第5项中断管脚输出电压PMU测试中的第6步操作,等待10ms。

(2)外接0V,测量各个输出端漏电流,测得的电流若不小于−3μA则为良品,否则为非良品。

(3)外接5V,测量各个输出端漏电流,测得的电流若不大于3μA则为良品,否则为非良品。漏电流测试程序代码如下:

```
    _wait(10);
    for(i=1;i<9;i++)
    {
        Dout[i-1]=_pmu_test_vi(i,2,5,0,2);        //测量各个输出端漏电流,外接0V
            Mprintf("\tD%d Out Leakage L=%5.3fμA\n",i,Dout[i-1]);
            putchar(13);


        if(Dout[i-1]<-3)
```

```
        {
                Mprintf("\tOVERFLOW!");
                failflag=1;
                return;
        }
    }
    Mprintf("\tDout Leakage L is OK!\t\t\t\n");
for(i=1;i<9;i++)
{
        Dout[i-1]=_pmu_test_vi(i,2,5,5,2);      //测量各个输出端漏电流,外接5V
        Mprintf("\tD%d Out Leakage H=%5.3fμA\n",i,Dout[i-1]);
        putchar(13);

        if(Dout[i-1]>3)
        {
                Mprintf("\tOVERFLOW!");
                failflag=1;
                return;
        }
    }
        Mprintf("\tDout Leakage H is OK!\t\t\t\n");
```

7. 驱动能力测试程序设计

根据参数特性可列出测试程序编制要点如下:

(1)紧跟着上一项测试的第3步操作,将 CS、RD 置0,等待读取转换结果。

(2)延时10ms,则数据管脚输出全低。

(3)测量低电平输出驱动能力,灌1.6mA电流,即在额定电流1.6mA下测输出管脚最大输出电压。

以上测得的电压若不大于0.4V则为良品,否则为非良品。驱动能力测试程序代码如下:

```
_set_drvpin("L",CS,RD,0);  //开启 AD 转换,输出全低
_wait(10);
for(i=1;i<9;i++)
{
        Dout[i-1]=_pmu_test_iv(i,2,1600,2);  //测量低电平输出驱动能力,灌1.6mA电流
```

```
                    Mprintf("\tD%d Out Drive L=%5.3fV\n",i,Dout[i-1]);
                    putchar(13);

                    if(Dout[i-1]>0.4)
                    {
                        Mprintf("\tOVERFLOW!");
                        failflag=1;
                        return;
                    }
                }
                Mprintf("\tDout Drive L is OK!\t\t\t\n");
```

8.功能测试程序设计

参照 ADC0804 芯片数据手册及功能说明,编写相应测试程序,验证芯片逻辑功能是否与数据手册相符,程序编制要点如下:

(1)打开继电器 1,使 V_{CC} 端接+5V,同时 *FORCE1* 悬空,用来 PMU 测试。

(2)打开继电器 2、3,即 V_{REF} 端接 2.5V, V_{IN+} 接 *FORCE2* 端。

(3) *FORCE2* 端输出 5V,即 V_{REF} 芯片应输出满量程码值。

FORCE 对应测试代码如下:

```
Mprintf("********* ADC FUNCTION TEST ************\n");
_reset();
_sel_comp_pin(D0,D1,D2,D3,D4,D5,D6,D7,INTR,0);
_sel_drv_pin(CS,RD,WR,0);
_set_logic_level(2,0.8,3,0.4);
_wait(10);
_on_relay(1);
_on_relay(2);    //VREF=2.5V
_on_relay(3);    //VIN+=VP2,VIN-=GND
_on_vp(2,5);     //输入5V,输出全高
```

(4)开始 A/D 转换,具体时序不再描述,转换前测量 *INTR* 管脚是否为高,若为高则功能正常,继续下面测量,反之则认为芯片功能有异常。

(5)转换结束,测量 *INTR* 管脚是否为低,若为低则继续下面测量,反之认为芯片功能有异常。

对应测试代码如下：

```
_set_drvpin("L",CS,WR,0);
_set_drvpin("H",RD,0);
_wait(10);
i=_rdcmppin(INTR);    //转换开始前,INTR=H
if(i==0)
{
    Mprintf("\tADC Function INTR ERROR!\n");
    return;
}
_set_drvpin("H",WR,CS,0);
_wait(10);
i=_rdcmppin(INTR);    //转换结束,INTR=L
if(i==1)
{
    Mprintf("\tADC Function INTR ERROR!\n");
    return;
}
```

（6）CS、RD=0，开始输出 A/D 转换结果。

（7）此时输出全高，测量驱动能力，拉1mA电流，若输出电压不小于4.5V则功能正常，否则为不良品。

对应测试代码如下。

```
_set_drvpin("L",CS,RD,0);  //CS,RD=L,开始输出A/D转换结果
_wait(10);
for(i=1;i<9;i++)
{
    Dout[i-1]=_pmu_test_iv(i,1,-1000,2);  //此时输出全高,测量驱动能力,拉1mA电流
    Mprintf("\tD%d Out Drive H=%5.3fV\n",i,Dout[i-1]);
    putchar(13);
    if(Dout[i-1]<4.5)
    {
        Mprintf("\tOVERFLOW!");
        return;
```

```
        }
    }
        Mprintf("\tDout Drive H is OK!\t\t\t\n");
```

(8)同样的 A/D 转换方式继续测试 2 组电压,第一组输入电压 1.65V 给 V_{IN+},判断得到的码值是否为 0X54,若码值正确,芯片功能正常,否则为不良品;第二组输入电压 3.32V 给 V_{IN+},判断得到的码值是否为 0XAC,若码值正确,芯片功能正常,否则为不良品。

(9)最后关掉所有的继电器和电源,复位,结束测试。测试代码如下:

```
    _on_vp(2,3.32);    //输入 3.32V,理论输出 01010101B
    _wait(10);
    _set_drvpin("L",CS,WR,0);
    _set_drvpin("H",RD,0);
    _wait(10);
    i=_rdcmppin(INTR);
    if(i==0)
    {
        Mprintf("\tADC Function INTR ERROR!\n");
        return;
    }
    _set_drvpin("H",WR,CS,0);
    _wait(10);
    i=_rdcmppin(INTR);
    if(i==1)
    {
        Mprintf("\tADC Function INTR ERROR!\n");
        return;
    }
    _set_drvpin("L",CS,RD,0);
    _wait(10);
    i=_readdata(8);
    i=i&0x00fc;
    if(i==0xAc)
    {
        Mprintf("\tADC FUN 10101010B is OK\n");
    }
```

```
    else
    {
        Mprintf("\tADC FUN 10101010B is ERROR!%x\n",i);
        return;
    }
    _off_relay(1);
    _off_relay(2);
    _off_relay(3);
    _off_vp(1);
    _off_vp(2);
    _reset();
}
```

ADC0804芯片测试结果如图4-28、图4-29所示。

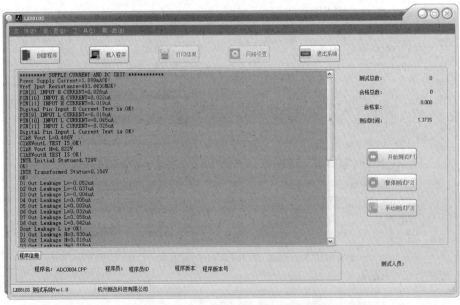

图4-28 ADC0804芯片测试结果图1

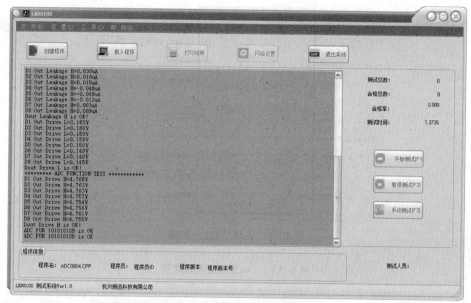

图4-29　ADC0804芯片测试结果图2

小 练 习

　　仿照ADC0804芯片功能测试程序,依次输入电压0V、1V、2V、3V、4V、5V,进行A/D转换码值的测试,编制测试代码,并运行验证。

4.7　DAC0832芯片测试

4.7.1　测试数据分析

1.芯片功能

　　DAC0832是8分辨率的D/A转换集成芯片,与微处理器完全兼容。这个DA芯片以其价格低廉、接口简单、转换控制容易等优点,在单片机应用系统中得到广泛的应用。D/A转换器由8位输入锁存器、8位DAC寄存器、8位D/A转换电路及转换控制电路构成。

　　DAC0832管脚图如图4-30所示,表4-13列出了各管脚功能。

205

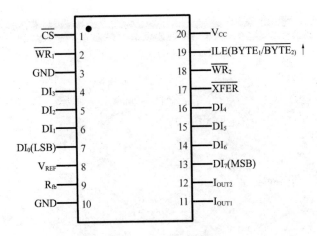

图4-30　DAC0832管脚图

表4-13　DAC0832管脚功能

管脚		输入/输出属性	功能描述
名称	编号		
$\overline{CS}$	1	I	片选信号输入端,低电平有效
$\overline{WR_1}$	2	I	输入寄存器写选通控制,低电平有效
GND	3	I	模拟电源地线
DI_3	4	I	数字信号输入端3
DI_2	5	I	数字信号输入端2
DI_1	6	I	数字信号输入端1
$DI_0(LSB)$	7	I	数字信号输入端0
V_{REF}	8	I	基准电压输入
R_{fb}	9	I	反馈电阻
GND	10	I	数字电源地线
I_{OUT1}	11	O	DAC电流输出1
I_{OUT2}	12	O	DAC电流输出2
$DI_7(MSB)$	13	I	数字信号输入端7
DI_6	14	I	数字信号输入端6
DI_5	15	I	数字信号输入端5
DI_4	16	I	数字信号输入端4
$\overline{XFER}$	17	I	数据传送控制端,低电平有效
$\overline{WR_2}$	18	I	DAC寄存器写选通控制,低电平有效
$ILE(BYTE_1/\overline{BYTE_2})$	19	I	输入锁存使能端,高电平有效
V_{CC}	20	I	电源电压

2.DAC0832电参数

在识别电参数的时候,不同后缀的芯片参数值还是有差别的,对照技术手册可以发现,DAC0832LJ&LCJ为陶瓷双列直插封装,DAC0832LCN为注塑双列直插封装,DAC0832LCWM为SOP型贴片封装,DAC0832LCV则为PLCC式封装。这里列出DAC0832LCN及DAC0832LCWM&LCV系列待测参数,见表4-14。图4-31为DAC0832时序图。

表4-14 DAC0832电气参数(部分)

参数		测试条件	V_{CC}=4.75V_{DC} V_{CC}=15.75V_{DC}		V_{CC}=5V_{DC}±5% V_{CC}=12V_{DC}±5% ~12V_{DC}±5%	极限单位
			典型值	测试极限	设计极限	
数字输入电压	最大值	逻辑低电平		0.95	0.8	V_{DC}
	最小值	逻辑高电平		1.9	2.0	V_{DC}
数字输入电流	最大值	数字输入端电压<0.8V		−160	−200	μA
	最小值	数字输入端电压>2.0V		+8	+10	μA
电源电流损耗	最大值			1.7	2.0	mA

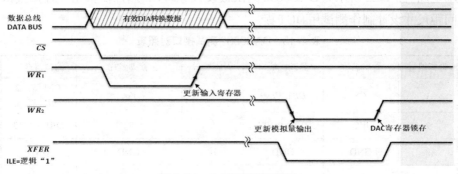

图4-31 DAC0832时序图

DAC0832进行D/A转换,可以采用两种方法对数据进行锁存。

第一种方法是使输入寄存器工作在锁存状态,而DAC寄存器工作在直通状态。具体地说,就是使WR_2和$XFER$都为低电平,DAC寄存器的锁存选通端得不到有效电平而直通;此外,使输入寄存器的控制信号ILE处于高电平、CS处于低电平,这样当WR_1端来一个负脉冲时,就可以完成1次转换。

第二种方法是使输入寄存器工作在直通状态,而DAC寄存器工作在锁存状态。具体地说,就是使WR_1和CS为低电平,ILE为高电平,这样输入寄存器的锁存选通信号处于无效状态而直通；当 WR_2 和 $XFER$ 端输入 1 个负脉冲时，使得 DAC 寄存器工作在锁存状态，提供锁存数据进行转换。

根据上述对 DAC0832 的输入寄存器和 DAC 寄存器不同的控制方法，DAC0832 有以下 3 种工作方式：

（1）单缓冲方式。单缓冲方式是控制输入寄存器和 DAC 寄存器同时接收数据，或者只用输入寄存器而把 DAC 寄存器接成直通方式。此方式适用只有一路模拟量输出或几路模拟量异步输出的情形。

（2）双缓冲方式。双缓冲方式是先使输入寄存器接收数据，再控制输入寄存器的输出数据到 DAC 寄存器，即分两次锁存输入数据。此方式适用于多个 D/A 转换同步输出的情形。

（3）直通方式。直通方式是数据不经两级锁存器锁存，即 WR_1、WR_2、$XFER$、CS 均接地，ILE 接高电平。此方式适用于连续反馈控制线路，不过在使用时，必须通过另加 I/O 接口与 CPU 连接，以匹配 CPU 与 D/A 转换。

4.7.2　测试硬件环境搭建

表 4–15 为 DAC0832 各管脚与测试机端口对照表，其中 I_{OUT1} 管脚需连接外围电路，图 4–32 所示为 DAC0832 测试板硬件原理图，同样需根据外挂盒接口间距尺寸设计制作测试用 DUT 板。

表 4–15　DAC0832 测试接口对照表

管脚编号	管脚名称	测试机端口	管脚编号	管脚名称	测试机端口
1	$\overline{CS}$	$DB1\_PIN9$	8	V_{REF}	$DB1\_K1\_2$ $DB1\_K2\_1$
2	$\overline{WR_1}$	$DB1\_PIN14$	9	R_{fb}	$DB1\_PIN13$
3	GND	GND	10	GND	GND
4	DI_3	$DB1\_PIN4$	11	I_{OUT1}	—
5	DI_2	$DB1\_PIN3$	12	I_{OUT2}	GND
6	DI_1	$DB1\_PIN2$	13	$DI_7(MSB)$	$DB1\_PIN8$
7	$DI_0(LSB)$	$DB1\_PIN1$	14	DI_6	$DB1\_PIN7$
15	DI_5	DB1_PIN6	18	$\overline{WR_2}$	DB1_PIN11
16	DI_4	DB1_PIN5	19	$ILE(BYTE_1/\overline{BYTE_2})$	DB1_PIN12
17	$\overline{XFER}$	DB1_PIN10	20	V_{CC}	$+15V_{CC}$

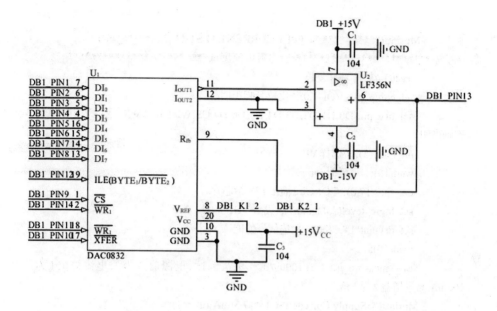

图4-32　DAC0832测试板硬件原理图(3296接口图略)

4.7.3　测试程序设计

1.工作电流和直流参数测试程序设计

根据参数特性可列出测试程序编制要点如下：

(1)芯片电源脚20脚接继电器K_{3_2}，通过控制K_3来控制芯片V_{CC}和$FORCE2$的通断。

(2)$FORCE2$端输出+17V。

(3)DA芯片片选使能。

(4)测量$FORCE2$端电流。

以上测得的电流若在1~3.5mA则为良品，否则为非良品。工作电流和直流参数测试程序代码如下：

```
Mprintf("********* SUPPLY CURRENT TEST ***********\n");
//***********************电源电流测试***********************
_reset();//软件硬件复位
_sel_comp_pin(VOUT,0);//比较管脚声明
_sel_drv_pin(D0,D1,D2,D3,D4,D5,D6,D7,CS,WR1,ILE,WR2,XFER,0);//驱动
管脚声明
_on_relay(3); //选择VP2
_wait(10);    //延时roms
_on_vp(2,17.0);//FORCE2输出17V给芯片
_set_logic_level(2,0.8,3,0.7);//设置VIH、VIL
_set_drvpin("L",CS,0);//片选信号使能
_wait(50);
sc1=_measure_i(2,1,2)/1000;//工作电流测试,电源通道为2,电流挡位1为
100mA,测量增益2为1倍
Mprintf("\tSupply Current \tSC1=%7.3fmA\t\t",sc1);
if( ( fabs(sc1-2.5)>1))//如果工作电流超出这个范围显示"溢出 OVER-
FLOW!",否则显示"OK!"
{    Mprintf("\n        SUPPLY CURRENT OVERFLOW !");
    failflag=1;
    return;
}
else
    Mprintf("OK!\n");
_off_relay(3);
_off_vp(2);//关闭2通道
```

2. 输入阻抗测试程序设计

根据参数特性可列出测试程序编制要点如下:

(1)打开继电器1,则芯片参考电压端 V_{REF} 和 $FORCE1$ 端相连。

(2)打开继电器4,则芯片 V_{CC} 端接15V。

(3)$FORCE1$ 端输出-10V。

(4)测量 V_{REF} 输入电流。

(5)根据欧姆定律计算 V_{REF} 输入阻抗。

以上测得的输入阻抗若在10~15kΩ则为良品,否则为非良品。输入阻抗
测试程序代码如下:

```
//****************************测量输入阻抗****************************//
    float IputI,IputR;//定义变量
    _wait(10);
    _on_relay(1);//VREF 接 FORCE1
    _on_relay(4);//芯片 VCC 接 15V
    _on_vp(1,-10);//设定 FORCE1 为-10V
    _wait(10);
    IputI=_measure_i(1,3,2);//测量 VREF 输入电流,精准测量工作电流,返回值单位 μA
    IputR=-1*10/IputI*1000;//计算输入阻抗.
    Mprintf("\tVREF INPUT R=%5.3f KOM            ",IputR);//显示输入阻抗
    if(IputR<10||IputR>15)
    {
         Mprintf("\tOverflow!\n");


    }
    else
         Mprintf("\tOK!\n");
    _off_relay(1);
    _off_relay(4);
    off_vp(1);
```

3.直流高低电平测试程序设计

根据参数特性可列出测试程序编制要点如下:

(1)输入高电平测试。

①打开继电器3,则芯片 V_{CC} 端接 $FORCE2$,输出5V。

②设置输入的高低电平 V_{IL}、V_{IH}。

③给输入管脚电压2.0V,测量每个引脚的电流。

以上测得的电流若在-1~10μA 则为良品,否则为非良品。输入直流高电平测试程序代码如下:

```
//********************外接直流高电平测试********************//
    void DC()
    {
         float InputH[14];
         int i;
         Mprintf("********* INPUT CURRENT H TEST ***********\n");
```

```
        _reset();
        _on_relay(3);//选择VP2
        _wait(10);
        _on_vp(2,5.0);//FORCE2输出5V给芯片
        _set_logic_level(2,0,3,1);//设置VIH、VIL
        _wait(10);
        for(i=0;i<14;i++)
        {
            if(i==12)continue;
            InputH[i]=_pmu_test_vi(i+1,1,4,2,2);//对各个输入进行给电压测试电流，
外接2V电压
            Mprintf("\tPIN%d\t=%5.3fμA",i+1,InputH[i]);//显示各个引脚测试得到的
电流

            putchar(13);
            if(InputH[i]<-1||InputH[i]>10)//如果工作电流小于0.1μA或者大于10μA，
显示"溢出OVERFLOW!"，否则显示"OK!"
            {
                Mprintf("\tPIN%d INPUT CURRENT IS OVERFLOW!\n",i);
            }
            else
                Mprintf("\tDIGITAL INPUT CURRENT H IS OK!\t\t\t\t\n");
        }
```

(2)输入低电平测试。

①紧接上面的步骤，即继电器3保持闭合，*FORCE2*输出20V送芯片V_{CC}。

②设置输入的高低电平V_{IL}、V_{IH}。

③给输入管脚电压0.8V，测量每个引脚的电流。

以上测得的电流若在$-200 \sim -50\mu A$则为良品，否则为非良品。输入直流低电平测试程序代码如下：

```
//*********************外接直流低电平测试*********************
    Mprintf("\n********* INPUT CURRENT L TEST ***********\n");
    _on_vp(2,20.0);//选择2通道，设置电压20V
    _set_logic_level(2,0.8,3,0.7);//设置VIH、VIL
    _wait(10);
    for(i=0;i<14;i++)
    {
```

```
            if(i==12)continue;
            InputH[i]=_pmu_test_vi(i+1,1,3,0.8,2);//对各个输入引脚给电压测电流，
将测得的电压显示出来，外接0.8V电压
                Mprintf("\tPIN%d\t=%5.3fµA",i+1,InputH[i]);//显示各个引脚测试得
到的电流
            if(InputH[i]<-200||InputH[i]>-50)//如果工作电流小于-200µA或者大
于-50µA，显示"溢出OVERFLOW!"，否则显示"OK!"
            {
                Mprintf("\tPIN%d INPUT CURRENT IS OVERFLOW!\n",i);

            }

        else
            Mprintf("\tDIGITAL INPUT CURRENT L IS OK!\t\t\t\t\n");
    }
    _off_relay(3);
    _off_vp(2);
}
```

4.功能测试程序设计

参照DAC0832芯片数据手册及功能说明，编写相应测试程序，验证芯片逻辑功能是否与数据手册相符，程序编制要点如下：

（1）设置输入、输出管脚。

（2）打开继电器2、3，即V_{REF}端接5V，芯片V_{CC}接到FORCE2。

（3）*FORCE*2端输出5V，设置控制管脚，并设置输入全为高电平，即D/A芯片应输出满量电压。

```
    int i;
    float Vout1;//定义变量
    Mprintf("\n********* DAC8032 FUNCTION TEST ********\n");
    _reset();
    _sel_comp_pin(VOUT,0);//设定输出口
    _sel_drv_pin(D0,D1,D2,D3,D4,D5,D6,D7,CS,WR1,ILE,WR2,XFER,0);//设定
输入口
    _on_relay(3);//芯片VCC引脚连接FORCE2
    _on_relay(2);//VREF连接VCC为5V
```

```
_wait(10);
_on_vp(2,5.0);//设定 FORCE2 为 5V
_set_logic_level(2.0,1,3,0.7);//设定 VIH、VIL
_wait(10);
_set_drvpin("H",ILE,0);
_set_drvpin("L",CS,WR1,WR2,XFER,0);//设置控制信号
_set_drvpin("H",D0,D1,D2,D3,D4,D5,D6,D7,0);//设置输入端全为高电平
_wait(10);
Vout1=_pmu_test_iv(VOUT,1,0,2);//读出输出端电压
Mprintf("\tVCC=5V,VREF=5V,ALL DATA=1    VOUT=%5.3f ",Vout1);//显示
```
读出的电压
```
if(fabs(Vout1+5)>0.05)//判断输出的电压是否正确
{
    Mprintf("\tOverflow!\n");


}
else
    Mprintf("\tOK\n");
```

(4)设置输入管脚全为低电平,测量输出。

```
_set_drvpin("L",D0,D1,D2,D3,D4,D5,D6,D7,0);//设置输入全为低电平
_wait(10);
Vout1=_pmu_test_iv(VOUT,1,0,2);//读出输出电压
Mprintf("\tVCC=5V,VREF=5V,ALL DATA=0    VOUT=%5.3f ",Vout1);//显示
```
读出的电压
```
if(fabs(Vout1)>0.2)//判断输出的电压是否正确
{
    Mprintf("\tOverflow!\n");
}
else
    Mprintf("\tOK\n");
```

(5)设置输入管脚$D_7 \sim D_0$为01010101,测量输出。

```
//**********输入 01010101B,输出 1.66V******************
_on_vp(2,20.0);
```

```
    _set_drvpin("H",D0,D2,D4,D6,0);
    _set_drvpin("L",D1,D3,D5,D7,0);
    _wait(10);
    Vout1=_pmu_test_iv(VOUT,1,0,2);
    Mprintf("\tVCC=20V,VREF=5V,ALL DATA=01    VOUT=%5.3f ",Vout1);
    if(fabs(Vout1+1.66)>0.05)
    {
        Mprintf("\tOverflow!\n");

    }
    else
        Mprintf("\tOK\n");
```

（6）设置输入管脚 $D_7 \sim D_0$ 为 10101010，测量输出。

```
//***********输入10101010B,输出3.32V********************************
    _set_drvpin("L",D0,D2,D4,D6,0);
    _set_drvpin("H",D1,D3,D5,D7,0);
    _wait(10);
    Vout1=_pmu_test_iv(V_{OUT},1,0,2);
    Mprintf("\tVCC=20V,VREF=5V,ALL DATA=10    V^{OUT}=%5.3f ",Vout1);
    if(fabs(Vout1+3.32)>0.05)
    {
        Mprintf("\tOverflow!\n");

    }
    else
        Mprintf("\tOK\n");
    _off_relay(2);
    _off_relay(3);
    _off_vp(2);
```

（7）打开继电器1和4。

（8）$FORCE1$ 输出 $-10V$。

（9）设置输入管脚全为高电平，测量输出。

```
//**********测量输入全1转换输出**********************************
    _wait(10);
    _on_relay(1);//VREF接FORCE1
    _on_relay(4);//芯片VCC接+15V
    _on_vp(1,-10);//设定FORCE1为-10V
    _set_drvpin("H",D0,D1,D2,D3,D4,D5,D6,D7,0);
    _wait(10);
    Vout1=_pmu_test_iv(VOUT,2,0,2);

    Mprintf("\tVCC=15V,VREF=-10V,ALL=1    VOUT=%5.3f ",Vout1);
    if(fabs(Vout1-10)>0.05)
    {
        Mprintf("\tOverflow!\n");


    }
    else
        Mprintf("\tOK\n");
```

（10）设置输入管脚 $D_7 \sim D_0$ 为10000000，测量输出。

```
//**********测量输入10000000B转换输出**************************
    _set_drvpin("L",D0,D1,D2,D3,D4,D5,D6,0);
    _set_drvpin("H",D7,0);
    _wait(10);
    Vout1=_pmu_test_iv(VOUT,2,0,2);

    Mprintf("\tVCC=15V,VREF=-10V,D7=1    VOUT=%5.3f ",Vout1);
    if(fabs(Vout1-5)>0.05)
    {
        Mprintf("\tOverflow!\n");


    }
    else
    Mprintf("\tOK\n");
```

（11）设置输入管脚 $D_7 \sim D_0$ 为01000000，测量输出。

```
//***********测量输入01000000B转换输出***************************
    _set_drvpin("L",D0,D1,D2,D3,D4,D5,D7,0);
    _set_drvpin("H",D6,0);
    _wait(10);
    Vout1=_pmu_test_iv(VOUT,2,0,2);
    Mprintf("\tVCC=15V,VREF=-10V,D6=1    VOUT=%5.3f ",Vout1);
    if(fabs(Vout1-2.5)>0.05)
    {
        Mprintf("\tOverflow!\n");

    }
    else

Mprintf("\tOK\n");
```

（12）设置输入管脚$D_7 \sim D_0$为00000001，测量输出。

```
//***********测量输入00000001B转换输出***************************
    _set_drvpin("L",D1,D2,D3,D4,D5,D6,D7,0);
    _set_drvpin("H",D0,0);
    _wait(10);
    Vout1=_pmu_test_iv(VOUT,2,0,2);
    Mprintf("\tVCC=15V,VREF=-10V,D0=1    VOUT=%5.3f ",Vout1);
    if(fabs(Vout1-0.039)>0.01)
    {
        Mprintf("\tOverflow!\n");
    }
    else
        Mprintf("\tOK\n");
    _reset();
}
```

DAC0832芯片测试结果如图4-33、图4-34所示。

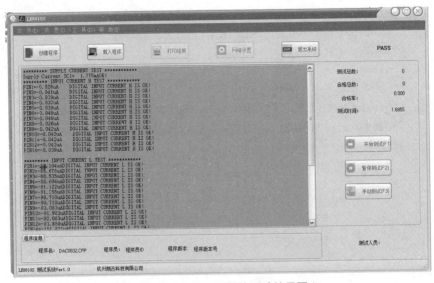

图4-33　DAC0832芯片测试结果图1

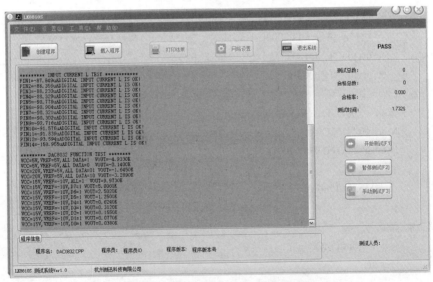

图4-34　DAC0832芯片测试结果图2

小 练 习

仿照DAC0832芯片功能测试程序，针对输入管脚$D_7 \sim D_0$的"00100000" "00010000""00001000""00000100""00000010"状态编制转换输出电压测试代码，并运行验证。

项目5 集成电路工业级测试

5.1 项目任务分析

5.1.1 项目描述

教学用测试机与工业用测试机在性能和价格上有一定差异。

目前国内测试设备市场仍由海外制造商主导,市场集中度高,世界先进的测试设备技术基本掌握在美国、日本等专业测试设备生产厂家手中。国外知名企业凭借较强的技术、品牌优势,在高端市场占据领先地位;国产测试设备在测试精度、测试速度、并测能力、自动化程度和测试可靠性等方面经过近年的发展,各项指标已基本达到国外领先设备技术指标,凭借国内优势企业对客户需求更为理解,服务方式更为灵活,产品性价比更高,打破了国外设备的技术垄断,但是国产测试设备销售额还是只占我国半导体设备进口额的5%左右,提升国产集成电路装备占有率迫在眉睫。

随着终端应用要求的不断提高,集成电路分选机也呈现出了对自动化要求更高、误差精度更低、运行稳定性更强、能实现不同封装形式的快速切换等新的要求,杭州长川科技股份有限公司作为本土测试设备制造商,掌握集成电路测试核心技术,拥有自主知识产权,在国内封测企业供应链体系中占据了一定的市场份额。

本项目利用长川电源管理电路高速高精度测试分选系统介绍集成电路工业级测试。

5.1.2 集成电路测试解决方案

1.测试分选解决方案

长川电源管理电路高速高精度测试分选系统由测试系统、分选系统配套构成,测试系统为CTA8280F型,分选系统为C9型或C6430型,C9主要用于实现SOP、TSSOP、SSOP等封装的测试,C6430主要用于QFN、PGA、LGA、BGA等封装的测试。

小知识：集成电路部分封装外形

集成电路部分封装外形如图5-1所示。

(a) SOP封装　　　　(b) SSOP封装　　　　(c) TSSOP封装

(d) QFN封装　　(e) PGA封装　　(f) LGA封装　　(g) BGA封装

图5-1　部分封装外形

SOP（Small Outline Package）、SSOP、TSSOP封装从外形来看非常相似，仅在引脚间距、封装厚度等细节有差异，如SOP封装引脚中心距为1.27mm（50mil），SSOP封装引脚中心距为0.635mm（25mil），TSSOP封装引脚间距为0.65mm（26mil）。正是由于封装的细节，在进行测试时，需要有针对性地选择测试用金手指。图5-1所示的其他封装分别为：QFN（Quad Flat No-leads package）为方形扁平无引脚封装；PGA（Pin Grid Array）为插针网格阵列封装；LGA（Land Grid Array）为平面网格阵列封装；BGA（Ball Grid Array）为球栅网格阵列封装。

实际的集成电路测试工作，是从芯片的分选开始的。图5-2所示为测试系统和分选系统配套使用过程中进行信息交互的系统示意图，分选系统将被检测集成电路逐个自动传送至测试工位（位于图中的IC测压区），被检测集成电路的引脚通过测试工位上的金手指、专用连接线与测试系统的功能模块进行连接，测试系统对集成电路施加输入信号、采集输出信号，判断集成电路在不同工作条件下功能和性能的有效性。测试结果则通过通信接口传送回分选系统，分选系统据此对被测试集成电路进行标记、分选、收料或编带，二者之间通过特定的通信协议，完成设备信息交互，实现测试数据的相互调用、存储、处理、分析，为封测厂商对被测芯片在设计、制造中产生的质量问题分析提供数据支持。

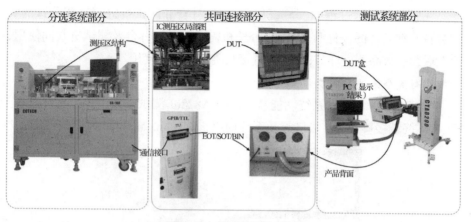

图5-2　交互系统示意图

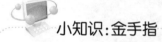

小知识：金手指

　　这里所说的金手指与PCB板制作工艺中所提到的金手指还有一定差异。从工艺来说，在覆铜板上通过电镀工艺再覆上一层金，由于金的抗氧化性极强，可以保护内部电路不受腐蚀，而且导电性很强，不容易造成信号损失。同时，金具有非常强的延展性，在适当的压力下可以让触点间接触面积更大，从而降低接触电阻以提高信号传递效率。在接口电路中，选择由镀金工艺制作而成的导电触片，排列如手指状，所以称为"金手指"，如图5-3所示。我们在电脑硬件，如内存条上与内存插槽之间、显卡与显卡插槽等，或U盘、SD卡等接口处，都能看到金手指工艺，如图5-3所示。集成电路测试所用的金手指，指的是用于与待测集成电路管脚相接触的接口，由于高速、稳定检测的需求，接口不仅需要匹配待测集成电路的封装类型，还应具有信号传输需求、不易磨损等特点，图5-4所示就是测量SOP封装芯片的一对金手指。

图5-3　电脑接口金手指工艺

图5-4　测试用金手指

在芯片的测试过程中,分选机是配合探针台和测试机进行好坏分选的关键装备。在芯片的设计验证环节,分选机需要配合探针台及测试机共同使用,而在后续的成品测试环节,分选机直接与测试机搭配使用。

2.测试分选设备功能特点

(1)CTA8280F测试系统功能特点。CTA8280F测试系统由工控机、测试主机、测试终端接口、GPIB接口等几部分构成,基本外形如图5-5所示。

图5-5　CTA8280F测试系统外形

整个测试系统由不同的电源模块(FOVI八路浮动电压电流源、FPVI浮动双通道功率电压电流源、FHVI浮动高压电压电流源)和信号模块(TIF测试系统接口单元、CBIT用户继电器驱动单元、TMU时间测量单元、DIO数字测量模块)组成,可以根据用户产品测试的实际需要选择合适的模块和数量,各模块在机架内插入槽位不受限制,插入后软件自动识别并加以控制。开机后可以通过软件查看系统的实际配置情况,系统结构及模块组成如图5-6所示。

CTA8280F测试系统是以量产测试模拟类IC产品为目标的高性能全浮动集成电路测试机,可适应于IC的芯片测试和成品测试。其主要可测试运放等线性电路、功放类电路、马达驱动类电路、电源管理类电路、收音机类电路等各类模拟电路和数模混合电路。主要功能如下:

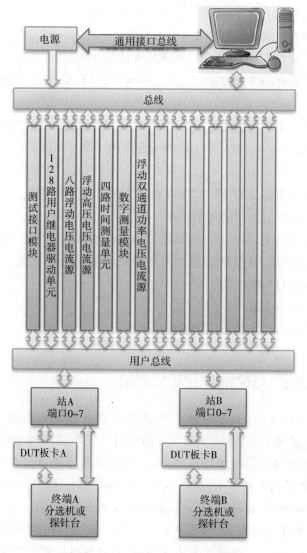

图5-6　CTA8280F系统结构图

①PC通过PCI卡（工业总线通讯卡）与测试机数据交换。

②采用双层机架（两层8U机箱，用于插入测试资源模块），最多可以配32块模块。

③采用机台背式出线方式（减少Cable传输线长度，提高测试稳定性）。

④每站并行测试能力达16 Site（Site代表测试工位，即可16工位并行测试）。

⑤配有TTL和GPIB接口，可连接大多数探针台和分选机。

⑥测试机电源由软件控制,具有自我保护功能。

⑦板载校准数据确保模块自身系统精度。

⑧每个源独立AD/DA提升了系统的测试速度。

⑨使用Windows 7操作系统,C/C++环境编程,编程平台VS2010(Visual Studio 2010)。

⑩提供自建用户测试程序框架,具有用户程序源代码调试功能。

⑪具有用户程序编程结构COPY复制功能,对类同产品编程可节省大量时间。

⑫支持ACCESS、EXCEL、CSV、STDF四种数据保存格式。

⑬通过系统设置可以满足不同客户的特殊要求。

⑭具有防呆功能,对不具备测试条件的信息能自动报警并停止测试。

⑮支持CP测试,具有MAP显示及多种MAP数据保存功能。

⑯支持在线QA测试功能。

⑰自带数据分析软件。

⑱允许用户自己定义系统功能模块的权限。

小知识:再论CP测试和FT测试

CP测试的目标是别除坏的芯片(晶粒),以确定晶片(晶圆)良率,减少封装和测试的成本;FT测试的目标是检验封装良率,别除不良芯片。

从集成电路制造代工的角度来说,CP测试用于评估集成电路芯片生产厂(fab)制造的工艺水平,而FT测试则评估封装厂的制造工艺水平。

CP测试和FT测试都围绕着集成电路技术规范(Specification,简称Spec)的参数要求进行,又各有针对性。有的测试项在CP测试阶段完成了,到FT测试阶段就可以不做了,比如有些PAD会封装到器件内部,无法在FT环节看到,则对应的测试项只能在CP环节进行,如功率管GATE端漏电流I_{gss}的测试。有的测试只能在FT测试环节完成,比如探针容许电流有限,大电流测试项就不会在CP测试环节进行。CP测试项目通常比FT测试项目多一些,但FT测试通常都是关键项目,毕竟FT测试需要保证成品符合严格的Spec功能要求。

为减少成本,对于成熟的工艺,有的公司会省掉CP环节而直接用FT测试来保障成品质量。

（2）C6430分选系统功能特点。C6430分选系统整机架构如图5-7所示,主要由通用测压模块（及测压手臂）、料梭模块、取—放料机械手模块、Tray盘进收及流转模块、电气控制模块、预热及高温测试模块和机架模块等模块构成。其主要功能如下:

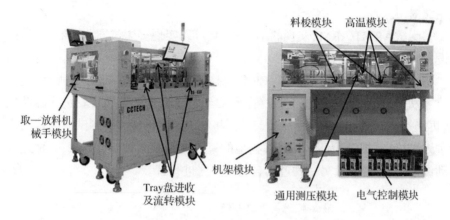

图5-7　C6430整机架构示意图

①整机系统通过采用PCIE（Peripheral Component Interconnect Express）总线协议进行PC与硬件的信息交互,利用其更高速率的数据传输能力,使系统在进行通讯时速度更快,传输量更大,解决了大数据传输时效率过低的问题,提高了整机的性能。

②采用X/Y双向自动调距机械手技术,实现在任何料盘尺寸下,8颗IC同取同放,解决了以往机械手需要多次取放的速度瓶颈,从而使整机速度和效率得到提升。

③采用低摩擦膜片气缸技术,使用气压来进行精密压力控制,实现气缸稳定行程区间内压力波动＜5%,解决了以往电机扭矩—压力控制模式下压力不稳定的问题。

④采用整机静电消散控制技术,在设备核心部位安装离子探头,实时对设备内部离子环境进行监测,并根据反馈的离子平衡电压,实时调整离子消散设备的正负离子比例,确保环境离子平衡电压＜±10V,解决了以往离子平衡电压不可控的技术风险。

⑤软件控制平台采用PC机,具有人性化的显示与操作界面。

⑥整机通过系统级的电磁优化实现接地电阻≤1Ω,有效防止因静电而导致的产品损坏。

⑦整机架构采用模块化的布局方式,方便操作与维护。

⑧测试区采用通用化的浮动改装套件,可以实现不同下压力、不同治具转换套件测试使用。

⑨测试区采用光纤传感器/相机检测技术,实现测试区防叠料检测功能,避免晶粒损伤。

⑩测试ARM1/ARM2实现联动方式,且可以实现多工位同测功能,有效提高设备产能。

(3)C9分选系统功能特点。C9系列整机架构示意图如图5-8所示,测试IC在整机模块之间的动作流程为:管装IC经上料机构的上料推管进入翻转机构,再经过翻转分批进入上料梭,上料梭将IC放入测试区,经测试区测试完成后进入光检区(视觉检测区),经过光检的集成电路有两种包装方式,一种进入自动编带区进行编带,另一种进入自动收料区进行管装。

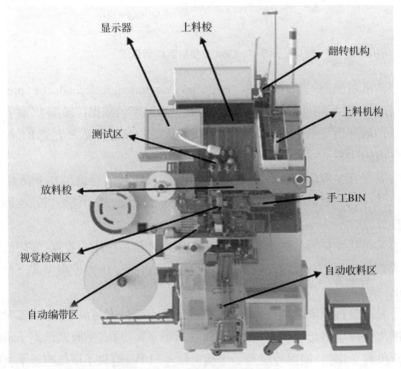

图5-8　C9系列整机架构示意图

C9分选系统主要功能如下:

①整机采用PC+CAN总线控制方式。

②全方位的产品保护,与产品接触的挡杆采用非金属材质,有效防止产品

下落过程中因撞击产生外观缺损。

③软件控制平台采用PC机,具有人性化的显示与操作界面。

④整机通过系统级的电磁优化实现接地电阻≤1Ω,有效防止因静电而导致产品的损坏。

⑤通过封闭的测试区结构、高品质接插件(Socket)、全新布局的干扰源引线方式以及Can总线控制方式,实现高频测试,频率可达2.4GHz。

⑥轨道3D视觉检测系统/编带2D视觉检测系统,可实现产品标识、管脚检测。

⑦控制系统具备自诊断功能,可自动故障报警提示并显示相应的排除方法。

5.1.3　测试环境搭建

1.电脑配置要求

推荐硬件要求:4G内存,宽屏19英寸液显(1 600×900),500G硬盘。电脑主板中至少有2个PCI插槽,用于插测试机用的PCI专用通信接口卡和GPIB控制接口卡。

2.电脑软件要求

电脑系统软件:Windows 7。

其他相关软件:Office2003或2007,Microsoft Visual Studio 2010。

3.硬件驱动安装方法

测试系统软件安装前应将PCI专用接口卡和GPIB卡插到电脑上,开机后装上相应的设备驱动程序,安装成功后将会在设备管理器中看到图5-9所示的CTA8280相关信息。

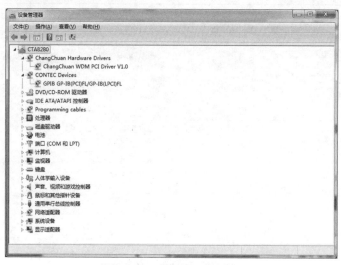

图5-9　设备管理器界面

双击对应的硬件安装项目,即可看到对应硬件安装的详细信息(图5-10),这就表明相关硬件安装成功,具备安装测试系统软件的条件。

(a) PCI卡安装属性　　　　　　　　(b) GPIB卡安装属性

图5-10　安装信息

4.测试软件设置

CTA8280F测试系统软件是专为CTA8280F测试系统配套的专用测试系统软件。通过测试系统软件,用户可有效组织测试系统构架,方便实现测试系统STATION A(站A)和STATION B(站B)两站的乒乓测试,还可在同一站内实现SITE0-SITE7的并行测试。

CTA8280F测试系统软件运行于Windows 7环境,软件界面如图5-11所

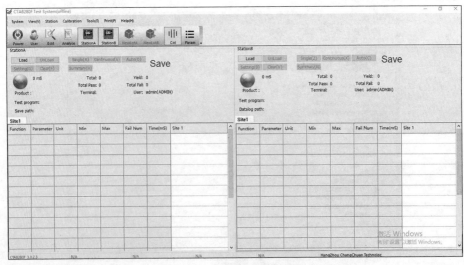

图5-11　测试系统软件界面

示。用户可方便地新建、打开、复制用户测试程序,并建立完全独立的C/C++编程环境,通过使用测试机专用函数,可有效使用和控制测试机的硬件资源,在VS2010 C/C++编程环境下编写测试程序。除C/C++编程环境下的源代码调试模式外,测试系统还为用户提供了最便捷的调试模式,方便修改各种参数,且无需重新编译就能测试。

在软件界面对应的站点(Station)按"Load"(导入)完成相关测试程序后,按"Setting"按钮,将弹出测试设置对话框(图5-12),在其中填入相关的信息有助于正常的测试和获取数据。

Test Control页面可对一般测试选项进行设置,如测试site的选择、测试停止条件设置等。

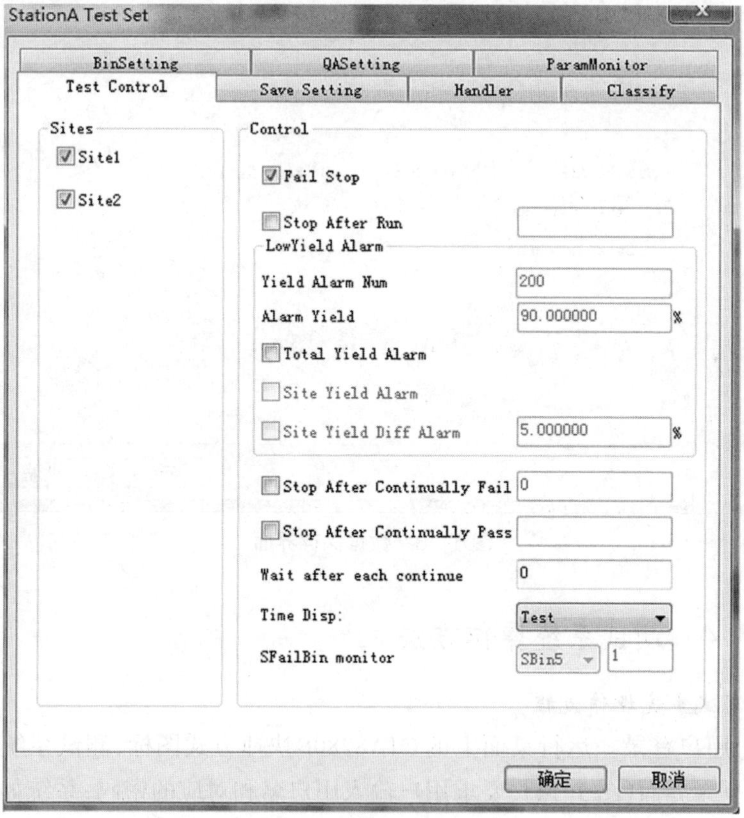

图5-12　测试设置界面

Save Setting页面是对数据保存项目进行设置。在Save Data选中时,表示测试过程中需要保存测试数据,当勾选"Save Data"后,对话框中将显示图5-13

所示对应数据。

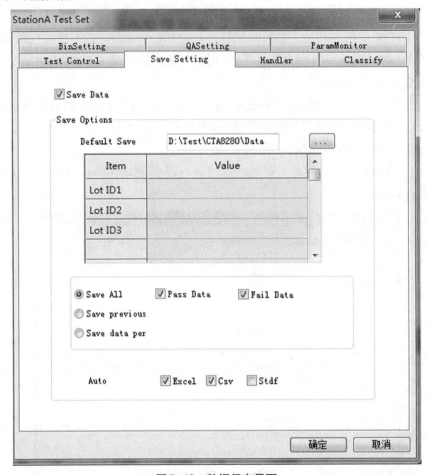

图5-13　数据保存界面

5.1.4　测试系统操作方法

1.测试系统操作流程

（1）用户登录。运行桌面上的CTA8280F快捷方式图标,测试系统软件进入用户登录界面(图5-14),要求用户输入用户名和对应的密码,系统如在用户数据库中查到相应的信息,将按数据库中所给予的权限向操作者开放相关功能。在测试程序主界面点击用户登录按钮可更换登录账号。

图 5-14　CTA8280F 用户登录界面

初始账号共 3 个（admin，engineer，operator），各个账号初始登录密码与账号名一致，用户密码在 admin 权限下可修改。登录后进入测试程序主界面，如图 5-15 所示。

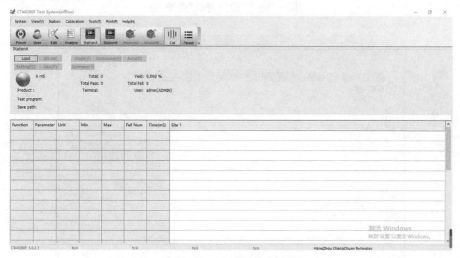

图 5-15　测试程序主界面

工具条上的左侧六个按钮分别为电源开关 Power、用户登录 User、用户程序编辑器 Edit、数据分析 Analyse、A 站显示 Station A 和 B 站显示 Station B。其中电源开关按钮负责控制测试机的电源打开和关闭，并以按钮的颜色显示测试机电源的状态，当测试系统关闭退出时，系统会自动关闭电源。

（2）用户管理。拥有用户管理权限（admin）的用户在系统菜单中用鼠标点击菜单"用户管理"（User Manage，图 5-16），将进入用户管理界面（图 5-17），定义、修改用户的相关信息，可对用户数据库进行管理，对用户密码进行修改，并且可定义管理员级别以下的用户的具体权限。

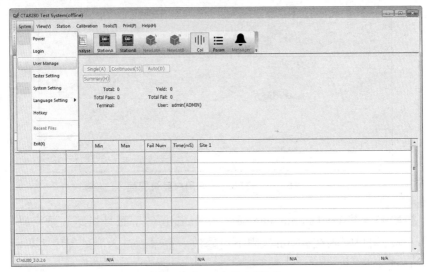

图5-16 "用户管理"菜单

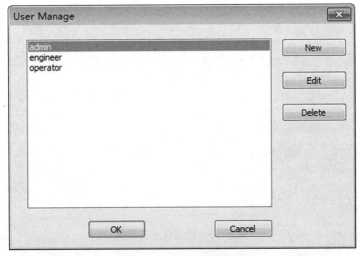

图5-17 用户管理界面

在用户管理界面点击"New""Edit""Delete"即可进行用户信息操作,点击
"New"为新建用户,点击"Edit"为编辑已存在的用户,点击"Delete"为删除存在
的用户。在新建用户的同时,将进行更详细的权限设置,新建用户对话框如图
5-18所示。在此不仅需要输入用户名、用户密码并确认用户密码,同时需选择
新建用户的权限类别,并在下方的框中选择分配该用户与工作岗位职责相关
的详细权限,如系统接口核查、测试过程操作权限等。

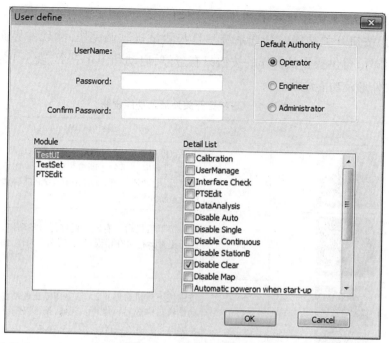

图5-18 新建用户对话框

若点击"Edit",弹出对话框如图5-19所示。此时打开已存在的用户可查看该用户的详细信息,可对用户密码和详细的权限进行修改,但不可变更用户名。

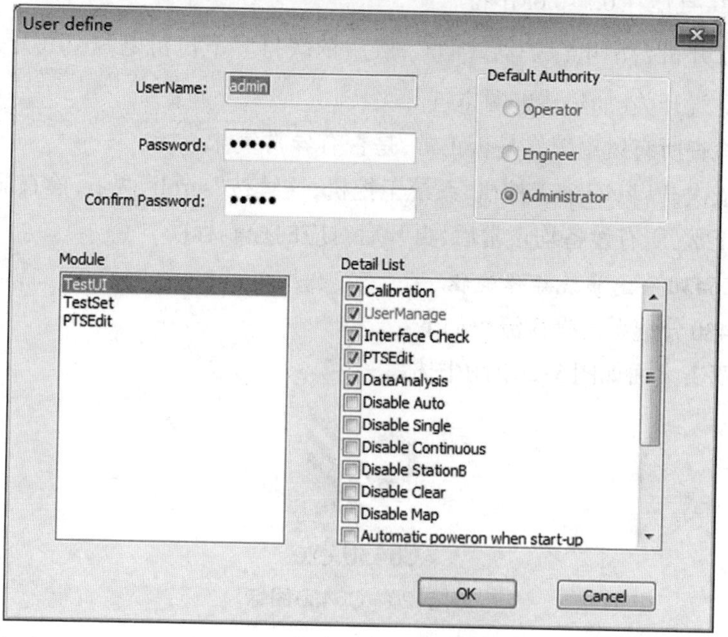

图5-19 编辑已存在用户对话框

2.C9分选系统操作流程

(1)按钮开关功能。分选系统一旦与测试机联调完毕,除软件界面的设置、操作外,可供操作员操作的按钮只有急停、启动和停止三个,表5-1为各按钮开关外形及功能说明。

表5-1　C9按钮开关外形及功能说明

实物图	名称	功能说明
	急停	按下急停按钮后,系统将紧急停止所有电机、气缸的运行,所有电动机处于断电失磁状态。在急停按钮复位后,电动机上电,此时按下START(启动)按钮,机器重新开始运行
	启动	按键按下后机台所有电动机进行归零动作,归零完成后正常运行可在错误、停止情况下操作,使系统重新运行
	停止	按键按下后机台停止,无法立即停止的动作需等该动作执行完成后再停止。例如,按下"停止"按钮时系统需将测试区、暂存区的料都排完

(2)正常开机步骤。C9分选系统正常开机步骤如下:

①接通分选机AC220V电源,观察机架左侧板箱上减压阀的气压表"　"是否正常,气压在0.4~0.6MPa。

②打开机台漏电保护器"　",然后依次打开下位机电源空气开关、工控机电源空气开关、加热棒电源空气开关。

③检查所有风扇工作是否正常,是否有异常气味。

④依次开启vision工控机、系统工控机;连续按"scroll"两下,检查显示器切换是否正常,所有设备均正常后,再开启对应的控制程序。

3.C6430分选系统操作流程

C6430分选系统操作流程如下:

①双击桌面如图5-20所示图标。

C6430.exe

图5-20　C6430图标

②弹出控制系统登录主界面,如图5-21所示。

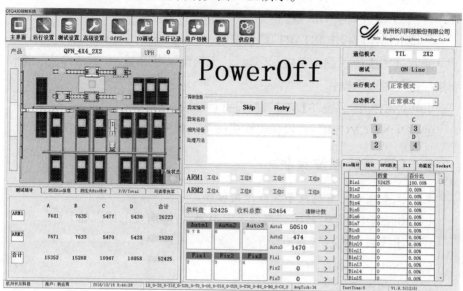

图5-21　控制系统登录主界面

③按下操作面板上"Power On"按钮,给机台上电。

④鼠标左键单击"用户切换",跳出图5-22所示界面。

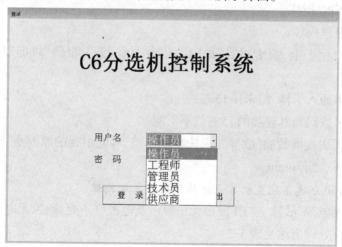

图5-22　用户切换界面

⑤根据权限选择用户名。

⑥密码:输入初始密码123。

⑦点击"登录"进入主控界面(点击"放弃"结束当前操作)。

⑧供料槽内放入待测 Tray 盘(芯片托盘),黑盘彩盘轨道放入 3 张以上空 Tray 盘,手工盘放入空 Tray 盘。

⑨按下操作面板上"START"绿色按钮。

⑩测试完成后系统画面提示区显示"无料盘",状态显示"异常停止",操作面板按键可做以下操作:

⑪按"SKIP"键后按"START"键,设备将继续运行。

⑫按"ONE CYCLE"键,设备将在机械手上料清空后运行停止。

5.1.5　测试系统维护

1.测试系统常见系统报警及故障的排除

(1)"机台上电报警"故障。"机台上电报警"可能出现的原因如下:

①后出线板上的空气开关没开。

②BUSPC 未安装好。

③50 芯线没插好。

④模块电源损坏。

(2)"机台无法上电"故障。"机台无法上电"可能出现的原因如下:

①CCPCI 损坏。

②BUSPC 损坏。

③保险丝损坏。

(3)"机台上电,板卡报错"故障。"机台上电,板卡报错"可能出现的原因如下:

①板卡插入卡槽,但未接 15 芯线。

②板卡拨码与其连接的 15 芯线不对应。

(4)"无法校准校验"故障。"无法校准校验"可能出现的原因是:时间限制,上电时间未达到 30min。

2.C6430 分选系统整机常见故障报警信息及处理

(1)"无电源"故障。TFT 屏幕无法显示及电源灯不亮,则为无电源状态,其故障原因及处理方法见表 5-2。

表 5-2　"无电源"故障原因及处理方法一览表

故障原因	处理方法
电源线接触不良	检查电源线无损伤,确认电源线正确连接于机组上
电源插座无过电	检查供电插座电压后打开电源开关

（2）"电源开关（ON）无法开启，定位错误"故障。"电源开关（ON）无法开启，定位错误"故障原因及处理方法见表5-3。

表5-3 "电源开关（ON）无法开启，定位错误"故障原因及处理方法一览表

故障原因	处理方法
主电源开关为OFF状态	打开电源开关
电路系统或电线短路	确认电路系统及电线，如供电端问题，联系相关部门

（3）"定位错误机械组件"故障。"定位错误机械组件"故障多为步进电动机或伺服电动机故障，调整或重新认定电动机即可。

（4）"机械组件IC放置不良"故障。"机械组件IC放置不良"故障多为气缸动作错误，更换或调整气缸即可。

（5）"IC放置不良真空器"故障。"IC放置不良真空器"故障原因及处理方法见表5-4。

表5-4 "IC放置不良真空器"故障原因及处理方法一览表

故障原因	处理方法
产品脚弯	重新定位所有位置
产品放置位置不良	重新定位所有位置
产品滞留于相同位置	调整真空破坏
产品滞留于测试座上	重新认定测试座的位置
产品滞留于分类区摆梭座	重新设定输出手臂吸取的位置

（6）"真空器"故障。"真空器"故障的故障原因及处理方法见表5-5。

表5-5 "真空器"故障的故障原因及处理方法一览表

故障原因	处理方法
真空传感器无法正常感测	重新置换或调整传感器
吸取位置错误	重新设定所有吸取位置
空压管有漏气现象	检查所有空压管

除以上常见故障外，C6430分选系统针对多达一千多种不同的故障报警信息设置了报警号，使用时可通过设备手册查阅并进行处理。

3.C9分选系统整机常见故障报警信息及处理

C9分选系统级故障对应的报警号、报警内容及处理方法见表5-6。

表5-6　C9分选系统级故障原因及处理方法一览表

报警号	故障原因	处理方法
101	电动机运行不到位	检查相应电动机是否由于受阻挡导致不能运行到位,检查完毕后,按启动按钮,继续运行
102	电动机过载报警	检查伺服电动机驱动器是否显示报警,如果显示,重启电动机驱动器电源
103	气源压力异常	检查设备气源压力是否正常,是否通气
104	系统待料	系统料已排空,等待上料
105	传感器异常	检查相应传感器是否常红,或者有异常,检查完毕后,按停止按钮后重新启动运行
106	系统异常	指系统长时间没有任何动作,应巡查系统工作状态
107	推管结构打开	确认上料机构是否被打开

　　上料模块、上料梭子模块、测试模块、弯轨模块、BIN梭子模块、旋转模块、导轨测试模块、导轨分粒模块、PNP模块、编带模块、收料模块、总线通信模块均有各自不同的报警号、报警内容及处理方法,因篇幅原因,不再细述,使用时可通过设备手册查阅并进行相应处理。

5.2　项目实施

5.2.1　产品测试程序开发

1. 产品测试程序开发流程

　　用户程序是以DLL动态链接库的结构产生的,用户程序结构可以通过工具条中的Edit按钮打开PTSEdit,方便新建或从已经过验证的产品测试程序中进行复制后修改。通过Edit按钮打开图5-23所示界面,此界面包括动态链接库名称DllFile(name)、测试标准库Datasheet、产品名称Product(ICName)、创建日期Date、最后一次修改日期Modify time和修改者Modified by(Modifier),以及SBin-HBin对应设置等信息。在此界面中可新建、打开测试标准文件(.pts)进行新建和修改测试标准,对测试函数和测试参数以及site num、SBin-HBin进行修改,打开测试标准文件后,可直接点击"VCProj",打开对应的测试程序。

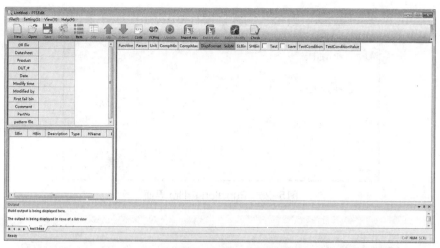

图5-23 PTSEdit界面

产品测试程序开发流程如下：

（1）新建程序。新开发一个测试程序，在点击"New"后，用鼠标点击右侧空区域，通过右击鼠标弹出菜单（图5-24），可新建（Creat）、复制（Copy）、粘贴（Paste）和删除（Delete）Function、Param和Condition。点击"Create Function"时跳出图5-25所示界面，输入测试函数名称后点击"OK"，即弹出图5-26所示参数显示界面，参数显示在右侧空白区域，鼠标移到待测函数行，右击可弹出Param Editor界面（图5-27）或者TestCondition Editor界面（图5-28），点击"OK"后完成param或者test condition的输入。

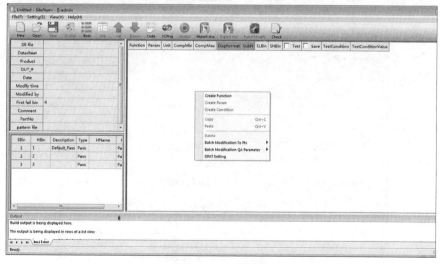

图5-24 右击菜单

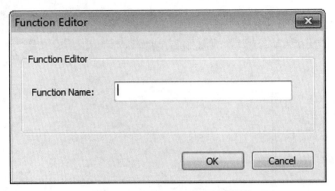

图5-25 Function Editor 界面

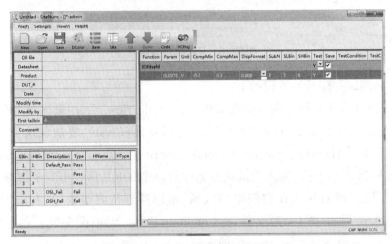

图5-26 参数显示界面

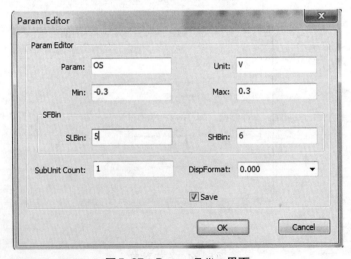

图5-27 Param Editor 界面

图5-28 TestCondition Editor 界面

参数编辑完成后,用鼠标点击工具条中"Code"按钮,出现图5-29对话框,进行程序名定义(一般用产品名命名),并选择程序存储路径(建议用图5-29所示的路径)。如果该产品没有类同的产品程序,按"OK"将新建一个测试程序框架,并打开测试程序;如果有同类产品程序,则取消对话框中的"Blank Template"选项,出现图5-30所示界面,可在"Template Project"中选择已经成熟的产品测试程序,选择"Copy"后按"OK"将成熟产品的测试程序复制到新产品的测试程序中,在此基础上稍做修改就可完成新产品的测试程序,这样可以节约大量的时间和精力,大大提高工作效率。

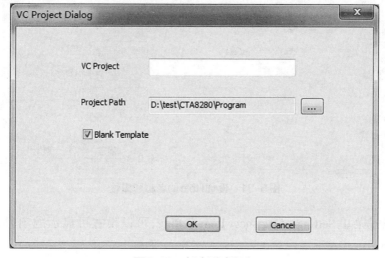

图5-29 新建测试程序

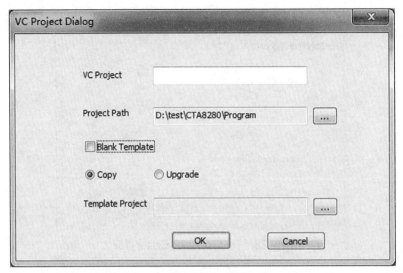

图5-30 复制/升级测试程序

通过菜单Setting->Hbin Setting，可以设置Hbin的名称和属性，属性有Pass和Fail两种可选，如图5-31所示。

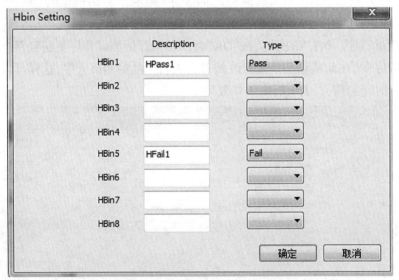

图5-31 设置Hbin的名称和属性

通过菜单Setting->Datasheet Item Setting，可以设置可显示的项目，如图5-32所示。

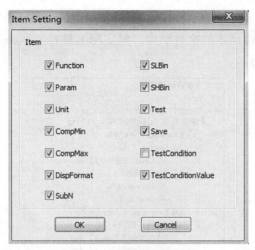

图 5-32　设置显示项目

（2）打开程序。通过打开 .pts 参数文件后，用鼠标点击工具条中的"VCProj"按钮，便可打开此程序。打开后进入 VS2010 C++编辑系统，便可对测试程序进行修改调试。测试程序的修改调试完全符合 C++的规则，不受测试系统软件的约束，为调试用户测试程序（DLL），需在项目的 Debug 页面中的"配置属性"下的调试界面对应"命令"对话框中输入 *CTA8280.EXE* 的绝对位置（图 5-33），程序运行时便可直接进入测试系统，完成测试程序的调试。

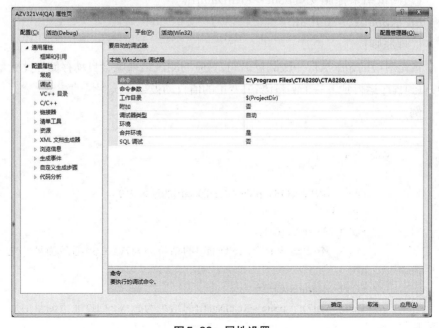

图 5-33　属性设置

(3)程序结构。打开测试程序后,用户将完全进入C++系统,在解决方案页面中将看到图5-34所示的文件结构。但实际上只有Test.cpp文件是测试工程师需要关心和编程的。

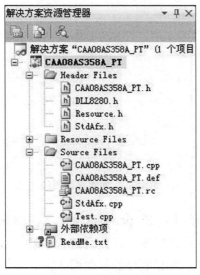

图5-34 文件结构

2.测试程序编写约定

(1)测试结果存储变量 $pSite->RealData[i]$。

i 表示 $Site$ 数,从0开始。

处理原则:

凡是对应的 $Site$ 执行一次测量语句,对应的测试结果就会自动存储在此变量中,直到程序运行到下一个测量语句,变量的值自动被第二次测量的结果覆盖。

例:

```
void Test_ICC()
{
    int i;    //函数入口时, pSite->RealData[i]的结果为0
    ………
    FOVI_MeasureV(CH0);
    Delay_Ms(2); // pSite->RealData[i]的结果为 FOVI_CH0 通道测量的电
压值
    FOVI_MeasureI(CH2);
    Delay_Ms(2); // pSite->RealData[i]的结果为 FOVI_CH2 通道测量的电
流值
```

244

（2）*AdToPparam* ()。

函数原形：*void AdToPparam*(*int ParamN, int SubUints, double MultData*)。

函数功能：将实测结果(*pSite–>RealData*[i])经单位换算(乘系数 *MultData*)和数据有效位设置后,放到指定的测试结果缓冲区,便于测试系统对结果分析判定。在同时测几个参数时用该函数比较方便,对并测数据(多个 *Site* 同时测试获得的数据)会同时做相应处理。对于用户获取的测试结果,如需要系统判定和显示(.def 文件中定义的测试项),则必须用该函数。

参数说明：

ParamN——函数中被测参数顺序号(0、1、2、3……),通常一个函数需要测试多个不同类的参数,函数中被测参数是1个时顺序号设为0,对于多个参数分别按 def 中设置的先后次序将测试结果按序号传递。

SubUints——被测同类参数序号(0、1、2、3),对于被测参数是1个的测试项,设为0,对于双运放部分参数有两个(对应运放参数)的测试项设为0或1。

MultData——单位换算或数据换算系数,系统默认电压 V、电流 mA,如要求结果数据为 mV 或 μA,则设为 1000.0。

（3）测试结果处理相关函数。

①*GetResult All*()。

函数原形：*int GetResult*(*int rSize, double *result*)。

函数功能：获取指定工位(批量)的测试结果。

参数说明：

rSize——工位数量,要获取结果的工位数量,如4代表要对0~3工位获取结果值。

result——获取测试结果的数组指针。

返回值：正确返回0,错误返回–1。

②*GetResult*()。

函数原形：*int GetResult*(*int site, double result*)。

函数功能：获取设定指定工位的测试结果。

参数说明：

site——工位号,从0~7代表工位1~工位8。

result——获取测试结果的数据。

返回值：正确返回0,错误返回–1。

③*LogResultAll*()。

函数原形：*int LogResultAll*(*char *ParamName, int rSize, int subUnit, dou-*

ble *result)。

函数功能:设定指定工位(批量)的测试结果。

参数说明:

ParamName——函数中被测参数名,通常一个函数需要测试多个不同类的参数,将被测参数名传递进去即可。

rSize——工位数量,要赋值的工位数量,如4代表要对0~3工位进行赋值。

subUnit——被测同类参数序号(0、1、2、3),对于被测参数是1个的测试项,设为0,对于双运放部分参数有两个(对应运放参数)的测试项设为0或1。

result——要赋值的测试结果数组的指针。

返回值:正确返回0,错误返回-1。

④*LogResult*()。

函数原形:int LogResult(char *ParamName, int site, int subUnit, double result)。

函数功能:设定指定工位的测试结果。

参数说明:

ParamName——函数中被测参数名,通常一个函数需要测试多个不同类的参数,将被测参数名传递进去即可。

site——工位号,从0~7代表工位1~工位8。

subUnit——被测同类参数序号(0、1、2、3),对于被测参数是1个的测试项,设为0,对于如双运放部分参数有两个(对应运放参数)的测试项设为0或1。

result——要赋值的测试结果。

返回值:正确返回0,错误返回-1。

⑤*GetXY*()。

函数原形:GetXY(int xy)。

函数功能:获取Site1探针台测试坐标值。

参数说明:

xy——读取坐标类型。

xy=0,读取X坐标;*xy*=1,读取Y坐标。

例:

GetXY(0); //读取X坐标,需要将结果赋给变量
GetXY(1);//读取Y坐标,需要将结果赋给变量,注意只能读取Site1的坐标值

⑥*Get_LotID*()。

函数原形:*Get_LotID*(*char *chLotID*,*int istation*)。

函数功能:获取批次*ID*号。

参数说明:

chLotID——批次*ID*号。

istation——工作站0表示*A*站,1表示*B*站。

例:

Get_LotID(Lotno,0); //读取LotID,存放在Lotno字符串中

⑦*Get_WaferID*()。

函数原形:*Get_WaferID*(*char *chWaferID*,*int istation*)。

函数功能:获取晶圆片号。

参数说明:

chWaferID——晶圆片号。

istation——工作站0表示*A*站,1表示*B*站。

例:

Get_WaferID(WaferID,0);//读取WaferID,存放在WaferID字符串中

⑧*GetSiteState*()。

函数原形:*int GetSiteState*()。

函数功能:获取当前测试站8个*Site*的状态,每个二进制位代表一个*Site*的状态,0表示不测试,1表示要测试,如返回0X03表示*Site*1和*Site*2要测试,其余*Site*不测试。

参数说明:无。

⑨*SetSiteState*()。

函数原形:*void SetSiteState*(*int SiteStateData*)。

函数功能:设置当前测试站8个*Site*(*Site*1~*Site*8)的状态,每个二进制位代表一个*Site*的状态,0表示不测试,1表示要测试,如*SiteStateData*=0X03表示*Site*1和*Site*2要测试,其余*Site*不测试。

参数说明:

SiteStateData——*Site*状态0X00-0XFF。

例：

SetSiteState（0X01）；//不管之前开的是哪几个工位,此时只打开工位1对应的源
SetSiteState（0X03）；//不管之前开的是哪几个工位,此时只打开工位1和工位2
对应的源

$GetSiteState()$、$SetSiteState()$ 这两个函数一般在多工位测试需要进行串测时成对使用,$GetSiteState()$ 表示读取现有测试工位状态,$SetSiteState(int SiteStateData)$ 表示设置需要打开的工位。

5.2.2 LDO常规参数测试

1.LDO 简介

LDO(Low Dropout Regulator)是一种低压差线性稳压器。线性稳压器利用运行在线性区域的晶体管或FET,从应用的输入电压中减去超额的压降电压,产生经过调节的输出电压。所谓压降电压,指稳压器将输出电压维持在其额定值上下100mV之内所需的输入电压与输出电压差额的最小值。正输出电压的LDO稳压器通常使用PNP型功率晶体管作调整器件(也称为传递设备),这种晶体管允许饱和,所以稳压器可以有一个非常低的压降电压,通常为200mV左右。与之相比,使用NPN复合电源晶体管的传统线性稳压器的压降为2V左右。负输出LDO使用NPN型器件作为它的传递设备,其运行模式与正输出LDO的PNP设备类似。

低压差线性稳压器的电路原理图如图5-35所示,该电路由串联调整管 VT、取样电阻 R_1 和 R_2、比较放大器 A 组成。

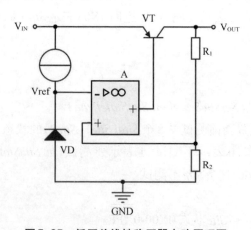

图5-35 低压差线性稳压器电路原理图

248

由取样电阻分压获得的取样电压加在比较器 A 的同相输入端,与加在反相输入端的基准电压 $Vref$ 相比较,两者的差值经放大器 A 放大后,控制串联调整管的压降,从而稳定输出电压。当输出电压 $Vout$ 降低时,基准电压与取样电压的差值增加,比较放大器输出的驱动电流增加,串联调整管压降减小,从而使输出电压升高;相反,若输出电压 $Vout$ 超过所需要的设定值,比较放大器输出的驱动电流减小,串联调整管压降增大,从而使输出电压降低。供电过程中,输出电压校正连续进行,调整时间只受比较放大器和输出晶体管回路反应速度的限制。

2.LDO典型参数测试

LDO参数测量等效电路如图5-36所示,电路中接入了继电器 K_1、K_2、K_3 的常开、常闭触点。

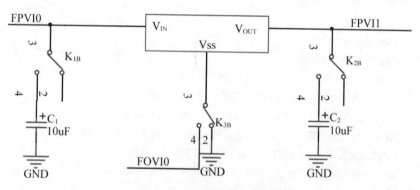

图5-36　LDO参数测量等效电路

(1)工作电流 I_Q 的测试。LDO工作电流 I_Q 的测试条件及参数见表5-7。

表5-7　LDO工作电流 I_Q 测试条件及参数表

参数名称	测试条件	测试管脚	最小值	最大值	单位名称
I_{Q1}	$V_{in}=8.0V$	V_{in}	0	6	mA
I_{Q2}	$V_{in}=30.0V$	V_{in}	0	9	mA

①测试说明。该参数测试器件正常工作状态下的功耗电流。由表5-7可知,需按照测试条件对输入端施加对应的电压,并测量输入端电流。这就意味着,在图5-36所示中,输入输出电容需断开,V_{ss} 需接GND,I_Q 测量等效电路如图5-37所示。

继电器状态设置:继电器常闭触点置闭合状态,即所有继电器不动作。

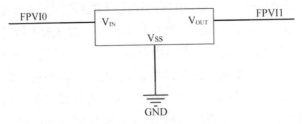

图5-37　I_Q测量等效电路

②测试方式。$FPVI0$连接器件Vin端,设置为FVMI(Force V Measure I,施加电压测电流)模式,电压分别为8V和30V(设置V_{range}=50V,I_{range}=100mA),通过$FPVI0$在器件V_{in}端测试I_Q参数。

③测试程序样例:

```
    char *IQ1 = "IQ1";
    char *IQ2 = "IQ2";
    CBIT_RelayOn(-1);        //CBIT控制全部 off
    FPVI_SetMode(Vin,pFV,pFPVI_50V,pFPVI_100mA);
    //FPVI设置为电压模式 Vrang=50V,Irang=100mA,Iclamp=100mA
    DelaymS(3); //CBIT动作和V/I源设置完成后,延时3ms使系统内部处于稳定状态
    FPVI_SetOutVal(Vin,8 V);   //Vin通过FPVI0加8V电压
    DelaymS(5); //延时5ms,待VI源电压送到端子及芯片状态稳定,此时间可根据实际
情况调整
    FPVI_MeasureI(Vin);//测量 Vin的电流,即IQ1
    GetResultAll(NUM_SITES,results);//获取测量结果,并存在results数组中
    LogResultAll(IQ1,NUM_SITES,0,results);//将results数组中的值输出给IQ1
    FPVI_SetOutVal(Vin,30 V);   //Vin通过FPVI0加30V电压
    DelaymS(5); //延时5ms,待VI源电压送到端子及芯片状态稳定,此时间可根据实际
情况调整
    FPVI_MeasureI(Vin); //测量 Vin的电流,即IQ2
    GetResultAll(NUM_SITES,results);//获取测量结果,并存在results数组中
    LogResultAll(IQ2,NUM_SITES,0,results);//将results数组中的值输出给IQ2
    FPVI_SetOutVal(Vin,0 V); //Vin通过FPVI0加0V电压
    DelaymS(1); //延时1ms,待VI源置0,此时间可根据实际情况调整
```

(2)线性调整率LNR的测试。LDO线性调整率LNR的测试条件及参数见表5-8。

表5-8 LDO线性调整率LNR测试条件及参数表

参数名称	测试条件	测试管脚	最小值	最大值	单位名称
V_{o1}	V_{in1}=3.0V,I_{out}=10mA	V_{out}	1.228	1.272	V
V_{o2}	V_{in2}=30.0V,I_{out}=10mA	V_{out}	1.228	1.272	V
LNR_1	$(V_{o1}-V_{o2})/(V_{in2}-V_{in1})\times100$	/	0	0.29	%

①测试说明。该参数测试器件在不同输入电压下的输出变化率,输入电压变化对输出电压影响越小,LDO的性能越好。由表5-8可知,需按照测试条件对输入端施加对应的电压,输出端送入对应电流,并测量输出端电压,LNR、LDR、V_{drop}测量等效电路如图5-38所示。

继电器状态设置:继电器K_1、K_2常开触点闭合,使输入输出端分别接上电容,即继电器K_1、K_2动作,继电器K_3不动作。

②测试方式。$FPVI0$连接器件V_{in}端,设置为FVMI模式,V=3V和30V(V_{rang}=50V),I_{range}=100mA。$FPVI1$连接器件V_{out}端,设置为FIMV(Force I Measure V 施加电流测电压)模式,I=10mA(I_{range}=100mA),V_{range}=2.0V,测试V_{out}端电压。线性调整率最终按照表5-8所列公式进行计算得到。

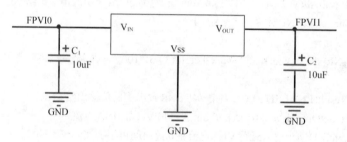

图5-38 LNR、LDR、V_{drop}测量等效电路

③程序样例:

```
char *Vo1 = "Vo1";
char *Vo2 = "Vo2";
char *LNR1= "LNR1";
double Vout1[NUM_SITES],Vout2[NUM_SITES],LNR[NUM_SITES]; //建立3个数
组变量,用于存储数据
CBIT_RelayOn(1,2,-1); //闭合K1,K2用户继电器
FPVI_SetMode(Vin,pFV,pFPVI_50V,pFPVI_100mA);
//FPVI设置电压模式 Vrang=50V,Irang=100mA,Iclamp=100mA
```

```
FPVI_SetMode(Vout,pFI,pFPVI_2V,pFPVI_100mA);
//FPVI设置电流模式 Irang=100mA,Vrang=2V,Vclamp=2V
DelaymS(3); //CBIT动作和V/I源设置完成后,延时3ms使系统内部处于稳定状态
FPVI_SetOutVal(Vin,3.0V);//Vin通过FPVI0加3V电压
DelaymS(1); //延时1ms,待VI源电压加到端子及芯片状态稳定,此时间可根据实际
情况调整
FPVI_SetOutVal(Vout,−10.0mA);//Vout通过FPVI1加−10mA电流
DelaymS(3); //延时3ms,待VI源电流加到端子及芯片状态稳定,此时间可根据实际
情况调整
FPVI_MeasureV(Vout); //测量Vout的电压,即Vout1
GetResultAll(NUM_SITES,Vout1);//获取测量结果,并存在Vout1数组中
LogResultAll(Vo1,NUM_SITES,0,Vout1); //将Vout1数组中的值输出给Vo1
FPVI_SetOutVal(Vin,30.0 V);//Vin通过FPVI0加30V电压
DelaymS(5); //延时5ms,待VI源电压加到端子及芯片状态稳定,此时间可根据实际
情况调整.
FPVI_MeasureV(Vout); //测量Vout的电压,即Vout2
GetResultAll(NUM_SITES,Vout2);//获取测量结果,并存在Vout2数组中
LogResultAll(Vo2,NUM_SITES,0,Vout2);//将Vout2数组中的值输出给Vo2
for(site=0;site<NUM_SITES;site++)
{
    LNR[site]=(Vout1[site]−Vout2[site])/(30-3)*100;//电源调整率计算
}
LogResult(LNR1,SITE1,0,LNR); //将LNR数组中的值输出给LNR1
FPVI_SetOutVal(Vout,0 mA); //Vout通过FPVI1加0mA电流
DelaymS(1); //延时1ms,待VI源电流置0,此时间可根据实际情况调整
FPVI_SetOutVal(Vin,0 V); //Vin通过FPVI0加0V电压
DelaymS(2); //延时2ms,待VI源电压置0,此时间可根据实际情况调整
```

（3）负载调整率LDR。LDO负载调整率LDR的测试条件及参数见表5-9。

表5-9 LDO负载调整率LDR测试条件及参数表

参数名称	测试条件	测试管脚	最小值	最大值	单位名称
V_{o3}	$V_{in1}=5.0V$，$I_{out}=10mA$	V_{out}	1.228	1.272	V
V_{o4}	$V_{in2}=5.0V$，$I_{out}=0.5A$	V_{out}	1.228	1.272	V
LDR_1	$(V_{o3}-V_{o4})$	/	0	11	mV

①测试说明。该参数测试器件在不同输出负载下的输出变化率,LDO的负载调整率越小,说明LDO抑制负载干扰的能力越强。由表5-9可知,负载调

整率测试与线性调整率测试一样,都是按照测试条件对输入端施加对应的电压,输出端送入对应电流,并测量输出端电压,仅测试条件数值上有差异,因此负载调整率的测量等效电路与图5-38所示完全一样。

继电器状态设置:继电器K_1、K_2常开触点闭合,使输入输出端分别接上电容,即继电器K_1、K_2动作,继电器K_3不动作。

②测试方式。$FPVI0$连接器件V_{in}端,设置为FVMI模式,V=5.0V(V_{rang}=10V),I_{rang}=1A。$FPVI1$连接器件V_{out}端,设置为FIMV模式,I=10mA和500mA(I_{rang}=1 000mA),V_{rang}=2.0V,测试V_{out}端电压。负载调整率最终按照表5-9所列公式进行计算得到。

③程序样例:

```
char *Vout3 = "Vout3";
char *Vout4 = "Vout4";
char *LDR1= "LDR1";
double Vout3[NUM_SITES],Vout4[NUM_SITES]; //建立2个数组变量,用于存储
数据
CBIT_RelayOn(1,2,-1);//闭合1,2号用户继电器
FPVI_SetMode(Vin,pFV,pFPVI_10V,pFPVI_1A);
//FPVI设置电压模式 Vrang=10V,Irang=1A,Iclamp=1A
FPVI_SetMode(Vout,pFI,pFPVI_2V,pFPVI_1A);
//FPVI设置电流模式 Irang=1A,Vrang=2V, Vclamp=2V
DelaymS(3); //CBIT动作和V/I源设置完成后,延时3ms使系统内部处于稳定状态
FPVI_SetOutVal(Vin,5.0 V); //Vin通过FPVI0加5V电压
DelaymS(1);//延时1ms,待VI源电压加出来及芯片状态稳定,此时间可根据实际情
况调整
FPVI_SetOutVal(Vout,-10.0 mA); //Vout通过FPVI1加-10mA电流
DelaymS(5);//延时5ms,待VI源电流加出来及芯片状态稳定,此时间可根据实际情
况调整
FPVI_MeasureV(Vout); //测量Vout的电压,即Vout3
GetResultAll(NUM_SITES,Vout3);//获取测量结果,并存在Vout3数组中
LogResultAll(Vo3,NUM_SITES,0,Vout3); //将Vout3数组中的值输出给Vo3
FPVI_SetOutVal(Vout,-500 mA); //Vout通过FPVI1加-500mA电流
DelaymS(5);//延时5ms,待VI源电流加出来及芯片状态稳定,此时间可根据实际情
况调整
FPVI_MeasureV(Vout); //测量Vout的电压,即Vout4
GetResultAll(NUM_SITES,Vout4);//获取测量结果,并存在Vout4数组中
```

```
LogResultAll(Vo4,NUM_SITES,0,Vout4); //将Vout4数组中的值输出给Vo4
for(site=0;site<NUM_SITES;site++)
{
LDR[site]=(Vout3[site]-Vout4[site])*1000;//负载调整率计算,单位由V转换成mV
}
LogResult(LDR1,SITE1,0,LDR); //将LDR数组中的值输出给LDR1
FPVI_SetOutVal(Vout,0 mA); //Vout通过FPVI1加0mA电流
DelaymS(1); //延时1ms,待VI源电流置0,此时间可根据实际情况调整
FPVI_SetOutVal(Vin,0 V); //Vin通过FPVI0加0V电压
DelaymS(2); //延时2ms,待VI源电压置0,此时间可根据实际情况调整
```

（4）漏失电压 V_{drop}。LDO漏失电压 V_{drop} 的测试条件及参数见表5-10。

表5-10　LDO漏失电压 V_{drop} 测试条件及参数表

参数名称	测试条件	测试管脚	最小值	最大值	单位名称
V_{o5}	$V_{in5}=(1.25+1.38)\text{V}, I_{out}=800\text{mA}$	V_{out}	1.228	1.272	V
V_{drop}	$V_{in5}-V_{o5}$	/	0	1.39	V

①测试说明。该参数测试器件在特定条件下测量输入输出之间的压差，在保证输出电压稳定的条件下，该电压压差越低，线性稳压器的性能就越好。由表5-10可知，漏失电压的获得也只需要对输入端施加对应的电压，输出端送入对应电流，并测量输出端电压，再根据公式进行计算，因此图5-38所示即为其测量等效电路。

继电器状态设置：继电器 K_1、K_2 常开触点闭合，使输入输出端分别接上电容，即继电器 K_1、K_2 动作，继电器 K_3 不动作。

②测试方式。FPVI0 连接器件 V_{in} 端，设置为 FVMI 模式，$V=5.0\text{V}$（$V_{rang}=10\text{V}$），$I_{rang}=1\text{A}$。FPVI1 连接器件 V_{out} 端，设置为 FIMV 模式，$I=800\text{mA}$（$I_{range}=1\text{A}$），$V_{range}=2.0\text{V}$，测量 V_{out} 端电压。

③程序样例：

```
char *Vo5 = "Vo5";
char *Vdrop= "Vdrop";
double Vout5[NUM_SITES]; //建立1个数组变量,用于存储数据
CBIT_RelayOn(1,2,-1); //闭合1,2号用户继电器
FPVI_SetMode(Vin,pFV,pFPVI_10V,pFPVI_1A);
//FPVI设置电压模式 Vrang=10V,Irang=1A,Iclamp=1A
```

```
FPVI_SetMode(Vout,pFI,pFPVI_2V,pFPVI_1A);
//FPVI设置电流模式 Irang=1A,Vrang=2V, Vclamp=2V
DelaymS(3); //CBIT 动作和V/I源设置完成后,延时3ms使系统内部处于稳定状态
FPVI_SetOutVal(Vin,2.63 V); //Vin通过FPVI0加2.63V电压
DelaymS(2);//延时2ms,待VI源电压加出来及芯片状态稳定,此时间可根据实际情
况调整
FPVI_SetOutVal(Vout,-800 mA); //Vout通过FPVI1加-800mA电流
DelaymS(5);//延时5ms,待VI源电流加出来及芯片状态稳定,此时间可根据实际情
况调整
FPVI_MeasureV(Vout); //测量Vout的电压
GetResultAll(NUM_SITES,Vout5);//获取测量结果,并存在Vout5数组中
LogResultAll(Vo5,NUM_SITES,0,Vout5); //将Vout5数组中的值输出给Vo5
for(site=0;site<NUM_SITES;site++)
{
    results[site]=2.63-Vout5[site];//漏失电压计算
}
LogResult(Vdrop,SITE1,0,results); //将results数组中的值输出给Vdrop
FPVI_SetOutVal(Vout,0 mA); //Vout通过FPVI1加0mA电流
DelaymS(1); //延时1ms,待VI源电流置0,此时间可根据实际情况调整
FPVI_SetOutVal(Vin,0 V); //Vin通过FPVI0加0V电压
DelaymS(2); //延时2ms,待VI源电压置0,此时间可根据实际情况调整
```

（5）接地电流 I_{adj}。LDO接地电流 I_{adj} 的测试条件及参数见表5-11。

表5-11　LDO接地电流 I_{adj} 测试条件及参数表

参数名称	测试条件	测试管脚	最小值	最大值	单位名称
I_{adj}	$V_{in}=3.5V,I_{out}=0mA$	V_{ss}	20	60	μA

①测试说明。接地电路 I_{adj} 是指串联调整管输出电流为零时,输入电源提供的稳压器工作电流。该电流有时也称为静态电流。由表5-11可知,需按照测试条件对输入端施加对应的电压,输出端送入对应电流后,测量电源端 V_{ss} 的工作电流,其测量等效电路如图5-39所示。

继电器状态设置:继电器 K_1、K_2、K_3 常开触点闭合,使输入输出端分别接上电容,V_{ss} 接到 $FOVI0$ 上,即继电器 K_1、K_2、K_3 动作。

②测试方式。$FPVI0$ 连接器件 V_{in} 端,设置为 FVMI 模式,$V=3.5V$（$V_{rang}=10V$）,$I_{rang}=1A$。$FPVI1$ 连接器件 V_{out} 端,设置为 FIMV 模式,$I=0mA$（$I_{rang}=10mA$）,$V_{rang}=2.0V$。$FOVI0$ 连接器件 V_{ss} 端,设置为 FVMI 模式,$V=0V$（$V_{rang}=1.0V$）,$I_{range}=$

1.0mA，测量 V_{ss} 端电流。

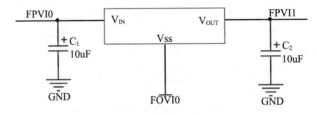

图 5-39 I_{adj} 测量等效电路

③程序样例：

```
char *Iadj = "Iadj";
CBIT_RelayOn(1,2,3,-1); //闭合1,2,3号用户继电器
FPVI_SetMode(Vin,pFV,pFPVI_10V,pFPVI_1A);
//FPVI设置电压模式 Vrang=10V,Irang=1A,Iclamp=1A
FPVI_SetMode(Vout,pFI,pFPVI_2V,pFPVI_10mA);
//FPVI设置电流模式 Irang=10mA,Vrang=2V, Vclamp=2V
FOVI_SetMode(Vss,pFV,pFOVI_1V,pFOVI_1mA);
//FOVI设置电压模式 Vrang=1V,Irang=1mA,Iclamp=1mA
DelaymS(3); //CBIT动作和V/I源设置完成后,延时3ms使系统内部处于稳定状态
FOVI_SetOutVal(Vss,0.0 V); //Vss通过FOVI0加0V电压
FPVI_SetOutVal(Vin,3.5 V); //Vin通过FPVI0加3.5V电压
DelaymS(1);//延时1ms,待VI源电压加出来及芯片状态稳定,此时间可根据实际情
况调整
FPVI_SetOutVal(Vout,0 mA); //Vout通过FPVI1加0mA电流
DelaymS(5);//延时5ms,待VI源电流加出来及芯片状态稳定,此时间可根据实际情
况调整
FOVI_MeasureI(Vss); //测量Vss脚电流
GetResultAll(NUM_SITES,results);//获取测量结果,并存在results数组中
for(site=0;site<NUM_SITES;site++)
{
    results[site]=results[site]*1000;//mA转换成μA
}
LogResult(Iadj ,SITE1,0,results);  //将results数组中的值输出给Iadj
FPVI_SetOutVal(Vout,0 mA); //Vout通过FPVI1加0mA电流
DelaymS(1); //延时1ms,待VI源电流置0,此时间可根据实际情况调整
FPVI_SetOutVal(Vin,0 V); //Vin通过FPVI0加0V电压
DelaymS(2); //延时2ms,待VI源电压置0,此时间可根据实际情况调整
```

5.2.3　MOS管测试

1.MOS 简介

MOS即MOSFET的简写,全称为金属氧化物场效应晶体管,它是利用输入回路的电场效应来控制输出回路电流的一种半导体器件。MOS管管脚图如图5-40所示,管脚功能见表5-12。

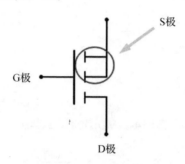

图5-40　MOS管脚图

表5-12　MOS管管脚功能简介

管脚号	管脚名称	功能
1	$GATE(G)$	MOS管栅极
2	$DRAIN(D)$	MOS管漏极
3	$SOURCE(S)$	MOS管源极

2.MOS管典型参数测试说明

MOS管的典型参数主要包括正常开启电压、源漏极的耐压、栅极与源极之间的漏电流、漏极与源极之间的漏电流、导通时源漏极电阻、寄生二极管的正向导通电压等。基于常用MOS管的典型参数测试,设计基于CTA8280F平台的MOS管测试原理图如图5-41所示。下面以SVD1N60为例,依次介绍MOS管典型参数的测试原理及方法。

(1)V_{GSTH}。

①定义:MOS管正常开启电压。

②测试条件:$V_{GS}=V_{DS}$,$I_D=250\mu A$。

③测试方法:将MOS管的G端和D端短接,$I_D=250\mu A$,测量DS端电压。V_{GSTH}测量等效电路如图5-42所示。

257

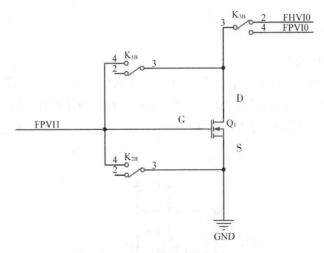

图5-41 MOS管测试原理图

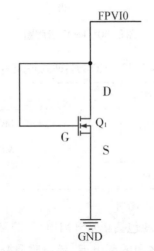

图5-42 V_{GSTH}测量等效电路

④程序样例：

```
char *VGSTH = "VGSTH";
CBIT_RelayOn(1,3,-1);        //闭合1,3号继电器
FPVI_SetMode(D,pFI,pFPVI_10V,pFHVI_1mA);
//FPVI设置电流模式Irang=1mA, Vrang=10V
DelaymS(3); //CBIT动作和V/I源设置完成后,延时3ms使系统内部处于稳定状态
FPVI_SetOutVal(D,250μA);   //D通过FPVI0加250μA电流
DelaymS(5); //延时5ms,待VI源电流加出来及芯片状态稳定,此时间可根据实际情
```

况调整

    FPVI_MeasureV(D);//测量D的电压,即VGSTH

    GetResultAll(NUM_SITES,results);//获取测量结果,并存在results数组中

    LogResultAll(VGSTH,NUM_SITES,0,results);//将results数组中的值输出给VGSTH

    FPVI_SetOutVal(D,0 μA);   //D通过FPVI0加0μA电流

    DelaymS(2);//延时2ms,待VI源电流置0,此时间可根据实际情况调整

（2）BVDSS。

①定义：MOS管源漏极的耐压。

②测试条件：V_{GS}=0V, I_D=250μA。

③测试方法：将MOS管的G端和S端短接，I_D=250μA，测量DS端电压。
BVDSS测量等效电路如图5-43所示。

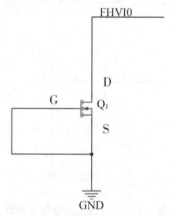

图5-43   BVDSS测量等效电路

④程序样例：

```
char  *BVDSS = "BVDSS";
CBIT_RelayOn(2,-1);        //闭合2号继电器
FHVI_SetMode(D,pFI,pFHVI_1000V,pFHVI_1mA);
//FHVI设置电流模式 Irang=1mA, Vrang=1000V
DelaymS(3); //CBIT动作和V/I源设置完成后,延时3ms使系统内部处于稳定状态
FHVI_SetOutVal(D,250 μA);  //D通过FHVI0加250μA电流
DelaymS(5); //延时5ms,待VI源电流加出来及芯片状态稳定,此时间可根据实际情
况调整
FHVI_MeasureV(D);//测量D的电压,即BVDSS
```

```
GetResultAll(NUM_SITES,results);//获取测量结果,并存在results数组中
LogResultAll(BVDSS,NUM_SITES,0,results);//将results数组中的值输出给BVDSS
FHVI_SetOutVal(D,0 μA);   //D通过FHVI0加0μA电流
DelaymS(2); //延时2ms,待VI源电流置0,此时间可根据实际情况调整
```

（3）I_{GSS}/I_{SGS}。

①定义:栅极与源极之间的漏电流。

②测试条件:V_{GS}=±40V 标准值,V_{DS}=0V。

③测试方法:将MOS管的S端和D端加0V电压,G端加±40V电压,测量G端流入的电流。I_{GSS}/I_{SGS}测量等效电路如图5-44所示。

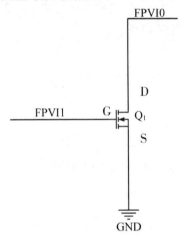

图5-44　I_{GSS} / I_{SGS}测量等效电路

④程序样例:

```
char *IGSS ="IGSS";
char *ISGS ="ISGS";
CBIT_RelayOn(3,-1);       //闭合3号继电器
FPVI_SetMode(D,pFV,pFPVI_1V,pFPVI_100mA);
//FPVI设置电压模式 Vrang=1V,Irang=100mA
FPVI_SetMode(G,pFV,pFPVI_50V,pFPVI_100μA);
//FPVI设置电压模式 Vrang=50V,Irang=100μA
DelaymS(3); //CBIT动作和V/I源设置完成后,延时3ms使系统内部处于稳定状态
FPVI_SetOutVal(D,0 V);   //D通过FPVI0加0V电压
DelaymS(1);
```

```
FPVI_SetOutVal(G,40 V);　//G通过FPVI1加+40V电压
DelaymS(10);
FPVI_MeasureI(G);//测量G的电流,即IGSS
GetResultAll(NUM_SITES,results);//获取测量结果,并存在results数组中
for(site=0;site<NUM_SITES;site++)
{
results[site]= results[site]*1e3;//mA to μA
}
LogResultAll(IGSS,NUM_SITES,0,results);//将results数组中的值输出给IGSS
FPVI_SetOutValSlow(G,40 V, -40 V, 3 mS);　//G通过FPVI1加-40V电压
DelaymS(10);
FPVI_MeasureI(G);//测量G的电流,即ISGS
GetResultAll(NUM_SITES,results);//获取测量结果,并存在results数组中
for(site=0;site<NUM_SITES;site++)
{
results[site]= results[site]*1e3;//mA to μA
}
LogResultAll(ISGS,NUM_SITES,0,results);//将results数组中的值输出给ISGS
FPVI_SetOutVal(G,0 V);　//G通过FPVI1加0V电压
DelaymS(3); //延时3ms,待VI源电压置0,此时间可根据实际情况调整
```

$(4)I_{DSS}$。

①定义:漏极与源极之间的漏电流。

②测试条件:V_{DS}=600V标准值,V_{GS}=0V。

③测试方法:将MOS管的G端和S端短接,DS端加600V,测试D端流入的电流,测量等效电路同图5-43所示的BVDSS测量等效电路。

④程序样例:

```
char *IDSS = " IDSS ";
CBIT_RelayOn(2,-1);　　//闭合2号继电器
FHVI_SetMode(D,pFV,pFHVI_1000V,pFHVI_10μA);
//FHVI设置电压模式Vrang=1000V,Irang=10μA
DelaymS(3); //CBIT动作和V/I源设置完成后,延时3ms使系统内部处于稳定状态
FHVI_SetOutVal(D,200 V);　//D通过FHVI0加200V电压
DelaymS(2);
FHVI_SetOutVal(D,400 V);　//D通过FHVI0加400V电压
```

```
DelaymS(2);
FHVI_SetOutVal(D,600 V);   //D通过FHVI0加600V电压
DelaymS(10);
FHVI_MeasureI(D);//测量D的电流,即IDSS
GetResultAll(NUM_SITES,results);//获取测量结果,并存在results数组中
for(site=0;site<NUM_SITES;site++)
{
results[site]= results[site]*1e6;//mA to nA
}
LogResultAll(BVSS,NUM_SITES,0,results);//将results数组中的值输出给IDSS
FHVI_SetOutVal(D,400 V);   //D通过FHVI0加400V电压
DelaymS(1);
FHVI_SetOutVal(D,200 V);   //D通过FHVI0加200V电压
DelaymS(1);
FHVI_SetOutVal(D,0 V);   //D通过FHVI0加0V电压
DelaymS(2);
```

(5)R_{DSON}。

①定义:MOS管导通时源漏极电阻。

②测试条件:V_{GS}=10V,I_D=I标准值。

③测试方法:给MOS管加上10V的GS电压,然后在D端输入0.5A电流,测试DS端电压,R_{DSON}=V_{DS}/I标准值,测量等效电路同图5-44所示的I_{GSS}/I_{SGS}测量等效电路。

④程序样例:

```
char *RDSON ="RDSON";
FPVI_SetMode(D,pFI,pFPVI_10V,pFPVI_1A);
//FPVI设置电流模式Irang=1A, Vrang=10V,
FPVI_SetMode(G,pFV,pFPVI_50V,pFPVI_100mA);
//FPVI设置电压模式Vrang=50V,Irang=100mA
DelaymS(3); //CBIT动作和V/I源设置完成后,延时3ms使系统内部处于稳定状态
FPVI_SetOutVal(G,10 V);   //G通过FPVI1加10V电压
DelaymS(2);
FPVI_SetOutVal(D,500 mA);   //G通过FPVI0加500mA电流
DelaymS(10);
FPVI_MeasureV(D);//测量D的电压
```

```
GetResultAll(NUM_SITES,results);//获取测量结果,并存在results数组中
for(site=0;site<NUM_SITES;site++)
{
results[site]= results[site]/0.5;//R=V/I
}
LogResultAll(RDSON,NUM_SITES,0,results);//将results数组中的值输出给RDSON
FPVI_SetOutVal(D,0 mA);   //G通过FPVI0加0mA电流
DelaymS(1);
FPVI_SetOutVal(G,0 V);   //G通过FPVI1加0V电压
DelaymS(2);
```

（6）V_{FSD}。

①定义:MOS管寄生二极管的正向导通电压,寄生二极管的接法如图5-45所示。其判断规则是:N沟道器件,寄生二极管由S极指向D极;P沟道器件,寄生二极管由D极指向S极。

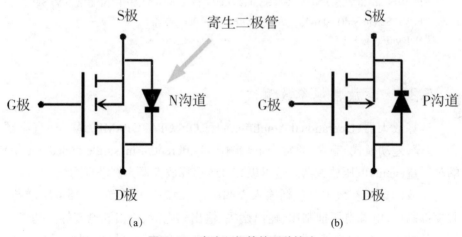

图5-45　寄生二极管的两种接法

②测试条件:I_{SD}=20mA标准值。

③测试方法:NMOS在MOS管的D端拉20mA标准值的电流,测量V_{DS},然后取绝对值,测量等效电路同图5-44所示电路。PMOS在MOS管的D端输20mA标准值的电流,测量V_{DS}。

④程序样例:

```
char * VFSD =" VFSD ";
FPVI_SetMode(D,pFI,pFPVI_10V,pFPVI_100mA);
//FHVI设置电流模式 Irang=100mA, Vrang=10V
FPVI_SetMode(G,pFV,pFPVI_1V,pFPVI_100mA);
//FPVI设置电压模式 Vrang=1V,Irang=100mA
DelaymS(3); //CBIT动作和V/I源设置完成后,延时3ms使系统内部处于稳定状态
FPVI_SetOutVal(G,0 V);   //G通过FPVI1加0V电压
DelaymS(2);
FPVI_SetOutVal(D,-20 mA);   //G通过FPVI0加-20mA电流
DelaymS(10);
FPVI_MeasureV(D);//测量D的电压
GetResultAll(NUM_SITES,results);//获取测量结果,并存在results数组中
for(site=0;site<NUM_SITES;site++)
{
results[site]= -results[site];//电压取反
}
LogResultAll(VFSD,NUM_SITES,0,results);//将results数组中的值输出给VFSD
FPVI_SetOutVal(D,0 mA);   //G通过FPVI0加0mA电流
DelaymS(1);
```

5.2.4　运放常规参数测试

运算放大器(Operational Amplifier,简称OP、OPA、OPAMP)是一种直流耦合、差模(差动模式)输入、通常为单端输出(Differential-in, single-ended output)的高增益(gain)电压放大器。这里以LF356运算放大器为例进行测试。

运放的典型参数主要包括输入失调电压、静态工作电流、开环电压增益、共模抑制比、电源电压抑制比、输出摆幅、输出陷电流、输出源电流等。基于通用运放的典型参数测试,设计基于CTA8280F平台的测试原理图如图5-46所示。下面依次介绍运放典型参数的测试原理及方法:

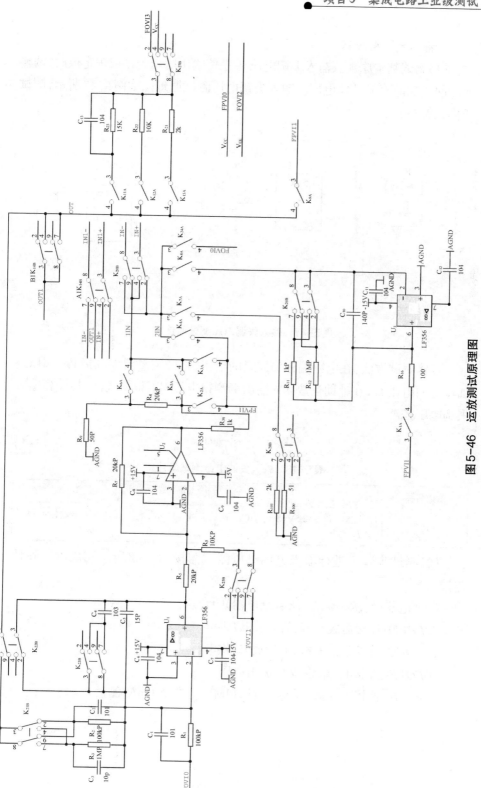

图 5-46 运放测试原理图

265

1. 输入失调电压 V_{io}

(1)测试基本原理。输入失调电压 V_{io} 是使输出电压为零或规定值时,两输入端间所加的直流补偿电压。输入失调电压测试原理图如图5-47所示,测试条件见表5-13。

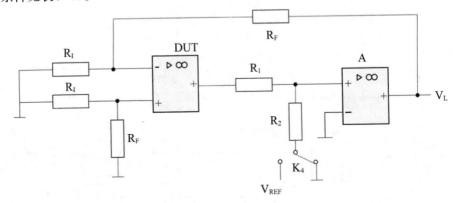

图5-47 输入失调电压测试原理图

具体测试方法:在电源端施加规定的电压,将开关 K_4 置地或接 V_{REF} 端以施加规定的电压 V_o,在辅助运放 A 的输出端测得电压 V_{L0},根据式(5-1)计算输入失调电压 V_{io}。

$$V_{io} = \frac{R_I}{R_I + R_F} \cdot V_{L0} \tag{5-1}$$

表5-13 输入失调电压测试条件

参数名称	测试条件
V_{io}	V_{CC}=2.5V,V_{EE}=−2.5V,Set V_O=0V,测 V_L,则 V_{io}=V_L/Av,Av 为开环放大倍数,Av=(R_8+R_9)/R_9

(2)测试步骤。进行输入失调电压测试需按图5-48所示完成以下硬件连接:

①继电器:K_2,K_6,K_7,K_{14},K_{22}(继电器)闭合。

②$FPVI0$:连接运放 V_+ 端,为运放 V_{CC} 供电。

③$FOVI2$:连接运放 V_- 端,为运放 V_{EE} 供电。

④$FOVI0$:连接 V_o 端,设置 V_o 输出电压。

⑤$FPVI1$:连接辅助运放的输出端,FIMV 模式,I=0mA,测量 V_L。

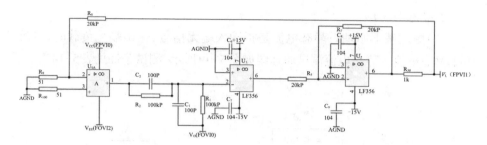

图 5-48　输入失调电压测量等效电路

输入失调电压测试程序样例:

```
char *Vio = "Vio";
CBIT_RelayOn(2,6,7,14,22,-1);//闭合 K2,K6,K7,K14,K22 用户继电器
FPVI_SetMode(VCC,pFV,pFPVI_10V,pFPVI_100mA);
//设置 FPVI 的 VCC 通道为电压源模式,电压档位 10V,电流档位 100mA
FOVI_SetMode(VEE,pFV,pFOVI_10V,pFOVI_100mA);
//设置 FOVI 的 VEE 通道为电压源模式,电压档位 10V,电流档位 100mA
FOVI_SetMode(VO,pFV,pFOVI_10V,pFOVI_10mA);
//设置 FOVI 的 VO 通道为电压源模式,电压档位 10V,电流档位 10mA
FPVI_SetMode(VL,pFI,pFPVI_10V,pFPVI_100μA);
//设置 FPVI 的 VL 通道为电流源模式,电压档位 10V,电流档位 100μA
DelaymS(3);//延时 3ms,待继电器闭合和 VI 源模式设置完成
FPVI_SetOutVal(VCC,2.5 V);//VCC 加 2.5V 电压
FOVI_SetOutVal(VEE,-2.5 V);//VEE 加-2.5V 电压
FOVI_SetOutVal(VO,0 V); //VO 加 0V 电压
FPVI_SetOutVal(VL,0 μA); //VL 加 0μA 电流
DelaymS(5);    //延时 5ms,待 VI 源电压加出来及芯片状态稳定,此时间可根据实际
情况调整
FPVI_MeasureV(VL); //测量 VL 电压
GetResultAll(NUM_SITES,results);//获取测量结果,并存在 results 数组中
for(site=0;site<NUM_SITES;site++)
{
results[site]=results[site]*(50/(20000+50))*1000; //计算输入失调电压
}
LogResultALL(Vio, NUM_SITES,0,results);  //将 results 数组中的值输出给 Vio
FPVI_SetOutVal(VCC,0 V); //VCC 加 0V 电压
FOVI_SetOutVal(VEE,0 V);//VEE 加 0V 电压
DelaymS(2); //延时 2ms,待 VI 源电压置 0,此时间可根据实际情况调整
```

2.静态电流I_{CC}

(1)测试基本原理。静态电流是指输入端无信号,输出端无负载时,电源端的静态电流。静态电流测试原理图如图5-49所示,测试条件见表5-14。

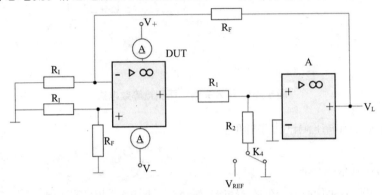

图5-49 静态电流测试原理图

具体测试方法:在电源端施加规定的电压,将开关K_4置低或接V_{REF}端以施加规定的电压V_0,在电源端V_+即可测得对应的I_+。

表5-14 静态电流测试条件

参数名称	测试条件
I_{CC}	V_{CC}=2.5V, V_{EE}=-2.5V,测量V_{CC}电流

(2)测试步骤。进行静态电流测试需按照图5-50所示完成以下硬件连接:

①继电器:K_{10}闭合。

②$FPVI0$:连接运放V_{CC}端,$PVMI$模式,测量V_{CC}电流。

③$FOVI2$:连接运放V_{EE}端,为运放V_{EE}供电。

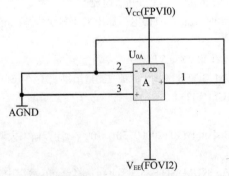

图5-50 静态电流测量等效电路

静态电流测试程序样例:

```
char *ICC = "ICC";
CBIT_RelayOn(10,-1); //闭合 K10 用户继电器
FPVI_SetMode(VCC,pFV,pFPVI_10V,pFPVI_1mA);
//设置 FPVI 的 VCC 通道为电压源模式,电压档位 10V,电流档位 1mA
FOVI_SetMode(VEE,pFV,pFOVI_10V,pFOVI_100mA);
//设置 FOVI 的 VEE 通道为电压源模式,电压档位 10V,电流档位 100mA
DelaymS(3); //延时 3ms,待继电器闭合和 VI 源模式设置完成
FPVI_SetOutVal(VCC,2.5 V); //VCC 加 2.5V 电压
FOVI_SetOutVal(VEE,-2.5 V);//VEE 加-2.5V 电压
DelaymS(5);    //延时 5ms,待 VI 源电压加出来及芯片状态稳定,此时间可根据实际
情况调整
FPVI_MeasureI(VCC); //测量 VCC 电流
GetResultAll(NUM_SITES,results);//获取测量结果,并存在 results 数组中
for(site=0;site<NUM_SITES;site++)
{
results[site]=results[site]*1000;  //mA 转化为成 μA
}
LogResultALL(ICC, NUM_SITES,0,results);  //将 results 数组中的值输出给 ICC
FPVI_SetOutVal(VCC,0 V); //VCC 加 0V 电压
FOVI_SetOutVal(VEE,0 V); //VEE 加 0V 电压
DelaymS(2); //延时 2ms,待 VI 源电压置 0,此时间可根据实际情况调整
```

3. 开环电压增益 Avd

(1)测试基本原理。开环电压增益是输出电压变化与差模输入电压变化之比。开环电压增益测试原理图如图 5-51 所示,测试条件见表 5-15。

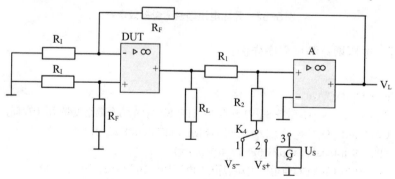

图 5-51　开环电压增益测试原理图

具体测试方法:在电源端施加规定的电压,将开关 K_4 置 1,在辅助运放 A 的

269

输出端测得电压V_{L4},将开关K_4置1,在辅助运放A的输出端测得电压V_{L5},根据式(5-2)计算开环电压增益A_{vd}。

$$A_{vd} = \frac{V_{S+} - V_{S-}}{V_{L4} - V_{L5}} \cdot \frac{R_1 + R_F}{R_1} \tag{5-2}$$

表5-15　开环电压增益测试条件

参数名称	测试条件
Avd	V_{CC}=2.5V, V_{EE}=-2.5V, 设置V_{o4}=0V,测 V_{L4},得 V_{os4}=V_{L4}/A_v 设置V_{o5}=-1.5V,测 V_{L5},得 V_{os5}=V_{L5}/A_v 计算:A_{vd}=20lg(($V_{o5}-V_{o4}$)/($V_{os5}-V_{os4}$)),注意:A_v为开环放大倍数,A_v=(R_8+R_9)/R_9

(2)测试步骤。进行开环电压增益测试需按图5-52所示完成以下硬件连接。

①继电器:K_2,K_6,K_7,K_{14},K_{22}闭合。

②$FPVI0$:连接运放V_{CC}端,为运放V_{CC}供电。

③$FOVI2$:连接运放V_{EE}端,为运放V_{EE}供电。

④$FOVI0$:连接V_O端,设置V_O输出电压。

⑤$FPVI1$:连接辅助运放的输出端,FIMV模式,I=0mA,测量V_L。

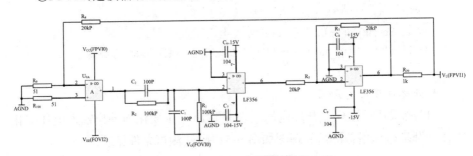

图5-52　开环电压增益测量等效电路

开环电压增益测试程序样例:

```
char *Avd = "Avd";
double VL4[NUM_SITES], VL5[NUM_SITES];//建立两个数组变量,用于存储数据
CBIT_RelayOn(2,6,7,14,22,-1); //闭合 K2,K6,K7,K14,K22用户继电器
FPVI_SetMode(VCC,pFV,pFPVI_10V,pFPVI_100mA);
//设置FPVI的VCC通道为电压源模式,电压挡位 10V,电流挡位 100mA
FOVI_SetMode(VEE,pFV,pFOVI_10V,pFOVI_100mA);
//设置FOVI的VEE通道为电压源模式,电压挡位 10V,电流挡位 100mA
FOVI_SetMode(VO,pFV,pFOVI_10V,pFOVI_10mA);
```

//设置 FOVI 的 VO 通道为电压源模式,电压挡位 10V,电流挡位 10mA

FPVI_SetMode(VL,pFI,pFPVI_10V,pFPVI_100μA);

//设置 FPVI 的 VL 通道为电流源模式,电压挡位 10V,电流挡位 100μA

DelaymS(3); //延时 3ms,待继电器闭合和 VI 源模式设置完成

FPVI_SetOutVal(VCC,2.5 V); //VCC 加 2.5V 电压

FOVI_SetOutVal(VEE,-2.5 V); //VEE 加-2.5V 电压

FOVI_SetOutVal(VO,0 V); //VO 加 0V 电压

FPVI_SetOutVal(VL,0 μA); //VL 加 0μA 电流

DelaymS(5); //延时 5ms,待 VI 源电压加出来及芯片状态稳定,此时间可根据实际情况调整

//VL4

FPVI_MeasureV(VL); //测量 VL 电压

GetResultAll(NUM_SITES,VL4);//获取测量结果,并存在 VL4 数组中

FOVI_SetOutVal(VO,-1.5V); //VO 加-1.5V 电压

DelaymS(5); //延时 5ms,待 VI 源电压加出来及芯片状态稳定,此时间可根据实际情况调整

//VL5

FPVI_MeasureV(VL); //测量 VL 电压

GetResultAll(NUM_SITES,VL5);//获取测量结果,并存在 VL5 数组中

for(site=0;site<NUM_SITES;site++)

{

results[site]= 20lg((1.5-0)/(|VL5-VL4|)*401);//计算 AVD

}

LogResultALL(Avd, NUM_SITES,0,results); //将 results 数组中的值输出给 Avd

FOVI_SetOutVal(VO,0 V); //VO 加 0V 电压

DelaymS(1); //延时 1ms,待 VI 源电压置 0,此时间可根据实际情况调整

FPVI_SetOutVal(VCC,0 V); //VCC 加 0V 电压

FOVI_SetOutVal(VEE,0 V); //VEE 加 0V 电压

DelaymS(2); //延时 2ms,待 VI 源电压置 0,此时间可根据实际情况调整

4. 共模抑制比 CMRR

(1)测试基本原理。共模抑制比 CMRR 是差模电压增益和共模电压增益之比。共模抑制比测试原理图如图 5-53 所示,测试条件见表 5-16。

271

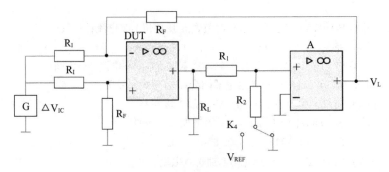

图5-53　共模抑制比测试原理图

共模抑制比测试方法有共模输入法和变电源法两种方法,分别说明如下。

①共模输入法:在电源端施加规定的电压,在输入端施加规定的直流共模输入信号电压V_{ic+},在辅助运放A的输出端测得电压V_{L6},在输入端施加规定的直流共模输入信号电压V_{ic-},在辅助运放A的输出端测得电压V_{L7},根据式(5-3)计算共模抑制比$CMRR$。

$$CMRR = \frac{V_{ic+} - V_{ic-}}{V_{L6} - V_{L7}} \cdot \frac{R_I + R_F}{R_I} \tag{5-3}$$

②变电源法:在电源端施加规定的电压$V_+ + \Delta V_{ic}$和$V + \Delta V_{ic}$,开关K_4置低或V_{ref}施加规定的电压V_o,在辅助运放A的输出端测得电压V_L,根据式(5-4)计算共模抑制比$CMRR$。

$$CMRR = \frac{\Delta V_{ic}}{V_o} \cdot \frac{R_I + R_F}{R_I} \tag{5-4}$$

表5-16　共模抑制比测试条件

参数名称	测试条件
$CMRR$	$V_{CC}=(2.5-1)$V,$V_-=(-2.5-1)$V,设置$V_{o6}=-(0-1)$V,测量V_{L6},得$V_{os6}=V_{L6}/A_v$ $V_{EE}=(2.5-0.5)$V,$V_-=(-2.5-0.5)$V,设置$V_{o7}=-(0-0.5)$V,测量V_{L7},得$V_{os7}=V_{L7}/A_v$ 计算:$CMRR=20\lg((V_{o7}-V_{o6})/(V_{os7}-V_{os6}))$　注意:A_v为开环放大倍数,$A_v=(R_8+R_9)/R_9$

(2)测试步骤。进行共模抑制比测试需按图5-54所示完成以下硬件连接。

①继电器:$K_2,K_6,K_7,K_{14},K_{22}$闭合。

②$FPVI0$:连接运放V_{CC}端,为运放V_{CC}供电。

③$FOVI2$:连接运放V_{EE}端,为运放V_{EE}供电。

④$FOVI0$:连接V_o端,设置V_o输出电压。

⑤$FPVI1$:连接辅助运放的输出端,FIMV模式,$I=0$mA,测量V_L。

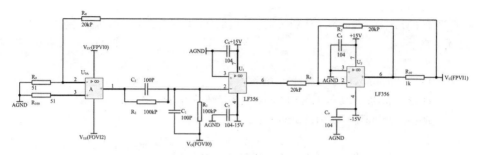

图5-54 共模抑制比测量等效电路

共模抑制比测试程序样例:

```
char *CMRR = "CMRR";
double VL6[NUM_SITES], VL7[NUM_SITES]; //建立两个数组变量,用于存储数据
CBIT_RelayOn(2,6,7,14,22,-1); //闭合K2,K6,K7,K14,K22用户继电器
FPVI_SetMode(VCC,pFV,pFPVI_10V,pFPVI_100mA);
//设置FPVI的VCC通道为电压源模式,电压挡位10V,电流挡位100mA
FOVI_SetMode(VEE,pFV,pFOVI_10V,pFOVI_100mA);
//设置FOVI的VEE通道为电压源模式,电压挡位10V,电流挡位100mA
FOVI_SetMode(VO,pFV,pFOVI_10V,pFOVI_10mA);
//设置FOVI的VO通道为电压源模式,电压挡位10V,电流挡位10mA
FPVI_SetMode(VL,pFI,pFPVI_10V,pFPVI_100μA);
//设置FPVI的VL通道为电流源模式,电压挡位10V,电流挡位100μA
DelaymS(3); //延时3ms,待继电器闭合和VI源模式设置完成
FPVI_SetOutVal(VCC,1.5 V); //VCC加1.5V电压
FOVI_SetOutVal(VEE,-3.5 V);//VEE加-3.5V电压
FOVI_SetOutVal(VO,1 V); //VO加1V电压
FPVI_SetOutVal(VL,0 μA); //VL加0μA电流
DelaymS(5);    //延时5ms,待VI源电压加出来及芯片状态稳定,此时间可根据实际
情况调整
//VL6
FPVI_MeasureV(VL); //测量VL电压
GetResultAll(NUM_SITES,VL6);//获取测量结果,并存在VL6数组中
FOVI_SetOutVal(VO,0.5 V); //VO加0.5V电压
DelaymS(1);    //延时1ms,待VI源电压加出来及芯片状态稳定,此时间可根据实际
情况调整
FPVI_SetOutVal(VCC,2 V); //VCC加2V电压
FOVI_SetOutVal(VEE,-3.0 V);  //VEE加-3.0V电压
```

DelaymS(5); //延时5ms,待VI源电压加出来及芯片状态稳定,此时间可根据实际情况调整

//VL7

FPVI_MeasureV(VL); //测量VL电压

GetResultAll(NUM_SITES,VL7);//获取测量结果,并存在VL7数组中

for(site=0;site<NUM_SITES;site++)

{

results[site]= 20lg((1.0-0.5)/(|VL6-VL7|)*401);//计算共模抑制比

}

LogResultAll(CMRR, NUM_SITES,0,results); //将results数组中的值输出给CMRR

FOVI_SetOutVal(VO,0 V); //VO加0V电压

DelaymS(1); //延时1ms,待VI源电压置0,此时间可根据实际情况调整

FPVI_SetOutVal(VCC,0 V); //VCC加0V电压

FOVI_SetOutVal(VEE,0 V); //VEE加0V电压

DelaymS(2); //延时2ms,待VI源电压置0,此时间可根据实际情况调整

5. 电源电压抑制比PSRR

(1)测试基本原理。电源电压抑制比是电源的单位变化所引起的输入失调电压变化率。电源电压抑制比测试原理图如图5-55所示,测试条件见表5-17。

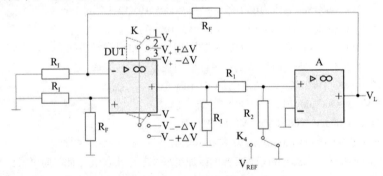

图5-55　电源电压抑制比测试原理图

具体测试方法:将开关K_4置低或V_{REF}施加规定的电压V_0,将开关K置1,在辅助运放A的输出端测得电压V_{L8},开关K置2(即正负电源电压同时变化ΔV),在辅助运放A的输出端测得电压V_{L9},根据式(5-5)计算电源电压抑制比。

$$PSRR = \frac{V_{L9} - V_{L8}}{2\Delta V} \frac{R_I}{R_I + R_F} \tag{5-5}$$

表 5-17　电源电压抑制比测试条件

参数名称	测试条件
$PSRR$	$V_{CC}=5V$, $V_{EE}=0V$, 设置 $V_{o8}=0V$, 测量 V_{L8}, 得 $V_{os8}=V_{L8}/A_v$ $V_{CC}=2V$, $V_{EE}=-2V$, 设置 $V_{o9}=0V$, 测量 V_{L9}, 得 $V_{os9}=V_{L9}/A_v$ 计算: $PSRR=20\lg(((5-0)-(2-(-2)))/(V_{os8}-V_{os9}))$　注意: A_v 为开环放大倍数, $A_v=(R_8+R_9)/R_9$

（2）测试步骤。进行电源电压抑制比测试需按照图 5-56 所示完成以下硬件连接：

①继电器：K_2, K_6, K_7, K_{14}, K_{22} 闭合。

②$FPVI0$：连接运放 $V+$ 端，为运放 V_{CC} 供电。

③$FOVI2$：连接运放 $V-$ 端，为运放 V_{EE} 供电。

④$FOVI0$：连接 V_O 端，设置 V_O 输出电压。

⑤$FPVI1$：连接辅助运放的输出端，FIMV 模式，$I=0mA$，测量 V_L。

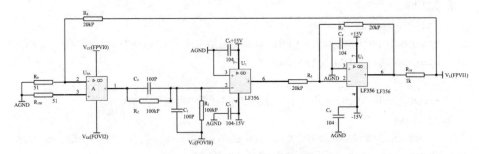

图 5-56　电源电压抑制比测量等效电路

电源电压抑制比测试程序样例：

```
char *PSRR = "PSRR";
double VL8[NUM_SITES], VL9[NUM_SITES]; //建立两个数组变量,用于存储数据
CBIT_RelayOn(2,6,7,14,22,-1); //闭合 K2,K6,K7,K14,K22 用户继电器
FPVI_SetMode(VCC,pFV,pFPVI_10V,pFPVI_100mA);
//设置 FPVI 的 VCC 通道为电压源模式,电压挡位 10V,电流挡位 100mA
FOVI_SetMode(VEE,pFV,pFOVI_10V,pFOVI_100mA);
//设置 FOVI 的 VEE 通道为电压源模式,电压挡位 10V,电流挡位 100mA
FOVI_SetMode(VO,pFV,pFOVI_10V,pFOVI_10mA);
//设置 FOVI 的 VO 通道为电压源模式,电压挡位 10V,电流挡位 10mA
FPVI_SetMode(VL,pFI,pFPVI_10V,pFPVI_100μA);
//设置 FPVI 的 VL 通道为电压源模式,电压挡位 10V,电流挡位 100μA
DelaymS(3); //延时 3ms,待继电器闭合和 VI 源模式设置完成
```

```
FPVI_SetOutVal(VCC,5 V); //VCC加5V电压
FOVI_SetOutVal(VEE,0 V); //VEE加0V电压
FOVI_SetOutVal(VO,0 V); //VO加0V电压
FPVI_SetOutVal(VL,0 μA); //VL加0 μA电流
DelaymS(5);    //延时5ms,待VI源电压加出来及芯片状态稳定,此时间可根据实际
情况调整
//VL8
FPVI_MeasureV(VL); //测量VL电压
GetResultAll(NUM_SITES,VL8);//获取测量结果,并存在VL8数组中
FPVI_SetOutVal(VCC,2 V); //VCC加2V电压
FOVI_SetOutVal(VEE,-2.0 V);//VEE加-2V电压
DelaymS(5);//延时5ms,待VI源电压加出来及芯片状态稳定,此时间可根据实际情
况调整
//VL9
FPVI_MeasureV(VL); //测量VL电压
GetResultAll(NUM_SITES,VL9);//获取测量结果,并存在VL9数组中
for(site=0;site<NUM_SITES;site++)
{
results[site]= 20lg((5-4)/(|VL8-VL9|)*401);//计算电源电压抑制比
}
LogResultALL(PSRR, NUM_SITES,0,results);  //将results数组中的值输出给PSRR
FPVI_SetOutVal(VCC,0 V); //VCC加2V电压
FOVI_SetOutVal(VEE,0 V); //VEE加2V电压
DelaymS(2); //延时2ms,待VI源电压置0,此时间可根据实际情况调整
```

6.输出摆幅 V_{OH}、V_{OL}

（1）测试基本原理。输出摆幅是器件在规定电源电压和负载下,所能输出的最大电压值。输出摆幅测试原理图如图5-57所示,测试条件见表5-18。

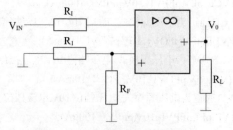

图5-57　输出摆幅测试原理图

具体测试方法:在电源端施加规定的电压,在 V_{IN} 端输入负电压,在器件输

出 V_0 端测得输出正摆幅 V_{OH}；在 V_{IN} 端输入负电压，在器件输出 V_0 端测得输出负摆幅 V_{OL}。

表5-18　输出摆幅测试条件

参数名称	测试条件
V_{OH}	V_{CC}=5V，V_{EE}=0V，IN_+=1V，IN_-=0V，输出接2k负载，测量输出电压
V_{OL}	V_{CC}=5V，V_{EE}=0V，IN_+=0V，IN_-=1V，输出接2k负载，测量输出电压

(2)测试步骤。进行输出摆幅测试需按照图5-58所示完成以下硬件连接：

①继电器：K_5，K_9，K_{12}，K_{14}，K_{24}，K_{25}闭合。

②FPVI0：连接运放 V_{CC} 端，为运放 V_{CC} 供电。

③FOVI2：连接运放 V_{EE} 端，为运放 V_{EE} 供电。

④FOVI0：连接 IN_+ 端，PV。

⑤FOVI1：连接到辅助运放的 IN_- 端，PV。

⑥FOVI3：连接到负载电阻，加0V电压。

⑦FPVI1：连接运放的输出端，FIMV模式，I=0mA，测量运放的输出电压。

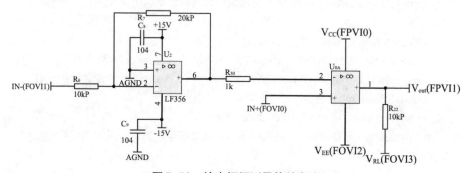

图5-58　输出摆幅测量等效电路

输出摆幅测试程序样例：

```
char *VOH = "VOH";
char *VOL = "VOL";
CBIT_RelayOn(5,9,12,14,24,25,-1); //闭合K5,K9,K12,K14,K24,K25用户继电器
FPVI_SetMode(VCC,pFV,pFPVI_10V,pFPVI_100mA);
//设置FPVI的VCC通道为电压源模式,电压挡位10V,电流挡位100mA
FOVI_SetMode(VEE,pFV,pFOVI_10V,pFOVI_100mA);
//设置FOVI的VEE通道为电压源模式,电压挡位10V,电流挡位100mA
FOVI_SetMode(IN+,pFV,pFOVI_10V,pFOVI_10mA);
```

//设置FOVI的IN+通道为电压源模式,电压挡位10V,电流挡位10mA

FOVI_SetMode(IN−,pFV,pFOVI_10V,pFOVI_10mA);

//设置FOVI的IN−通道为电压源模式,电压挡位10V,电流挡位10mA

FOVI_SetMode(VRL,pFV,pFOVI_10V,pFOVI_100mA);

//设置FOVI的VRL通道为电压源模式,电压挡位10V,电流挡位100mA

FPVI_SetMode(Vout,pFI,pFPVI_10V,pFPVI_100μA);

//设置FPVI的Vout通道为电流源模式,电压挡位10V,电流挡位100μA

DelaymS(3); //延时3ms,待继电器闭合和VI源模式设置完成

FOVI_SetOutVal(VRL,0V); //VRL加0V电压

FPVI_SetOutVal(VCC,5V); //VCC加5V电压

FOVI_SetOutVal(VEE,0V); //VEE加0V电压

FOVI_SetOutVal(IN−,0V); //IN−加0V电压

FOVI_SetOutVal(IN+,1V); //IN+加1V电压

DelaymS(2); //延时2ms,待VI源电压加出来及芯片状态稳定,此时间可根据实际情况调整

FPVI_SetOutVal(Vout,0μA); //Vout加0μA电流

DelaymS(5);   //延时5ms,待VI源电压加出来及芯片状态稳定,此时间可根据实际情况调整

FPVI_MeasureV(Vout); //测量Vout电压

GetResultAll(NUM_SITES,results);//获取测量结果,并存在results数组中

LogResultALL(VOH, NUM_SITES,0,results);//将results数组中的值输出给VOH

FOVI_SetOutVal(IN−,−0.5V); //IN−加−0.5V电压

FOVI_SetOutVal(IN+,0V); //IN+加0V电压

DelaymS(5);   //延时5ms,待VI源电压加出来及芯片状态稳定,此时间可根据实际情况调整

FPVI_MeasureV(Vout); //测量Vout电压

GetResultAll(NUM_SITES,results);//获取测量结果,并存在results数组中

LogResultALL(VOL, NUM_SITES,0,results);//将results数组中的值输出给VOL

FOVI_SetOutVal(IN−,0V); //IN−加0V电压

FOVI_SetOutVal(IN+,0V); //IN+加0V电压

DelaymS(1); //延时1ms,待VI源电压置0,此时间可根据实际情况调整

FPVI_SetOutVal(VCC,0V); //VCC加0V电压

FOVI_SetOutVal(VEE,0V); //VEE加0V电压

DelaymS(2); //延时2ms,待VI源电压置0,此时间可根据实际情况调整

7. 输出陷电流、源电流 I_{sink}、I_{source}

(1)测试基本原理。输出陷电流、源电流分别指同相输入端在施加规定的

直流电压下,输出端施加规定的电压时,流入或流出器件的电流值。输出陷电流、源电流测试原理图如图5-59所示,测试条件见表5-19。

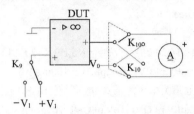

图5-59 输出陷电流、源电流测试原理图

具体测试方法:在电源端施加规定的电压,在同相输入端输入规定的负输出直流电压,V_o施加制定的电压值,在输出端流出被测器件的电流即为I_{sink};在同相输入端输入规定的正输入直流电压,V_o施加指定的电压值,在输出端流出被测器件的电流即为I_{source}。

表5-19 输出陷电流、源电流测试条件

参数名称	测试条件
I_{source}	$V_{CC}=5V$,$V_{EE}=0V$,$IN_+=1V$,$IN_-=0V$,$V_{out}=0V$,测量V_{out}电流
I_{sink}	$V_{CC}=5V$,$V_{EE}=0V$,$IN_+=0V$,$IN_-=1V$,$V_{out}=5V$,测量V_{out}电流

(2)测试步骤。进行输出陷电流、源电流测试需按图5-60所示完成以下硬件连接:

①继电器:$K_5,K_9,K_{14},K_{24},K_{25}$闭合。

②$FPVI0$:连接运放V_{CC}端,为运放V_{CC}供电。

③$FOVI2$:连接运放V_{EE}端,为运放V_{EE}供电。

④$FOVI0$:连接IN$_+$端,PV。

⑤$FOVI1$:连接到辅助运放的IN_-端,PV。

⑥$FPVI1$:连接运放的输出端,FVMI模式,$V=5V/0V$,测量运放的输出电流。

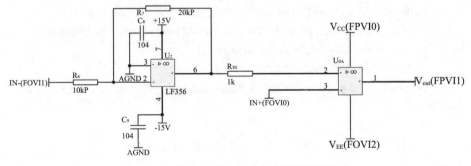

图5-60 输出陷电流和源电流测量等效电路

输出陷电流、源电流测试程序样例：

```
char *Isource = " Isource ";
char *Isink= " Isink ";
CBIT_RelayOn(5,9,12,14,24,25,-1); //闭合 K5,K9,K12,K14,K24,K25 用户继电器
FPVI_SetMode(VCC,pFV,pFPVI_10V,pFPVI_100mA);
//设置 FPVI 的 VCC 通道为电压源模式,电压挡位 10V,电流挡位 100mA
FOVI_SetMode(VEE,pFV,pFOVI_10V,pFOVI_100mA);
//设置 FOVI 的 VEE 通道为电压源模式,电压挡位 10V,电流挡位 100mA
FOVI_SetMode(IN+,pFV,pFOVI_10V,pFOVI_10mA);
//设置 FOVI 的 IN+ 通道为电压源模式,电压挡位 10V,电流挡位 10mA
FOVI_SetMode(IN−,pFV,pFOVI_10V,pFOVI_10mA);
//设置 FOVI 的 IN− 通道为电压源模式,电压挡位 10V,电流挡位 10mA
FOVI_SetMode(VRL,pFV,pFOVI_10V,pFOVI_100mA);
//设置 FOVI 的 VRL 通道为电压源模式,电压挡位 10V,电流挡位 100mA
FPVI_SetMode(Vout,pFV,pFPVI_10V,pFPVI_100mA);
//设置 FPVI 的 Vout 通道为电压源模式,电压挡位 10V,电流挡位 100mA
DelaymS(3); //延时 3ms,待继电器闭合和 VI 源模式设置完成
FOVI_SetOutVal(VRL,0 V); //VRL 加 0V 电压
FPVI_SetOutVal(VCC,5 V); //VCC 加 5V 电压
FOVI_SetOutVal(VEE,0 V); //VEE 加 0V 电压
FOVI_SetOutVal(IN−,0 V); //IN−加 0V 电压
FOVI_SetOutVal(IN+,1 V); //IN+加 1V 电压
DelaymS(2); //延时 2ms,待 VI 源电压加出来及芯片状态稳定,此时间可根据实际情
况调整
FPVI_SetOutVal(Vout,0 V); //Vout 加 0V 电压
DelaymS(5);    //延时 5ms,待 VI 源电压加出来及芯片状态稳定,此时间可根据实际
情况调整
FPVI_MeasureI(Vout); //测量 Vout 电流
GetResultAll(NUM_SITES,results);//获取测量结果,并存在 results 数组中
LogResultALL(Isource, NUM_SITES,0,results);//将 results 数组中的值输出给 Isource
FOVI_SetOutVal(IN−,−0.5V); //IN−加−0.5V 电压
FOVI_SetOutVal(IN+,0V); //IN+加 0V 电压
DelaymS(2); //延时 2ms,待 VI 源电压加出来及芯片状态稳定,此时间可根据实际情
况调整
FPVI_SetOutVal(Vout,5V); //Vout 加 5V 电压
DelaymS(5);    //延时 5ms,待 VI 源电压加出来及芯片状态稳定,此时间可根据实际
情况调整
```

```
FPVI_MeasureI(Vout); //测量 Vout 电流
GetResultAll(NUM_SITES,results);//获取测量结果,并存在 results 数组中
LogResultALL(Isink, NUM_SITES,0,results);//将 results 数组中的值输出给 Isink
FPVI_SetOutVal(Vout,0 V); //Vout 加 0V 电压
DelaymS(0.5);//延时 1ms,待 VI 源电压置 0,此时间可根据实际情况调整
FOVI_SetOutVal(IN−,0V); //IN−加 0V 电压
FOVI_SetOutVal(IN+,0V); //IN+加 0V 电压
DelaymS(1); //延时 1ms,待 VI 源电压置 0,此时间可根据实际情况调整
FPVI_SetOutVal(VCC,0V); //VCC 加 0V 电压
FOVI_SetOutVal(VEE,0V); //VEE 加 0V 电压
DelaymS(2); //延时 2ms,待 VI 源电压置 0,此时间可根据实际情况调整
```

项目6 集成电路应用

6.1 项目任务分析

6.1.1 项目描述

集成电路应用是利用封装好的器件完成典型集成电路应用设计、应用C语言实现对可编程芯片进行编程开发。本项目将通过典型的集成电路应用，首先介绍基于Cortex-M0的LK32T102单片机性能，然后围绕点阵显示系统、交通灯控制系统、超声波测距系统、ZigBee无线自组网系统和温控电机系统5个具体任务结合74HC245、74LS04、CX20106A、CC2530、74HC138、L9110S等芯片，实现典型集成电路应用的设计、运行及调试。

6.1.2 集成电路应用产品开发流程

集成电路的应用过程，也是围绕集成电路成品功能拓展的电子产品设计开发过程，电子产品开发流程(图6-1)主要分为功能分析、方案设计、软硬件系统联调、系统性能检测、产品量产五大环节。功能分析环节从项目立项入手，分析项目设计要求、待实现性能指标；方案设计环节包括各功能单元方案对比、原理图分析及计算、电路仿真、元器件和集成电路选型等具体内容；硬件装配和软件设计可以平行进行，系统联调的成果是与系统性能检测密切相关的，未达到要求的设计方案，需要返工重新启动分析设计调试工作，经过多次样品的品质检测，最终达到性能要求的成品才投入量产。

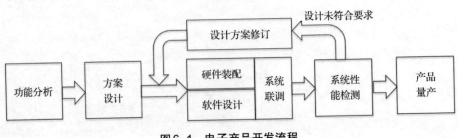

图6-1 电子产品开发流程

LK220T平台配置了M0主控模块、16×16点阵模块、交通灯模块、超声波距离检测模块、ZigBee模块、温度传感器模块、电机驱动模块等各类应用模块,本项目利用LK220T平台进行应用项目的设计验证,通过程序设计和硬件分析,利用杜邦线等辅助耗材搭建各任务的硬件系统,完成模拟功能验证。之后,就可以进行真实系统的设计制作。

6.1.3　基于Cortex-M0的LK32T102单片机

基于Cortex-M0的LK32T102单片机是杭州朗迅科技有限公司采用了Arm Cortex-M0内核设计的32位处理器芯片,最高工作频率可达72MHz,同时具备的协处理器单元可满足各种乘法、除法、移位以及各种复杂函数运算,性能稳定,可以在Keil软件中直接调试和下载程序。

1. 认识LK32T102

LK32T102支持单电源供电,且内嵌高精度高速及低速振荡器,以及具备多种低功耗工作模式。同时,集成了多路增强型PWM,多通道高精度、高速ADC,多通道模拟比较器和高速运算放大器,以及支持多种功率模式的增强型定时器,可为多种电机及功率控制系统提供高性价比的解决方案。

(1)LK32T102主要特点。LK32T102主要在永磁同步电机(PMSM)控制器、直流无刷电机(BLDC)控制器、通用/专用变频器、交直流逆变器以及数控电源等方面得到了广泛的应用。LK32T102主要特点如下:

①基于Arm Cortex-M0内核的32位处理器芯片:工作频率最大支持72MHz,内置可嵌套中断控制器NVIC,支持单周期乘法操作,6通道DMA控制器,支持Timer0、SPI和2路UART,支持MAC、DIV、CRC、Cordic等协处理功能。

②片上存储器:具有32KB(或64KB)FLASH,数据保持时间大于10年;具有4KB(或6KB)RAM,带奇偶校验。

③开发支持:双线串口调试(SWD),支持MEMORY和外设保护。

④电源和复位:工作电压为2.0~5.5V;内置1.5V低功耗LDO;内置上电复位模块;内置低压复位模块,4级复位电压2.3V、2.7V、3.7V和4.1V可选;内置低压检测模块,8级检测电压2.4V、2.7V、3.0V、3.3V、3.6V、3.9V、4.2V和4.5V可选。

⑤时钟系统:1~24MHz晶体振荡器;内置32kHz低频RCL;内置16MHz高精度RCH;PLL最高支持144MHz。

⑥输入/输出:最大支持48个I/O端口;具有可编程的上下拉、开漏输出模

式、数字输入滤波以及输入反相;具有可编程的两档驱动能力;均可用作外部中断输入,支持边沿和电平触发。

⑦定时器:1个16位定时器0,有多达4个用于输入捕获/输出比较/PWM或脉冲计数的通道和增量编码器输入;1个32位定时器6,包含两个独立的定时器,兼容AMBA总线协议,APB总线接口;1个16位带死区控制和紧急刹车,用于电机控制的PWM高级控制定时器;2个看门狗定时器(独立的和窗口型的);系统时间定时器(24位自减型计数器)。

⑧串行通信口:2路异步串行口(UART);1路串行总线SPI(12Mbit/s)。

⑨模拟模块:2路轨到轨比较器CMP0和CMP1(包含3个独立的比较器),输入迟滞可选;4路通用运算放大器,输入输出端都开放;1个12位ADC,双采样保持电路,共16路输入,最大转换速率为1Msps。

⑩工作模式:正常工作模式,休眠(IDLE)模式,停机(STOP)模式。

⑪工作温度:−40~105℃。

⑫封装形式:TSSOP-30,LQFP-48,LQFP-64。

(2)LK32T102封装与引脚功能。LK32T102单片机有TSSOP-30、LQFP-48和LQFP-64三种封装,本书使用的是LQFP-48封装,有48个引脚,片内具有32KB FLASH和4KB RAM,LK32T102的引脚分布如图6-2所示。

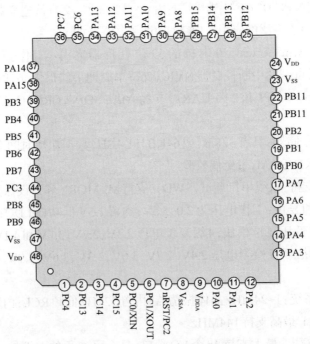

图6-2 LK32T102的引脚分布

通常,在芯片封装正方向上的左下角有一个小圆点(也有的是在右上角会有一个稍大点的圆圈标记),靠近左下角小圆点的引脚号为1,然后以逆时针方向顺序排列。下面围绕LQFP-48封装的LK32T102单片机介绍各个引脚功能:

①电源引脚。

• V_{DD}:电源电压。

• V_{SS}:地。

• V_{DDA}:模拟电源电压。

• V_{SSA}:模拟地。

②I/O口引脚。

• PA口:为双向I/O口,可位操作,有16个I/O引脚(PA0~PA15)。

• PB口:为双向I/O口,可位操作,有16个I/O引脚(PB0~PB15)。

• PC口:为双向I/O口,可位操作,有10个I/O引脚(PC0~PC4、PC6、PC7、PC13~PC15)。

③系统引脚。

• XIN(PC0):外部晶振输入引脚。

• XOUT(PC1):外部晶振输出引脚。

• nRST(PC2):外部复位脚,低电平有效。

2.LK32T102的I/O口使用

LK32T102单片机有PA口、PB口、PC口,共有42个I/O引脚,其中PC0~PC2作为系统引脚使用。如何使用LK32T102单片机的IO口,这是迈向LK32T102的第一步。

(1)软件配置I/O口。LK32T102的I/O口相比51单片机而言要复杂很多,需通过I/O的引脚配置寄存器CFGx对IO口进行配置,主要是配置IO口引脚的上拉/下拉、驱动能力、推挽和开漏、输入反向、模拟和数字、斜率、输入滤波、复用功能、端口配置保护等。引脚配置寄存器CFGx描述见表6-1。

表6-1 CFGx描述

位	31	30	29	28	27	26	25	24	23	22	21	20	19	18	17	16
符号	保留					CLKDIV[2:0]			保留						FILT[1:0]	
读写						rw	rw	rw							rw	rw

位	15	14	13	12	11	10	9	8	7	6	5	4	3	2	1	0
符号	INV	保留	OD	保留	保留	DRV	保留	SR	PUPD[1:0]		保留	AEN	保留	FUNC[2:0]		
读写	rw		rw			rw		rw	rw	rw		rw		rw	rw	rw

引脚配置寄存器CFGx中的x取值为0~15,与I/O口的引脚号相对应,即每个引脚对应一个引脚配置寄存器CFGx。CFGx描述如下:

①位[26:24]:是滤波时钟分频选择位CLKDIV。

000:GPIO时钟;

001~110:分别为GPIO时钟的2~7分频;

111:保留。

②位[17:16]:是输入滤波选择位FILT。

00:输入不滤波;

01:输入采用1个时钟的滤波器,不足1个时钟的脉冲被滤除;

10:输入采用2个时钟的滤波器,不足2个时钟的脉冲被滤除;

11:输入采用3个时钟的滤波器,不足3个时钟的脉冲被滤除。

③位15:反向输入选择位INV。

0:正向输入;

1:反向输入。

④位13:开漏模式使能位OD。

0:开漏模式无效;

1:开漏模式开启。

⑤位10:驱动能力选择位DRV。

0:选择低驱动电流;

1:选择高驱动电流。

⑥位8:输出斜率控制位SR。

0:快速;

1:慢速。

⑦位[7:6]:上下拉电阻控制位PUPD,复用作模拟功能时无效。

00:上拉及下拉无效;

01:下拉;

10:上拉。

11:repeater模式,根据当前PAD的值自动设置上下拉,如果当前PAD为高电平,则设置为上拉;如果当前PAD为低电平,则设置为下拉。

⑧位4:模拟通道使能位AEN。

0:模拟通道关闭;

1:模拟通道开启,此时OUTEN(x)需要设置为"0",FUNC需要设置为"0"。

⑨位[2:0]:复用功能选择位FUNC。

000：选择功能0，默认为GPIO；

001～111：选择功能1～选择功能7。

（2）LK32T102的GPIO引脚复用功能。LK32T102的I/O口默认功能是GPIO，LK32T102有很多的内置外设，这些内置外设的引脚都是与GPIO引脚复用的。简单地说，GPIO的引脚是可以重新定义为其他的功能，这就叫作端口复用。LK32T102单片机有48个引脚，其GPIO引脚的复用功能见表6-2。

表6-2 LK32T102的GPIO引脚复用

	数字：CFGx的位4为"0"							模拟：CFGx的位4为"1"		
	复用功能选择位FUNC：CFGx的位[2:0]							CFGx的位[2:0]		
000	001	010	011	100	101	110	111	000	001	010
PA0	UART0CTS	UART1CTS	—	—	—	—	—	ADCA5	OPA0P	CP0P
PA1	UART0RTS	UART1RTS	—	—	—	—	—	ADCA4	OPA0N	CP0N
PA2	UART0TX	UART1TX	UART0TXRX	—	XCLKINA	—	—	ADCA3	OPA0O	—
PA3	UART0RX	UART1RX	T0CH2	—	—	—	—	ADCA2	OPA3P	—
PA4	—	—	—	—	SPI0NSS	—	—	ADCA1	OPA3N	—
PA5	—	—	—	—	SPI0SCK	—	—	ADCA0	OPA3O	VREFHI
PA6	PWMTZ0	PWMTZ2	T0CH1	—	SPI0MISO	T0BKIN	—	ADCB0	OPA2O	VREFLO
PA7	PWM0B	—	T0CH2	—	SPI0MOSI	T0CH1N	—	ADCB1	OPA2N	—
PA8	PWM0A	PWM1A	—	T0CH1	—	—	—	—	—	—
PA9	PWM1A	PWM2B	UART0TX	T0CH2	—	—	T0BKIN	—	—	—
PA10	PWM2A	PWM2A	UART0RX	T0CH3	—	—	—	—	—	—
PA11	PWM4B	PWMTZ0	UART0CTS	T0CH4	SPI0NSS	T0CH1	T0CH1	—	—	—
PA12	PWM4A	—	UART0RTS	T0ETR	SPI0SCK	UART0RX	T0CH1N	—	—	—
PA13	SPDAT	IR_OUT	UART0RX	—	—	—	—	—	—	—
PA14	SPCLK	—	UART0TX	UART1TX	—	—	—	—	—	—
PA15	—	SPI0NSS	UART0RX	UART1RX	EXTSYNI	ERU1PDO	ERU1GO	—	—	—
PB0	PWM0A	—	T0CH3	—	—	T0CH2N	—	ADCB2	OPA2P	—
PB1	PWM1B	—	T0CH4	—	—	T0CH3N	—	ADCB3	ELVI	—
PB2	—	—	—	—	XCLKOUT	—	—	ADCB4	—	—
PB3	PWMTZ1	SPI0SCK	—	XCLKOUT	—	—	—	—	OPA1P	—
PB4	T0CH1	SPI0MISO	—	—	—	—	—	—	OPA1N	—
PB5	T0CH2	SPI0MOSI	—	—	—	—	—	—	OPA1O	—
PB6	T0CH3	—	UART1TX	—	T0CH1	—	—	CP10P	—	—

集成电路 开发及应用

| 数字:CFGx的位4为"0" | | | | | | | | 模拟:CFGx的位4为"1" | | |
| 复用功能选择位FUNC:CFGx的位[2:0] | | | | | | | | CFGx的位[2:0] | | |
000	001	010	011	100	101	110	111	000	001	010
PB7	T0CH4	—	UART1RX	—	T0CH1N	—	—	CP10N	—	—
PB8	—	—	T0CH4	EXTSYNI	T0CH2	—	—	CP11P	—	—
PB9	—	PWMTZ2	IR_OUT	—	T0CH2N	—	—	CP11N	—	—
PB10	—	—	—	—	—	ERU2PDO	ERU2GO	ADCB5	—	—
PB11	—	—	—	—	—	—	—	ADCB6	—	—
PB12	PWMTZ0	—	SPI0NSS	T0BKIN	—	—	—	—	—	—
PB13	PWM0B	PWM0B	SPI0SCK	T0CH1N	—	—	—	—	—	—
PB14	PWM1B	PWM0A	SPI0MISO	T0CH2N	—	T0CH1	—	—	—	—
PB15	PWM2B	PWM1B	SPI0MOSI	T0CH3N	—	T0CH1N	T0CH2	—	—	—
PC3	—	—	XCLKINB	EXTSYNO	—	ERU0PDO	ERU0GO	—	—	—
PC4	PWM2B	PWM1B	—	—	T0ETR	ERU1PDO	ERU1GO	—	—	—
PC6	—	—	UART0TX	UART0TXRX	EXTSYNO	ERU3PDO	ERU3GO	—	—	—
PC13	PWM0A	PWM1A	—	UART0RX	T0CH3	UART1RX	—	ADCB7	—	—
PC14	PWM1A	PWM2B	—	UART0TX	T0CH3N	UART1TX	—	ADCA7	—	—
PC15	PWM2A	PWM2A	—	—	T0CH4	—	—	ADCA6	—	—

从表6-2可以看出,数字通道和模拟通道的选择可以通过引脚配置寄存器CFGx的模拟通道使能位AEN(即位4)来选择。

①模拟通道使能位AEN(位4)为"0"时,选择数字通道,有8个GPIO引脚复用功能。

②模拟通道使能位AEN(位4)为"1"时,选择模拟通道,有3个GPIO引脚复用功能。

GPIO引脚复用功能描述见表6-3。

表6-3　GPIO引脚复用功能描述

系统		
XCLKOUT	O	内部时钟输出
EXTSYNO	O	PWM同步脉冲输出
EXTSYNI	I	PWM同步脉冲输入
ELVI	I	外部低压检查电平输入

系统		
定时器:1个16位定时器0,有多达4个用于输入捕获/输出比较/PWM或脉冲计数的通道和增量编码器输入		
T0CH1 ~ T0CH4	I/O	Timer0捕获输入及输出(正端)
T0CH1N ~ T0CH4N	I/O	Timer0捕获输入及输出(负端)
T0BKIN	I	Timer0刹车输入
IR_OUT	O	载波输出
PWM:1个16位带死区控制和紧急刹车,用于电机控制的PWM高级控制定时器		
PWM0A	O	PWM0 A路输出
PWM0B	O	PWM0 B路输出
PWM1A	O	PWM1 A路输出
PWM1B	O	PWM1 B路输出
PWM2A	O	PWM2 A路输出
PWM2B	O	PWM2 B路输出
PWM4A	O	PWM4 A路输出
PWM4B	O	PWM4 B路输出
PWMTZ0 ~ PWMTZ2	I	PWM刹车输入(紧急制动)
通信接口:2路UART和1路SPI总线		
SPI0NSS	I/O	SPI使能端
SPI0SCK	I/O	SPI时钟输入端
SPI0MISO	I/O	SPI主入从出端
SPI0MOSI	I/O	SPI主出从入端
UART0CTS	I	UART0发送清除
UART0RTS	O	UART0发送请求
UART0RXTX	I/O	UART0半双工UART数据线
UART0TX	O	UART0数据发送端
UART0RX	I	UART0数据接收端
UART1TX	O	UART1数据发送端
·UART1RX	I	UART1数据接收端
模拟比较器:2路轨到轨比较器CMP0和CMP1		
CP0P	I	比较器0正端输入端
CP0N	I	比较器0负端输入端

系统		
CP10P	I	比较器10正端输入端
CP10N	I	比较器10负端输入端
CP11P	I	比较器11正端输入端
CP11N	I	比较器11负端输入端
CP12P	I	比较器12正端输入端
CP12N	I	比较器12负端输入端
运算放大器:4个运算放大器		
OPA0P	I	运算放大器0正端输入端
OPA0N	I	运算放大器0负端输入端
OPA1P	I	运算放大器1正端输入端
OPA1N	I	运算放大器1负端输入端
OPA2P	I	运算放大器2正端输入端
OPA2N	I	运算放大器2负端输入端
OPA3P	I	运算放大器3正端输入端
OPA3N	I	运算放大器3负端输入端
OPA0O	O	运算放大器0输出端
OPA1O	O	运算放大器1输出端
OPA2O	O	运算放大器2输出端
OPA3O	O	运算放大器3输出端
模数转换器:1个12位ADC,共16路输入		
ADCA0 ~ ADCA7	I	ADC A 通道输入
ADCB0 ~ ADCB7	I	ADC B 通道输入
VREFHI	I	ADC 高参考电压
VREFLO	I	ADC 低参考电压
ERU:事件请求单元(Event Request Unit)		
ERU0PDO	O	ERU0 的电平信号输出
ERU0GO	O	ERU0 的门控信号输出
ERU1PDO	O	ERU1 的电平信号输出
ERU1GO	O	ERU1 的门控信号输出
ERU2PDO	O	ERU2 的电平信号输出

续表

系统		
ERU2GO	O	ERU2 的门控信号输出
ERU3PDO	O	ERU3 的电平信号输出
ERU3GO	O	ERU3 的门控信号输出

GPIO引脚复用功能选择,是通过引脚配置寄存器CFGx的复用功能选择位FUNC(位[2:0])来选择的,那么,如何选择LK32T102单片机的GPIO引脚复用功能呢?

在 *GPIO.h* 头文件中,宏定义了选择数字通道的 *DIGITAL* 宏名,选择模拟通道的 *ANALOGY* 宏名,也声明了GPIO引脚复用选择函数 *GPIO_AF_SEL*()的原型。代码如下:

```
#define DIGITAL        (0<<4)
#define ANALOGY (1<<4)
extern void GPIO_AF_SEL(uint8_t AD, PA_Type* GPIOx, uint8_t gpiopin, uint8_t fun_num);
```

引脚复用选择函数GPIO_AF_SEL()是在GPIO.c文件中,代码如下:

```
void GPIO_AF_SEL(uint8_t AD, PA_Type* GPIOx, uint8_t gpiopin, uint8_t fun_num)
{
uint32_t tmp;
switch (gpiopin)
{
    case 0x00:
        tmp=GPIOx->CFG0 &=0xfffffe8ul;        //配置CFG0位4为0,FUNC清零
        SYSREG->ACCESS_EN=0x05fa659aul;        //使能GPIO复用功能
        GPIOx->CFG0 =tmp|fun_num|AD;            //配置CFG0位4和FUNC
        break;
    case 0x01:
        tmp=GPIOx->CFG1 &=0xfffffe8ul;
        SYSREG->ACCESS_EN=0x05fa659aul;
        GPIOx->CFG1 =tmp|fun_num|AD;
        break;
    ……                                        //受篇幅限制,这里省略
```

```
        case 0x09:
             tmp=GPIOx->CFG9 &=0xfffffe8ul;
             SYSREG->ACCESS_EN=0x05fa659aul;
             GPIOx->CFG9 =tmp|fun_num|AD;
             break;
        case 0x0a:
             tmp=GPIOx->CFG10 &=0xfffffe8ul;
             SYSREG->ACCESS_EN=0x05fa659aul;
             GPIOx->CFG10 =tmp|fun_num|AD;
             break;
        ......                              //受篇幅限制,这里省略
        case 0x0f:
             tmp=GPIOx->CFG15 &=0xfffffe8ul;
             SYSREG->ACCESS_EN=0x05fa659aul;
             GPIOx->CFG15 =tmp|fun_num|AD;
             break;
        default:
             break;
    }
}
```

GPIO_AF_SEL()函数代码说明如下:

• "*tmp=GPIOx->CFG*15 &=0xfffffe8ul;"语句,是对引脚配置寄存器CFGx的第4位、第2位、第1位和第0位清零,其他位保持不变。

• 由于CFGx寄存器是受访问使能寄存器ACCESS_EN保护的,向该寄存器写入0x05fa659aul,可将ACCESS_EN置位,就可以修改受保护的寄存器,32个周期后会自动清零。"*SYSREG->ACCESS_EN*=0x05fa659aul;"语句,就是将ACCESS_EN置位,使得CFGx寄存器可以修改。

③*GPIO_AF_SEL*()函数的参数含义。

参数AD:模拟通道使能,AD可为*DIGITAL*或*ANALOGY*。选择*DIGITAL*宏名,即0左移4位,表示对模拟通道使能位AEN(位4)清零,选择数字通道;选择*ANALOGY*宏名,即1左移4位,表示对模拟通道使能位AEN(位4)置1,选择模拟通道。

参数GPIOx:GPIO端口选择,GPIOx可为PA、PB和PC中的任意一个。

参数gpiopin:引脚选择,gpiopin取值范围是0~15。

参数 fun_num：引脚复用功能选择，fun_num 取值范围是 0 ~ 7。

例如，若使用 LK32T102 串口 0（UART0），可以根据表 6-2 选择 PA2 和 PA3 引脚作为 UART0 的 TX（发送）和 RX（接收）引脚，实现代码如下：

```
GPIO_AF_SEL(DIGITAL, PA, 2, 1);          // PA2 选择 UART0_TX 功能
GPIO_AF_SEL(DIGITAL, PA, 3, 1);          // PA3 选择 UART0_RX 功能
```

又如：若还使用 LK32T102 串口 0（UART0），但根据表 6-2 选择了 PC6 和 PA15 引脚作为 UART0 的 TX（发送）和 RX（接收）引脚，实现代码如下：

```
GPIO_AF_SEL(DIGITAL,PC,6,3);             // PC6 选择 UART0_TX 功能
GPIO_AF_SEL(DIGITAL,PA,15,3);            // PA15 选择 UART0_RX 功能
```

在 LK32T102 单片机中，为了让设计工程师可以更好地安排引脚的走向和功能，内置外设的输入输出引脚，可以根据表 6-1 选择不同的引脚作为复用引脚。

（3）LK32T102 的 GPIO 输入输出。LK32T102 单片机的 GPIO 输入输出主要涉及引脚方向设置、引脚输出高电平和低电平、引脚值（电平状态）翻转以及读引脚值等。

①设置 GPIO 引脚输入输出方向。GPIO 引脚的输入输出方向，是通过引脚输出使能寄存器 OUTEN 来完成的。在 GPIO.h 头文件中，宏定义了输入使能、输出使能的宏名，代码如下：

```
#define PA_OUT_ENABLE(x) PA->OUTEN|=(1<<x);          //输出使能
#define PB_OUT_ENABLE(x) PB->OUTEN|=(1<<x);
#define PC_OUT_ENABLE(x) PC->OUTEN|=(1<<x);
#define PA_OUT_DISABLE(x) PA->OUTEN&=~(1<<x);         //输入使能
#define PB_OUT_DISABLE(x) PB->OUTEN&=~(1<<x);
#define PC_OUT_DISABLE(x) PC->OUTEN&=~(1<<x);
其中 x 是 GPIO 口的引脚序号，x 取值范围为 0 ~ 15。
```

OUTEN 是 1 个 32 位的引脚输出使能寄存器，只用了低 16 位，该高 16 位保留。该寄存器的各位描述见表 6-4。

表6-4 OUTEN寄存器描述

位	读写	符号	描述	复位值
31:16			保留	0x0000
15:0	RW	OE	GPIO引脚Pn_x输出使能位。其中,n为A、B、C,x取值范围为0~15 0:将GPIO引脚配置为输入 1:将GPIO引脚配置为输出	0x0000

OUTEN的低16位与GPIO的16个引脚一一对应,通过改写OUTEN的某位值,即可设置与其对应引脚的输入输出方向。

例如:设置PB8引脚为输出,PA6引脚为输入,实现代码如下:

```
PB_OUT_ENABLE(8);              //设置PB8引脚为输出
PA_OUT_DISABLE(6);             //设置PA6引脚为输入
```

或者:

```
PB->OUTEN|=(1<<8);             //设置PB8引脚为输出
PA->OUTEN&=~(1<<6);            //设置PA6引脚为输入
```

②GPIO引脚输出高电平。GPIO某引脚输出高电平,是通过引脚设置寄存器OUTSET来完成的。OUTSET是1个32位的寄存器,只用了低16位,该高16位保留。该寄存器的各位描述见表6-5。

表6-5 OUTSET寄存器描述

位	读写	符号	描述	复位值
31:16			保留	0x0000
15:0	RW	SET	GPIO引脚Pn_x输出值。其中,n为A、B、C,x取值范围为0~15 写操作: 0:对GPIO输出电平无效 1:将GPIO输出设为高电平 读操作:读取GPIO引脚输出值	0x0000

OUTSET的低16位与GPIO的16个引脚一一对应,通过改写OUTSET的某位值,即可使得与其对应的引脚输出高电平。

例如:在PB0~PB3引脚输出高电平,实现代码如下:

```
PB–>OUTSET=(1<<0);          //PB0引脚输出高电平
PB–>OUTSET=(1<<1);          //PB1引脚输出高电平
PB–>OUTSET=(1<<2);          //PB2引脚输出高电平
PB–>OUTSET=(1<<3);          //PB3引脚输出高电平
```

③GPIO引脚输出低电平。GPIO某引脚输出低电平,是通过引脚清除寄存器OUTCLR来完成的。OUTCLR是1个32位的寄存器,只用了低16位,该高16位保留。该寄存器的各位描述见表6-6。

表6-6　OUTCLR寄存器描述

位	读写	符号	描述	复位值
31:16			保留	0x0000
15:0	RW	CLR	GPIO引脚Pn_x输出值。其中,n为A、B、C,x取值范围为0~15 写操作: 0:对GPIO输出电平无效 1:将GPIO输出设为低电平 读操作:读取GPIO引脚输出值	0x0000

OUTCLR的低16位与GPIO的16个引脚一一对应,通过改写OUTCLR的某位值,即可使得与其对应的引脚输出低电平。

例如:在PA4~PA7引脚输出低电平,实现代码如下:

```
PA–>OUTCLR=(1<<4);          //PA4引脚输出低电平
PA–>OUTCLR=(1<<5);          //PA5引脚输出低电平
PA–>OUTCLR=(1<<6);          //PA6引脚输出低电平
PA–>OUTCLR=(1<<7);          //PA7引脚输出低电平
```

④GPIO引脚值(电平状态)翻转。使GPIO某引脚值翻转,是通过引脚翻转寄存器OUTTGL来完成的。OUTTGL是1个32位的寄存器,只用了低16位,该高16位保留。该寄存器的各位描述见表6-7。

表6-7　OUTTGL寄存器描述

位	读写	符号	描述	复位值
31:16			保留	0x0000
15:0	RW	TGL	GPIO引脚Pn_x输出值。其中,n为A、B、C,x取值范围为0~15 写操作: 0:对GPIO输出电平无效 1:将GPIO输出值翻转 读操作:读取GPIO引脚输出值	0x0000

OUTTGL的低16位与GPIO的16个引脚一一对应,通过改写OUTTGL的某位值,即可使得与其对应的引脚值翻转,"0"翻转为"1"、"1"翻转为"0"。

例如:在PA4引脚值翻转,实现代码如下:

```
PA->OUTTGL=(1<<4);            //PA4引脚值翻转
PA->OUTTGL=(1<<5);            //PA5引脚值翻转
```

⑤输出数据寄存器OUT。向GPIO输出数据,是通过输出数据寄存器OUT来完成的。OUT是1个32位的寄存器,只用了低16位,该高16位保留。该寄存器的各位描述见表6-8。

表6-8　OUT寄存器描述

位	读写	符号	描述	复位值
31:16			保留	0x0000
15:0	RW	OUT	GPIO输出值: 0:写操作时,GPIO输出引脚设为低电平;读操作时,GPIO输出值为低电平 1:写操作时,GPIO输出引脚设为高电平;读操作时,GPIO输出值为高电平	0x0000

OUT的低16位与GPIO的16个引脚一一对应,通过GPIO的OUT寄存器,即可实现数据输出。

例如:在PA口的低8位输出低电平、高8位输出高电平,实现代码如下:

```
PA->OUT=0xff00;            //PA口的低8位输出低电平、高8位输出高电平
```

⑥输入数据寄存器PIN。从GPIO输入数据是通过输入数据寄存器PIN来完成的。PIN是1个32位的寄存器,只用了低16位,该高16位保留。该寄存器的各位描述见表6-9。

表6-9　PIN寄存器描述

位	读写	符号	描述	复位值
31:16			保留	0x0000
15:0	RW	PIN	读取GPIO引脚值: 0:引脚为低电平 1:引脚为高电平	0x0000

PIN的低16位与GPIO的16个引脚一一对应,通过GPIO的PIN寄存器,即可实现数据输入。

例如:读取PB口16个引脚值,实现代码如下:

```
temp=PB->PIN;                  //读取PB口16个引脚值
```

3.认识LK32T102单片机开发板

本书使用的LK32T102单片机开发板,是全国技能大赛"集成电路开发及应用"赛项中使用的开发板,如图6-3所示。

该开发板主要包括LK32T102单片机最小系统电路、接口电路、串口电路、外围设备电路以及电源接口等。

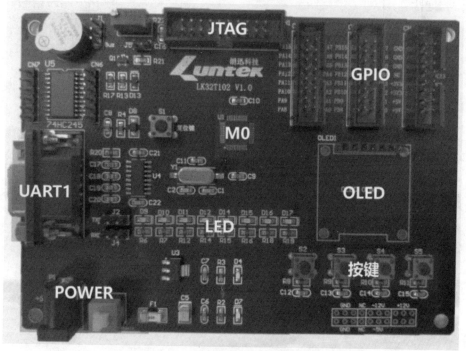

图6-3 LK32T102单片机开发板

(1)LK32T102单片机最小系统电路。LK32T102单片机最小系统电路包括电源电路、时钟信号电路和复位电路等部分,如图6-4所示。

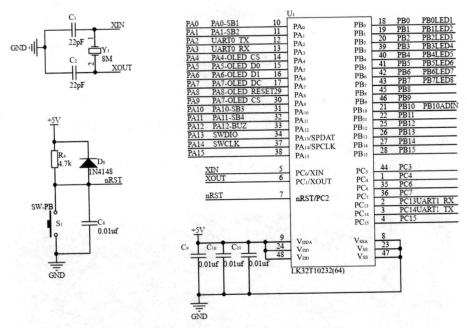

图6-4 LK32T102单片机最小系统电路

（2）开发板接口电路。为了实现程序下载,开发板上搭建了可以在线编程的 JTEG 接口,同时为了方便连接各种外围设备构成电子产品,开发板上搭建了 PA、PB 和 PC 接口的16P I/O 扩展口,开发板接口电路如图6-5所示。

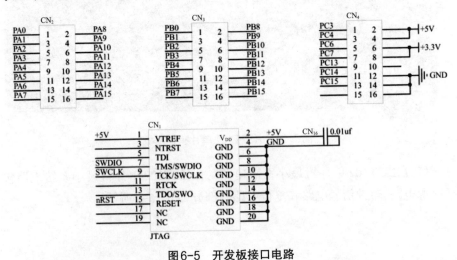

图6-5 开发板接口电路

（3）外围设备电路。为了方便做一些基础性的验证开发,该开发板上搭建了8个共阳极接法的LED接口电路,4个独立按键接口电路,1个有源蜂鸣器接口电路,1个串口通信接口电路,1个OLED显示接口电路和1个模拟电压输入接口电路等,外围设备电路如图6-6所示。

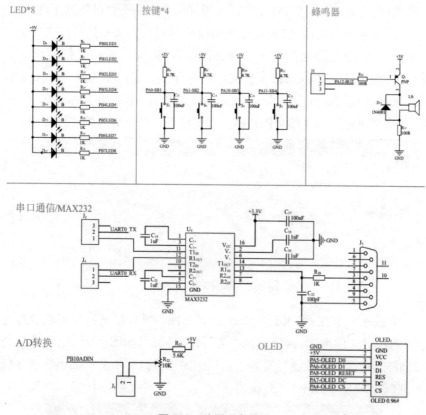

图6-6 外围设备电路

4.LK32T102单片机开发流程

(1)LK32T102单片机工程搭建。LK32T102单片机工程搭建主要有以下几个步骤:①预先安装Keil-mdk软件(5.20版本以上),安装文件可以到Arm的官网下载,网址为:https://www.keil.com/download/product/,如图6-7所示。②安

图6-7 Keil-mdk软件下载

装由杭州朗迅科技有限公司提供的芯片包文件(Keil.SC32F5832_DFP.1.0.5. pack)。③搭建工程有两种方式:方式一,直接使用杭州朗迅科技有限公司提供的工程模板;方式二,自己搭建工程。这里详细介绍一下自己搭建工程。

首先,新建项目文件夹LK32Project(文件名可自定义),然后在文件夹里新建4个文件夹,分别命名为core、source、header和user。core文件夹用于保存LK32T102的内核文件,source文件夹用于保存底层固件库的源文件,header文件夹用于保存底层固件库的头文件,user文件夹用于保存用户编辑的文件(图6-8),并将企业提供的内核文件和固件库文件都拷贝至对应的文件夹中。

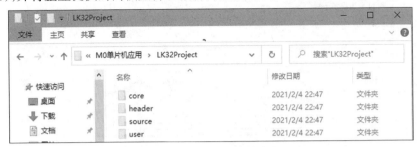

图6-8　项目文件夹结构

启动Keil,新建工程LK32Project_test(文件名可自定义),将工程放置在之前建立的项目文件夹里,将弹出选择器件的对话框,如图6-9所示。这里选择SC32F5832,前提是之前已经安装了由杭州朗迅科技有限公司提供的芯片包文件(Keil.SC32F5832_DFP.1.0.5.pack)。

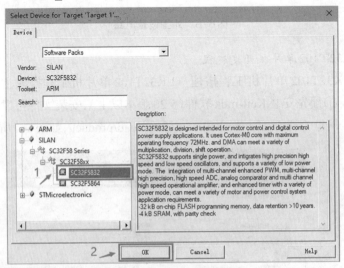

图6-9　选择器件对话框

随后将弹出的对话框都选择"OK"即可,会出现图6-10所示的LK32Project_test工程编辑界面,点击箭头指向的图标,打开项目管理器,如图6-11所示。在Groups中建立core等4个文件夹,然后分别选择每个文件夹,将电脑中对应文件夹中的文件添加进去,如图6-12所示。

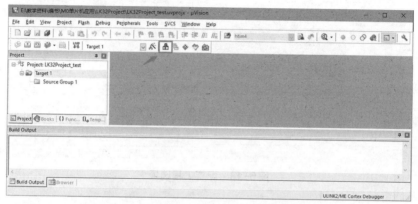

图6-10 LK32Project_test工程的编辑界面

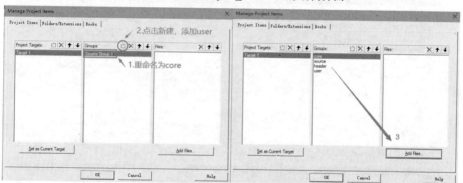

图6-11 项目管理器

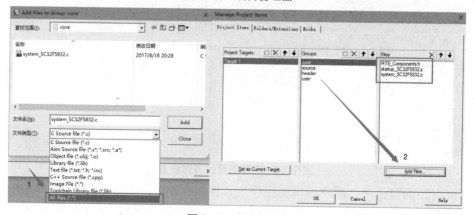

图6-12 添加文件

然后点击图6-13所示的箭头指示的图标,对工程选项进行配置,给编译器添加头文件路径,设置输出 HEX 文件,设置 Jlink 调试,工程选项的具体设置如图6-14所示。

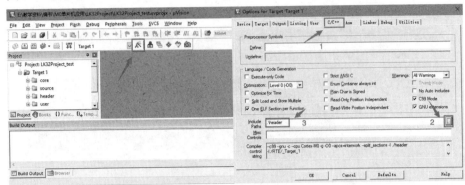

图6-13 配置工程选项

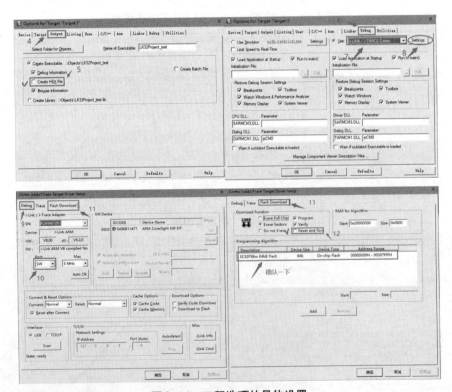

图6-14 工程选项的具体设置

(2)编写程序。用户编辑的程序放置在 user 文件夹中,这里先用工程模板来讲解接下来的步骤:用户在编辑好程序后,先编译,编译若没有错误,则可产生代码,并可以下载到开发板上进行调试,整个过程如图6-15所示。

图6-15 编译、产生代码

(3)下载和调试。首先将开发板通过J-Link与电脑的USB接口相连,然后根据图6-14所示步骤中的7~12配置好调试工具。注意:Debug选择J-Link,Port选择SW,内核选择M0。用户得到HEX文件后,即可点击download图标,将代码下载至开发板进行系统联调了,代码下载过程如图6-16所示。

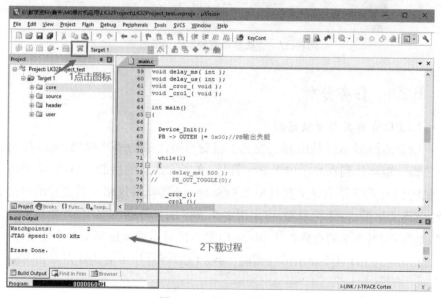

图6-16 代码下载过程

6.2　点阵显示系统

LED点阵电子显示屏的发展越来越广泛,它成为一个宣传信息的重要平台,已经得到了社会的普遍认同。LED点阵显示屏具有发光效率高、使用寿命长、组态灵活、色彩丰富以及对室内外环境适应能力强等优点。

本任务是利用LK32T102、74HC245等集成电路芯片,完成16×16点阵显示电路设计;用C语言程序实现16×16点阵显示字符的功能。系统开机后在16×16点阵屏上能看见字母"LK",实物演示效果,如图6-17所示。

图6-17　点阵显示系统实物演示效果

6.2.1　任务分析

1.LED点阵显示模块结构

LED点阵显示屏是由高亮发光二极管点阵组成的矩阵模块,通过控制这个二极管矩阵达到在显示屏上显示符号、文字等信息的目的。目前,在市场上常见的LED点阵显示屏主要有5×7、8×8、16×16等几种规格。若要显示阿拉伯数字、英文字母、特殊符号等,可采用5×7、8×8的点阵即可够用;若要显示中文字,则需要4片8×8的点阵组成16×16 LED点阵显示屏才能显示一个中文字。

(1)8×8 LED点阵显示屏规则图。8×8 LED点阵显示屏的规则图如图6-18所示。

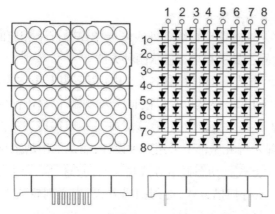

图6-18　8×8点阵的LED显示屏的规则图

由图6-18所示可以看出,8×8点阵的LED显示模块的内部实际上是由64个发光二极管按矩阵排列而成的发光二极管组,每个发光二极管是放置在行线和列线的交叉点上。当对应二极管阳极置"1",阴极置"0",则相应的二极管就点亮了,也就是点亮了LED显示屏上相应的点。

(2)8×8 LED点阵显示屏结构。8×8点阵的LED显示屏的内部结构,有列阴极、行阳极和列阳极、行阴极两种结构,如图6-19所示。

列阴极、行阳极结构是把所有同一行LED的阳极连在一起,把所有同一列LED的阴极连在一起,如图6-19(a)所示;列阳极、行阴极结构是把所有同一行LED的阴极连在一起,把所有同一列LED的阳极连在一起,如图6-19(b)所示。

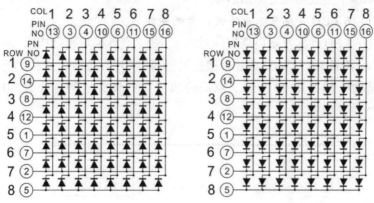

（a）列阴极、行阳极　　　　　　　　（b）列阳极、行阴极

图6-19　8×8点阵的LED显示屏内部结构图

2.LED点阵显示实现分析

LED显示屏是通过驱动行线和列线来点亮LED屏上相应的点。LED点阵显示方式可分为静态显示和动态显示两种方式。

（1）静态显示方式。同时控制各个LED亮灭的方法称为静态显示方式。8×8点阵共有64个LED,显然单片机没有这么多端口,这还仅仅是8×8点阵,在实际应用中的显示屏往往要大得多,这样将是一个很庞大的数字。在实际应用中,LED点阵显示屏几乎都不采用这种设计,而是采用动态显示方式。

（2）动态显示方式。动态显示方式是采用动态扫描方法,动态扫描方法有逐列扫描方式和逐行扫描方式,逐列扫描方式,指逐列轮流点亮;逐行扫描方式,指逐行轮流点亮。

下面以8×8点阵逐列扫描为例,来说明逐列扫描方式的工作过程。

①先送出第1列的列数据（相当于段码,决定列上哪些LED亮）,即第1列LED亮灭的数据。

②然后送出第1列的列码（相当于位码,决定哪一列能亮）,选通第1列,使其点亮一定的时间,然后熄灭。

③再送出第2列的数据,然后选通第2列,使其点亮相同的时间,然后熄灭。

④依次到第8列之后,又重新点亮第1列,如此反复循环。

当循环的速度足够快时（每秒24次以上）,由于人眼的视觉暂留现象,就能看到显示屏上呈现出稳定的图形。

3.16×16 LED点阵显示电路设计实现分析

16×16 LED点阵显示电路实际是由4个8×8点阵模块组合构成,由于LED数量过大,因此LK32T102无法直接控制所有的LED,必须经过驱动模块来协助,其结构图如图6-20所示。驱动模块常用的集成电路芯片有74HC595、74HC138、74HC245等。

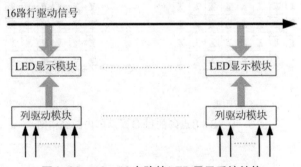

图6-20　16×16点阵的LED显示系统结构

根据上述分析,16×16点阵
LED显示系统电路是由单片机
LK32T102、驱动模块和点阵显示
模块组成,16×16点阵LED显示模
块是由4个8×8点阵LED显示模
块组成。16×16点阵LED显示系
统电路结构框图如图6-21所示。

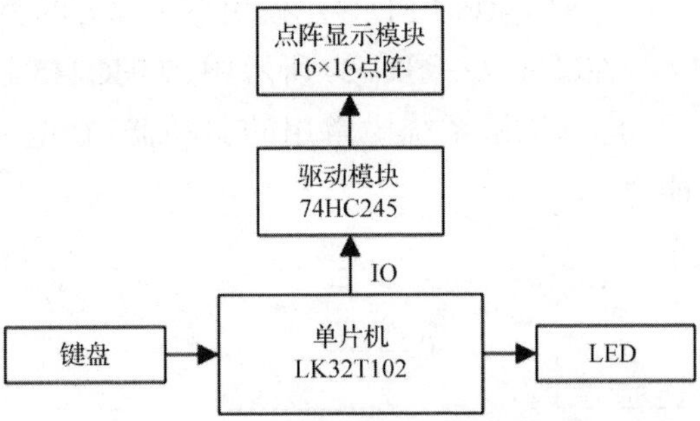

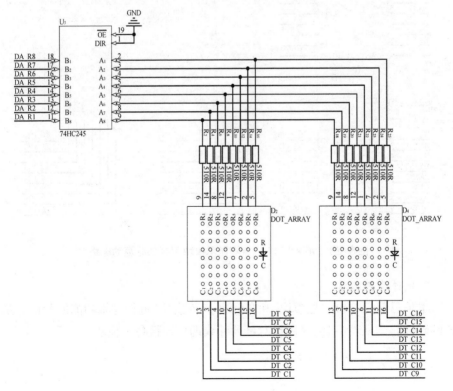

图6-21 点阵显示系统电路结构框图

6.2.2 硬件设计

1.16×16 LED点阵显示系统电路设计

根据任务要求和任务分析,16×16点阵LED显示系统电路是由LK32T102、
驱动模块和点阵显示模块组成,为了提高LK32T102单片机的驱动能力,
LK32T102的PB0 ~ PB15经2个74HC245驱动器接16×16点阵LED显示模块
的16列、PA0 ~ PA15经2个74HC245驱动器接16×16点阵LED显示模块的16
行。16×16 LED点阵显示模块上半部分的驱动电路如图6-22所示。

图6-22 16×16点阵LED显示模块上半部分驱动电路

16×16点阵LED显示模块下半部分的驱动电路如图6-23所示。

在图6-22、图6-23所示中,74HC245驱动器是一个3态输出的8路收发器,是单片机系统中常用的驱动器,在电路中的作用就是增加IO口的驱动能力。

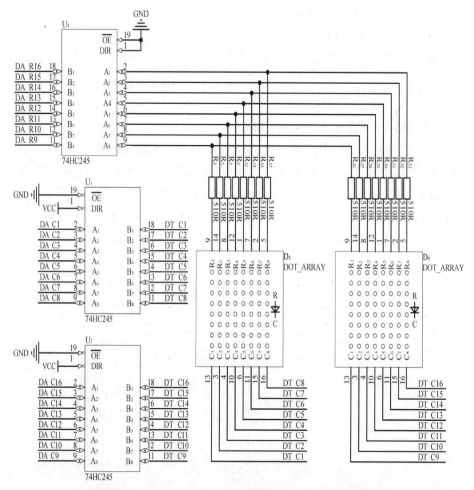

图6-23 16×16 LED点阵显示模块下半部分驱动电路

2.硬件资源连接

本项目使用"M0主控模块"和"16×16点阵模块"进行逻辑功能的验证。系统的硬件连线见表6-10,采用母对母杜邦线即可连接各个模块。

表6-10　硬件连线表

模块名称	IO引脚	控制引脚	模块名称
M0主控模块	PB.0~PB.7	DA_R1~DA_R8	16×16点阵模块
	PB.8~PB.15	DA_R9~DA_R16	
	PA.0~PA.7	DA_C1~DA_C8	
	PA.8~PA.15	DA_C9~DA_C16	

6.2.3　软件设计

根据任务要求和任务分析,16×16 LED点阵显示系统程序设计流程如图6-24所示,图中 n 具体的取值取决于要点亮的LED的数量。只是简单的测试代码,读者可以将所有点的行、列数据事先存放在一个数组中,在主函数中只需循环取用数组的数据送LED点阵屏驱动接口即可,这样可以大大缩小代码量。

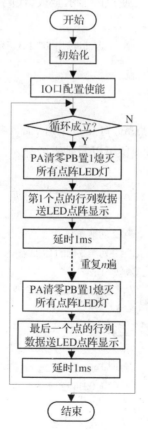

图6-24　点阵显示系统程序设计主流程

1.配置IO口

由于LK32T102单片机的PA0～PA15控制点阵显示模块的16行、PB0～PB15控制点阵显示模块的16列,所以可以通过软件配置IO口,把PA口和PB口全部设置为输出模式。配置代码如下:

```
PA->OUTEN |=0xffff
PB->OUTEN |=0xffff
```

2.如何控制点阵显示模块

从图6-22和图6-23所示可以看出,当16×16点阵显示模块的DA_R1~DA_R16(PA0～PA15)输入为低电平,DA_C1~DA_C16(PB0～PB15)输入为高电平时,点阵显示全灭;当16×16点阵显示模块的DA_R1~DA_R16输入为高电平,DA_C1~DA_C16输入为低电平时,点阵显示全亮。

在点阵开始显示时,应先使点阵显示全灭,代码如下:

```
PA->OUTCLR=0xffff;          //PA口输出"0"、PB口输出"1",使得点阵全灭
PB->OUTSET|=0xffff;
```

3.逐行扫描显示

接着将需要点亮的灯点亮,每点一个灯,需要将所有的灯全灭一次,在不断的循环中,根据视觉暂留现象可以看到需要显示的图形,配置代码如下:

```
PA->OUTCLR=0xFFFF;     //A口置0,B口置1为全灭
PB->OUTSET|=0xFFFF;
PB->OUTCLR=(1<<1);    //第2列准备显示
PA->OUTSET|=(1<<2);    //第2列第3行的LED点亮
mDelay(1);            //延时1ms
PA->OUTCLR=0xFFFF;    //A口置0,B口置1为全灭
PB->OUTSET|=0xFFFF;
PB->OUTCLR=(1<<1);    //第2列准备显示
PA->OUTSET|=(1<<3);    //第2列第4行的LED点亮
mDelay(1);            //延时1ms
PA->OUTCLR=0xFFFF;    //A口置0,B口置1为全灭
PB->OUTSET|=0xFFFF;
PB->OUTCLR=(1<<1);    //第2列准备显示
```

```
PA->OUTSET|=(1<<4);          //第2列第5行的LED点亮
mDelay(1);                   //延时1ms
PA->OUTCLR=0xFFFF;           //A口置0,B口置1为全灭
PB->OUTSET|=0xFFFF;
PB->OUTCLR=(1<<1);           //第2列准备显示
PA->OUTSET|=(1<<5);          //第2列第6行的LED点亮
mDelay(1);                   //延时1ms
```

以上为关键部分的程序讲解。

4.效果实现

电路接入后,程序编译成功,下载至M0主控板,采用1拖4的5V适配器接入主控板和16×16点阵模块为其供电,点阵屏幕上可以显示出"L"和"K"两个字母。实物演示效果如图6-17所示。

6.3　交通信号灯控制系统

交通信号灯控制系统,指东西南北4个方向各有红黄绿3种颜色的指示灯各一盏,共计12盏指示灯,用来指挥车辆和行人安全通行。任务要求如下:

(1)当红色指示灯亮时,表示禁止该方向的车辆和行人通行。

(2)当绿色指示灯亮时,表示允许该方向的车辆和行人通行。

(3)当黄色指示灯亮时,提示人们红、绿灯状态即将切换,为东西南北两干道的公共停车时间。

(4)验证交通灯控制系统工作时,每个路口绿灯亮5s、红灯亮7s、黄灯闪烁2s。

本任务是利用LK32T102、74HC245等集成电路芯片,完成交通信号灯控制电路设计;用C语言程序实现交通信号灯控制系统的功能。系统开机后,若启动键没有按下则交通信号灯不工作;若启动键按下则交通信号灯控制东西、南北循环交替通行。具体为东西方向红灯亮、南北方向绿灯亮5s后,南北方向绿灯熄灭同时南北方向黄灯闪烁2s,之后两个路口信号灯全都熄灭0.1s,然后切换为东西方向绿灯亮、南北方向红灯亮5s后,东西方向绿灯熄灭同时东西方向黄灯闪烁2s,之后两个路口信号灯全都熄灭0.1s,接下来就重复上述过程。交通信号灯控制系统实物演示效果如图6-25所示。

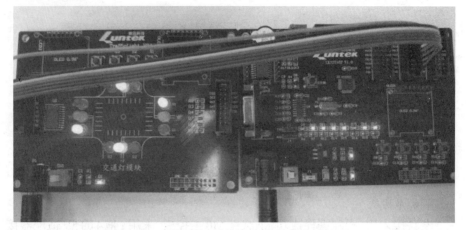

图6-25 交通信号灯控制系统实物演示效果

6.3.1 任务分析

1. 交通信号灯显示结构

本任务的要求实质上只是利用LK32T102控制3种颜色的LED(交通信号灯)按照一定的规律点亮,而且LED的摆放位置分别固定于东西南北4个方向,因此完成此任务只需安排好各方向各种颜色LED的工作时间及工作时长即可。这里只是做简单验证,故各路口的交通信号灯只放置了一组,忽略人行道等其他配置,交通信号灯布局如图6-26所示。

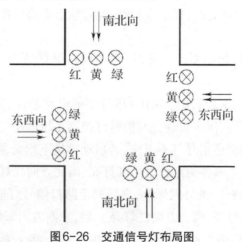

图6-26 交通信号灯布局图

2. 交通信号灯工作方式

交通信号灯的工作其实是一个非常复杂的问题,其工作方式设置的好坏直接影响到城市交通是否通畅,行人车辆通行是否安全的问题。本任务从简化的工作方式引入,希望读者可以在此基础上更深入地去开发更实用的交通信号灯控制系统。由图6-26所示可知,东西方向的信号灯是同时工作的,南北方向的信号灯也是同时工作的,故可以设置一个简单的交通信号灯工作方式见表6-11,设置一个按键,每次按键按下,触发交通信号灯按照表6-11的方式工作一次。

表6-11　各LED的工作状态及时长

路口　时间	5s	2s	0.1s	5s	2s	0.1s
东西	红亮	红亮	全灭	绿亮	黄闪	全灭
南北	绿亮	黄闪	全灭	红亮	红亮	全灭

3. 交通灯控制系统电路设计实现分析

根据上述分析,交通灯控制系统可由LK32T102最小系统、键盘、交通信号灯LED、交通灯驱动模块74HC245、交通信号灯LED显示模块构成,其系统设计框图如图6-27所示。

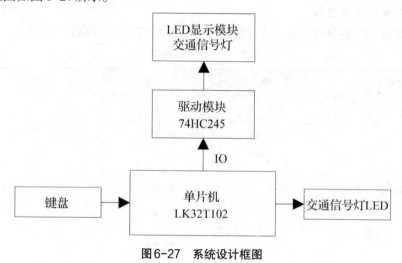

图6-27　系统设计框图

6.3.2　硬件设计

1. 交通信号灯电路设计

根据任务要求和任务分析,交通信号灯控制系统电路是由LK32T102、驱动模块和LED显示模块组成。本任务采用主控板模块和交通信号灯模块,任务要求在验证时采用的是简化版,只用了12个LED,如果实际做一个交通信号

313

灯控制系统远不止12个LED,故交通信号灯的驱动模块是必须要考虑的。本任务利用74HC245作为驱动芯片来实现增大LK32T102的GPIO口的驱动能力,74HC245的每个IO口驱动两路LED,用于交通信号灯模拟系统,其电路原理图如图6-28所示。交通信号灯控制系统的启动按键采用的是独立按键的设计方法,与前面LK32T102单片机开发板中一样,这里就不再介绍了。

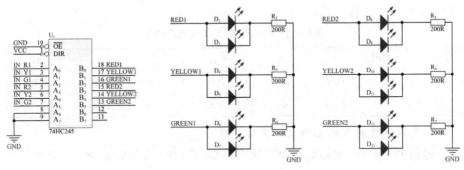

图6-28　交通信号灯电路原理图

2.硬件资源连接

系统的硬件连线见表6-12,采用母对母杜邦线即可连接各个模块。

表6-12　硬件连线表

模块名称	IO引脚	控制引脚	模块名称
M0主控模块	PB.0	IN_R1	交通信号灯模块
	PB.1	IN_Y1	
	PB.2	IN_G1	
	PB.3	IN_R2	
	PB.4	IN_Y2	
	PB.5	IN_G2	
	PB.6	S1	

6.3.3　软件设计

根据任务要求和任务分析,交通信号灯控制系统程序设计流程如图6-29所示。

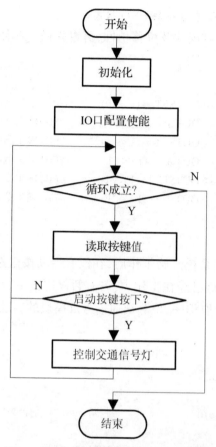

图6-29 交通灯控制系统程序设计流程

1. 配置 IO 口

由于LK32T102单片机的PB0～PB5控制交通灯模块的各LED,PB6控制交通信号灯模块的按键,所以可以通过软件配置IO口,将PB0～PB5设置为输出模式,PB6设置为输入模式。配置代码如下:

```
#define PB_OUT_ENABLE(x) PB->OUTEN |= (1<<x);          //输出使能
#define PB_OUT_DISABLE(x) PB->OUTEN &= ~(1<<x);         //输入使能
PB_OUT_ENABLE(0);          //设置PB0为输出模式
PB_OUT_ENABLE(1);          //设置PB1为输出模式
PB_OUT_DISABLE(6);         //设置PB6为输入模式
```

2.如何控制交通信号灯模块LED状态

为了提高程序的可读性及可移植性,可以先做一些便于修改LED工作状态的宏定义如下:

```
#define R1_ON   PB -> OUTSET |= (1 << 0);        //PB0输出高电平,东西红灯亮
#define R1_OFF  PB -> OUT &= ~(1 << 0);          //PB0输出低电平,东西红灯灭
#define Y1_ON   PB -> OUTSET |= (1 << 1);        //PB1输出高电平,东西黄灯亮
#define Y1_OFF  PB -> OUT &= ~(1 << 1);          //PB1输出低电平,东西黄灯灭
#define G1_ON   PB -> OUTSET |= (1 << 2);        //PB2输出高电平,东西绿灯亮
#define G1_OFF  PB -> OUT &= ~(1 << 2);          //PB2输出低电平,东西绿灯灭
```

3.键盘扫描

交通信号灯控制系统开始工作后,在没有启动按键按下时信号灯是不工作的,或者交通信号灯已经在工作中,若有暂停键按下,系统可以暂停。所以首先需要编写按键读取程序,检测交通信号灯模块的启动按键是否按下,按键扫描子函数代码如下:

```
char TRA_KEY_Scan( )
{
if(!(PB->PIN&(1<<6)))                    //判断PB6端口是否为低电平
 {
        delay_ms(10);                    //延时10ms消抖
        if(!(PB->PIN&(1<<6)))            //再次判断PB6端口是否为低电平
        return TS1;                      //返回启动键按下的状态值
 }
}
```

4.主函数

在主函数中的主循环主要就是循环扫描键盘,若有启动键按下,则让交通信号灯以循环模式工作,工作流程见表6-11。交通信号灯循环模式工作的代码段如下:

```
key=TRA_KEY_Scan( );                    //调用按键扫描子函数,返回值给key
 if(key==TS1)                           //若key的值为TS1,表示启动键按下
 {
```

```
    R1_ON;                          //东西红灯亮
    G2_ON;                          //南北绿灯亮
    delay_ms(5000);                 //保持5s
    G2_OFF;                         //南北绿灯熄灭
    for(i=0;i<5;i++)                //南北黄灯闪烁
    {
        Y2_ON;
        delay_ms (200);
        Y2_OFF;
        delay_ms (200);
    }
    ……                             //后面的代码同理
}
```

以上为关键部分的程序讲解。

5．效果实现

电路接入后，程序编译成功，下载进M0主控模块，采用1拖4的5V适配器接入主控板和交通信号灯模块为其供电，接通主控板和交通信号灯模块的电源开关，按下启动按键S1，可以观察到交通信号灯按照先是东西方向红灯和南北方向绿灯亮，5s后南北方向绿灯熄灭，南北方向黄灯闪烁2s，东西南北方向信号灯全部熄灭，接着东西方向绿灯亮，南北方向红灯亮，5s后东西方向绿灯熄灭，东西方向黄灯闪烁2s，最后东西南北方向信号灯全部熄灭的顺序循环。交通信号灯控制系统实物演示效果如图6-25所示。

6.4 超声波测距系统

由于超声波指向性强，耗能缓慢，在介质中传播的距离较远，因而超声波经常用于距离的测量。超声波测距已经广泛应用于汽车倒车、建筑施工工地以及一些工业现场的位置监控，也可用于如液位、井深、管道长度等的测量。

本任务是利用LK32T102、74LS04、CX20106等集成电路芯片，完成超声波测距系统电路设计；用C语音程序实现超声波测距并显示的功能。系统开机后，打开PC机上的串口调试工具，启动串口通信后将在接收数据窗口处看见有源源不断的距离信息更新在屏幕上，超声波测距系统实物连接图如图6-30所示，实物测试数据如图6-31所示。

图6-30　超声波测距系统实物连接图

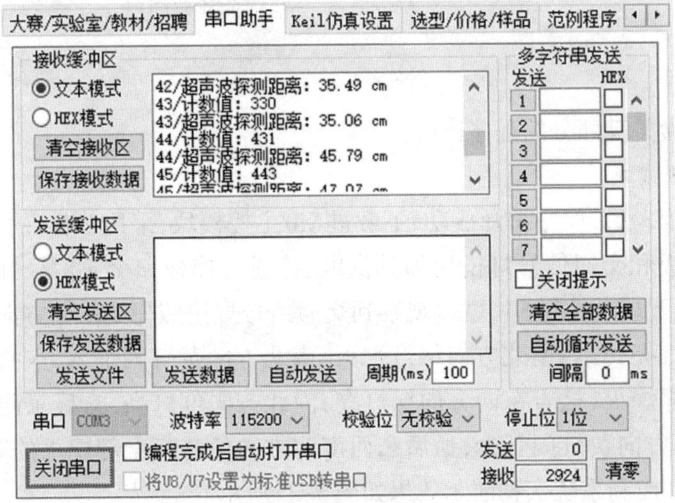

图6-31　超声波测距系统实物测试数据

6.4.1　任务分析

1.超声波发生器

声波可以分为三种,即次声波、声波、超声波。次声波的频率为20Hz以下,声波的频率为20Hz~20kHz,超声波的频率则为20kHz以上,其中的次声波和超声波,一般人耳是听不到的。为了研究和利用超声波,人们已经设计和制成了许多超声波发生器。超声波可利用电气方式产生,也可利用机械方式产生。电气方式包括压电型、磁致伸缩型和电动型;机械方式包括加尔统笛、夜哨和气流旋笛等。本任务中采用压电式超声波发生器。

压电式超声波换能器是利用压电晶体的谐振来工作的。超声波换能器内部结构如图6-32所示,它有两个压电晶片和一个共振板。当它的两极外加脉冲信号,其频率等于压电晶片的固有振荡频率时,压电晶片将会发生共振,并带动共振板振动,便产生超声波;反之,如果两极间未外加电压,当共振板接收到超声波时,将压迫压电晶片作振动,将机械能转换为电信号,这时它就成为超声波接收器了。

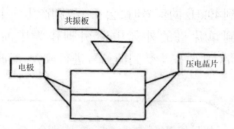

图6-32　超声波换能器内部结构

2.超声波测距原理

超声波测距的原理是利用超声波在空气中的传播速度为已知,测量声波在发射后遇到障碍物反射回来的时间,根据发射和接收的时间差计算出发射点到障碍物的实际距离。即假设超声波发射器向某一方向发射超声波,在发射时刻的同时开始计时,超声波在空气中传播途中碰到障碍物就立即返回来,超声波接收器收到反射波就立即停止计时。超声波在空气中的传播速度为340m/s,根据计时器记录的时间t,就可以计算出发射点距障碍物的距离S,即S=340t/2。这就是所谓的时间差测距法。

由此可见,超声波测距原理与雷达原理是一样的。

测距的公式:

$$L=C\times T \tag{6-1}$$

式中,L为测量的距离长度;C为超声波在空气中的传播速度;T为测量距离传播的时间差(T为发射到接收时间数值的一半)。

3.超声波收发电路设计实现分析

超声波的收发电路设计方案其实有很多,理论上只需能满足产生及处理超声波(20kHz以上)信号即可。实际应用中首先要确定超声波探头(超声波收发装置)的型号,不同型号的超声波探头其标称频率等参数不一样,与其适用的驱动电路及接收处理电路也不一样。目前,市场上常见的超声波探头的标称频率以40kHz居多。

(1)超声波发射电路设计。超声波探头工作需要的频率信号可以由单片机直接产生,也可以由振荡电路产生。例如,可以利用单片机的内部定时器生成40kHz方波,也可以利用NE555搭建多谐振荡电路产生40kHz方波等。本任务采用的是单片机直接产生40kHz方波信号的方式,然后配合驱动电路增加单片机GPIO口的驱动能力。

(2)超声波接收电路设计。超声波接收电路采用红外检波接收专用芯片CX20106A制作超声波检测接收电路,其内部电路及引脚图如图6-33所示。当CX20106A接收到40kHz的信号时,会在第7脚产生一个低电平下降脉冲,这个信号可以接到单片机的外部中断引脚作为中断信号输入。使用CX20106A集成电路对接收探头受到的信号进行放大、滤波,其总放大增益为80db。

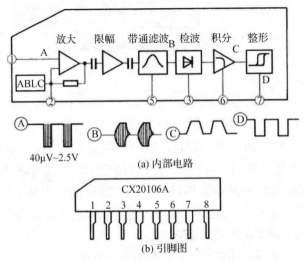

图6-33　CX20106A内部电路及引脚图

以下是CX20106A的引脚注释:

1脚:超声信号输入端,该脚的输入阻抗约为40kΩ。

2脚:该脚与地之间外接RC串联网络,它们是负反馈串联网络的一个组成部分,改变它们的数值能改变前置放大器的增益和频率特性。增大电阻值或减小电容值将使负反馈量增大,放大倍数下降;反之,则放大倍数增大。但电容值的改变会影响到频率特性,一般在实际使用中不必改动,推荐选用参数为$R=4.7Ω,C=1μF$。

3脚:该脚与地之间连接检波电容,若电容量大,则为平均值检波,瞬间相应灵敏度低;若电容量小,则为峰值检波,瞬间相应灵敏度高,但检波输出的脉冲宽度变动大,易造成误动作,推荐参数为3.3μF。

4脚:接地端。

5脚:该脚与电源间接入一个电阻,用以设置带通滤波器的中心频率f_0,阻值越大,中心频率越低。例如,取$R=200\text{k}\Omega$时,$f_0\approx42\text{kHz}$;若取$R=220\text{k}\Omega$,则中心频率$f_0\approx38\text{kHz}$。

6脚:该脚与地之间接一个积分电容,标准值为330pF,如果该电容取得太大,会使探测距离变短。

7脚:遥控命令输出端,为集电极开路输出方式,因此该引脚必须接上一个上拉电阻到电源端,推荐阻值为22kΩ,在没有接收信号时该端输出为高电平,在有信号时则输出下降。

8脚:电源正极,4.5~5V。

根据上述分析,超声波测距系统可由LK32T102、超声波发射模块和超声波接收模块等组成,其系统框图如图6-34所示。

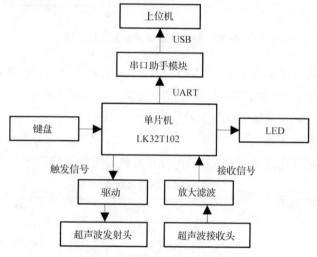

图6-34 超声波测距系统框图

6.4.2 硬件设计

1.超声波收发电路设计

根据任务要求和任务分析,本设计中采用主控板模块和超声波距离检测模块,配置M0单片机的PA7口作为超声波模块的触发信号输入口,PB14作为超声波模块的结束信号输出接收口。主控板模块的电路图这里就不再展现,超声波距离检测模块原理图如图6-35所示。

超声波发射电路是由反相器74LS04和超声波换能器T构成,由单片机定时器产生的40kHz的方波信号由PA7端口输出,一路经一级反相器后送到超声波换能器的一个电极;另一路经两级反相器后送到超声波换能器的另一个电极。用推挽形式将方波信号加到超声波换能器的两端,通过逆压电效应产生超声波并提高超声波的发射强度。输出端采用两个反相器并联以提高驱动能力。上拉电阻 R_6 和 R_7 不仅可以提高反相器74LS04输出高电平的驱动能力,并且可以增强超声波换能器的阻尼效果,缩短自由振荡的时间。

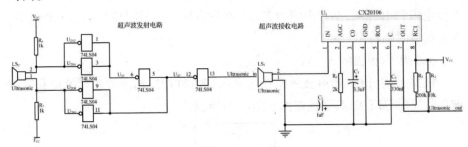

图6-35 超声波距离检测模块原理图

超声波接收换能器收到的回波信号一般只有几毫伏,通过CX20106A接收超声波具有很好的灵敏度和较强的抗干扰能力。适当更改电容 $C3$ 的大小,可以改变接收电路的灵敏度和抗干扰能力。

2.硬件资源连接

系统的硬件连线见表6-13,采用母对母杜邦线即可连接各个模块。

表6-13 硬件连线表

模块名称	IO引脚	控制引脚	模块名称
M0主控模块	PA.7	Ultrasonic_in	超声波距离检测模块
	PB.14	Ultrasonic_out	
	UART1_RX	TXD	串口助手模块
	UART1_TX	RXD	

6.4.3 软件设计

根据任务要求和任务分析,超声波测距系统程序设计流程如图6-36所示,超声波时序图如图6-37所示。

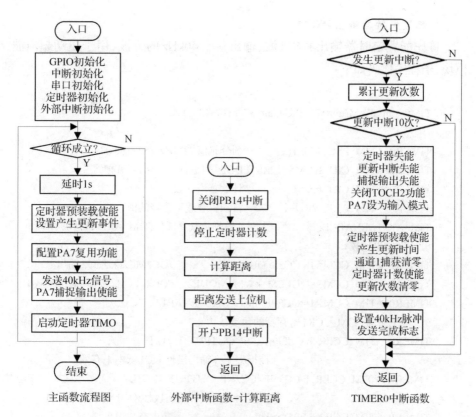

图6-36 超声波测距系统程序设计流程

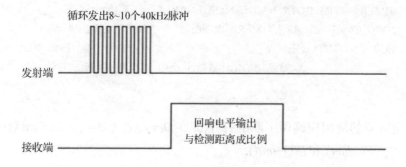

图6-37 超声波时序图

由图6-37所示超声波时序图可知,发射端并不是一直连续送出40kHz脉冲信号,而是每次发送8~10个周期的40kHz脉冲信号,然后等待接收端的检测信号,因为如果一直连续发射可能会出现前后多个回波信号串扰的问题。

1. 配置定时器输出PWM

首先配置定时器输出PWM波,输出一个40kHz的方波,用于驱动超声波模块,子程序代码如下:

```
void TIM0_Init_PWM(uint32_t PRD, uint32_t DB_CFG)
{
    TIMER0->TIM_PSC=450-1;           //预分频值72MHz/450=160kHz
    TIMER0->TIM_CR1_b.CMS=CMS_EDGE_ALIGN; //边沿对齐模式
    TIMER0->TIM_CR1_b.DIR=0;          //计数器增计数
    TIMER0->TIM_ARR=PRD-1;            //自动重装载寄存器的值
    TIM_ARPE_ENABLE;                  //周期计数预装载允许位:TIM_ARR寄存器有缓冲
    //PWM输出比较
    TIMER0->TIM_CCMR1|=CC2S_OUTPUT;            //OC2MCH2通道2输出
    TIMER0->TIM_CCMR1|=OC2M_PWM_MODE2;  //OC2M CH2选择PWM模式1
    TIMER0->TIM_CCMR1|=OC2PE_PRELOAD_ENABLE;
    //OC2PE 开启TIM_CCR1寄存器的预装载功能
    TIMER0->TIM_CCER_b.CC2P=CC2P_OUTPUT_LOW;
                        //捕捉/比较1输出极性:OC1低电平有效
    TIMER0 -> TIM_CCER_b.CC2NP=CC2NP_OUTPUT_HIGH;
                        //捕捉/比较1互补输出极性:OC1N高电平有效
    TIMER0->TIM_CCR2 = PRD>>1;               //占空比设置/2
    //死区设置
    TIMER0->TIM_BDTR_b.MOE=MOE_ENABLE;   //主输出使能
    NVIC_ClearPendingIRQ(TIMER0_IRQn);      //TIMER0清除中断标志
    EGR_CNT_UPDATE;                         //TIMER0->TIM_EGR_b.UG=1;
                //重新初始化计数器,并产生一个(寄存器)更新事件
}
```

定时器的使用应确保中断的打开,即在*Device.c*的*Device_Init*()函数中,要打开*IRQ_Enable*();和*IRQ_Init*();

2. 配置定时器0控制PWM脉冲个数

在定时器0中断中,通过变量TIM0_UIE_Times累计PWM信号的脉冲个数,当达到10就表示1组发射驱动信号已发送完毕,需使定时器失能,停止发送40kHz信号,子程序代码如下:

```
void TIMER0_IRQHandler( )
{
if(TIMER0->TIM_SR_b.UIF==1)    //发生更新中断,等待脉冲发送完成
{
    TIM0_UIE_Times++;              //更新中断进入次数
    if(TIM0_UIE_Times>=10)
    {
        TIMER0->TIM_CR1_b.CEN=0;                        //定时器失能
        TIMER0->TIM_DIER_b.UIE=UIE_DISABLE;             //更新中断失能
        TIMER0->TIM_CCER_b.CC2E=CC2E_DISABLE;           //捕捉/比较2输出使能
        GPIO_AF_SEL(DIGITAL, PA, 7, 0);                 //关闭T0CH2功能
        PA_OUT_DISABLE(7);                              //PA7输入模式
        TIMER0->TIM_ARR=0xffff;

        TIM_ARPE_ENABLE;                                //预装载使能
        EGR_CNT_UPDATE;                                 //产生更新时间
        TIMER0->TIM_ISR &=~(3<<15);                     //通道1捕获清零
        TIMER0->TIM_ISR|=(1<<17);                       //计数器捕获清零使能
        TIMER0->TIM_CR1_b.CEN=1;                        //定时器计数使能
        TIM0_UIE_Times=0;                               //更新中断进入次数清零
        TIM0_Send_Receive=1;                            //40kHz脉冲发送完成
    }
}
}
```

3.配置外部中断

开启PB14外部中断,用于接收超声波输出端的脉冲,外部中断配置为单边沿触发,下降沿触发,子程序代码如下:

```
PB_INT_ENABLE(14);          //开启PB14中断
PB_INT_EGDE(14);            //配置为边沿中断
PB_INT_BE_DISABLE(14);      //配置为单边沿触发
PB_INT_POL_LOW(14);         //配置为下降沿触发
PB_INT_FLAG_CLR(14);        //清除中断标志
```

4.PB14外部中断服务函数计算距离

在外部中断函数中编写程序,当PB14捕获到下降沿的时候,说明发送出去的超声波已经返回且被接收到,这个时候关闭TIMER0定时器,读取TIMER0

的计数值,用于计算超声波的时间。定时器设置的频率为160kHz,所以每个计数值代表的时间为,1/0.16MHz=6.25μs,其中声速为0.34mm/μs,计算出来的距离除以2,就是最终所测得距离值。所以程序中距离计算公式为:

ult_distance=(TIMER0–>TIM_CNT)×6.25×0.34 / 2 / 10

PB14外部中断函数如下:

```
void GPIO1_IRQHandler( )
{
    if(!(PB -> PIN & (1 << 14)))                //判断是否有超声波回收信号
    {
        TIMER0 -> TIM_CR1_b.CEN = 0;            //定时器计数失能
        PB_INT_DISABLE(14);                     //关闭PB14中断
        printf("\n%d/计数值:%d  \r\n", ult_times, TIMER0 -> TIM_CNT);
                                                //串口打印计数器的计数值
        ult_distance = (TIMER0 -> TIM_CNT) * 6.25 * 0.34 / 2 / 10;
        //(1 / 0.16MHz = 6.25μs),声速0.34mm/us,/2 两倍传输距离,/10 毫米换算厘米
        printf("%d/超声波探测距离:%5.2f cm  \r\n", ult_times++, ult_distance);
                                                //串口打印测得的距离值
        PB_INT_FLAG_CLR(14);                    //清除中断标志
        PB_INT_ENABLE(14);                      //开启PB14中断
    }
    NVIC_ClearPendingIRQ(PB_IRQn);              //清除中断
}
```

以上为关键部分的程序讲解。

5.效果实现

电路接入后,程序编译成功,下载进M0主控模块,采用1拖4的5V适配器接入主控板和超声波距离检测模块为其供电,在超声波发射器前放置障碍物,通过串口助手工具可以看到超声波测量所获得的距离。超声波测距系统实物连接和测试数据如图6-30和图6-31所示。

6.5 ZigBee无线自组网系统

ZigBee技术是随着工业自动化对于无线通信和数据传输的需求而产生的,ZigBee网络省电、可靠、成本低、容量大、安全,可广泛应用于各种自动控制领域。它主要针对工业、家庭自动化、遥测遥控、汽车自动化、农业自动化和医

疗护理等。例如,应
用于灯光自动化控
制、传感器的无线数
据采集和监控、油
田、电力、矿山和物
流管理等应用领域。
另外,它还可以对局
部区域内移动目标,
如城市中的车辆进
行定位。本设计是
一个 ZigBee 无线自
组网的设计,主要是
通过一个协调器组

图6-38 ZigBee无线自组网系统实物连接图

建网络,将路由节点加入网络,最终实现两个节点之间数据互传的设计。

本任务是利用LK32T102、CC2530等集成电路芯片,完成ZigBee模块串口通信的设计,用C语言程序实现两个节点之间数据互传的功能。系统开机后可实现ZigBee模块接收到的数据显示在PC机的串口助手屏幕中,ZigBee无线自组网系统实物连接图如图6-38所示,系统联调效果如图6-39所示。

图6-39 ZigBee无线自组网系统联调效果

327

6.5.1 任务分析

1.ZigBee 节点

ZigBee 在网络配置上有 3 种类型的节点：ZigBee 协调点、ZigBee 路由节点和 ZigBee 终端节点。

(1)ZigBee 协调点。ZigBee 协调点在 IEEE 802.15.4 中也称为 PAN(Personal Area Network)协调点(ZigBee Coordinator,ZC)，在无线传感器网络中可以作为汇聚节点。ZigBee 协调点必须是 FFD，一个 ZigBee 网络只有一个 ZigBee 协调点，它往往比网络中其他节点的功能更强大，是整个网络的主控节点。它负责发起建立新的网络、设定网络参数、管理网络中的节点以及存储网络中节点信息等，网络形成后也可以执行路由器的功能。ZigBee 协调点是 3 种类型的 ZigBee 节点中最为复杂的一种，一般由交流电源持续供电。

(2)ZigBee 路由节点。ZigBee 路由节点(ZigBee Router, ZR)也必须是 FFD。ZigBee 路由节点可以参与路由发现、消息转发，通过连接别的节点来扩展网络的覆盖范围等。此外，ZigBee 路由节点还可以在它的个人操作空间(Personal Operating Space,POS)中充当普通协调点(IEEE 802.15.4 称为协调点)。普通协调点与 ZigBee 协调点不同，它仍然受 ZigBee 协调点的控制。

(3)ZigBee 终端节点。ZigBee 终端节点(ZigBee EndDevice,ZE)可以是 FFD 或者 RFD，它通过 ZigBee 协调点或者 ZigBee 路由节点连接到网络，但不允许其他任何节点通过它加入网络，ZigBee 终端节点能够以非常低的功率运行。

2.ZigBee 组网步骤

组建一个完整的 ZigBee 网状网络包括两个步骤：网络初始化、节点加入网络。其中节点加入网络又包括两个步骤：通过与协调器连接入网和通过已有父节点入网。

(1)ZigBee 网络初始化预备。ZigBee 网络的建立是由网络协调器发起的，任何一个 ZigBee 节点要组建一个网络必须要满足以下两点要求：

①节点必须是 FFD 节点，具备 ZigBee 协调器的能力。

②节点还没有与其他网络连接，当节点已经与其他网络连接时，此节点只能作为该网络的子节点，因为一个 ZigBee 网络中只有一个网络协调器。

FFD:Full FuncTIon Device 全功能节点

RFD:Reduced FuncTIonDevice 半功能节点

(2)ZigBee 网络初始化流程。ZigBee 网络初始化流程如图 6-40 所示。

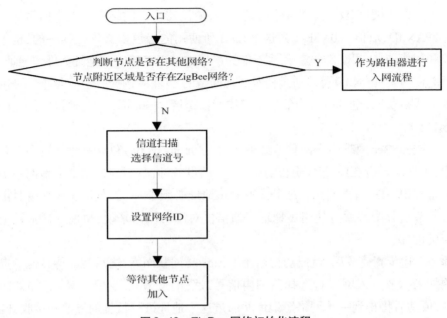

图6-40　ZigBee网络初始化流程

初始化流程的具体说明如下：

①确定网络协调器。首先判断节点是否是FFD节点，接着判断此FFD节点是否在其他网络里或者网络里是否已经存在协调器。通过主动扫描发送一个信标请求命令（Beaconrequest command），然后设置一个扫描期限（T_scan_duraTIon），如果在扫描期限内都没有检测到信标，那么就认为FFD在其POS内没有协调器，此时就可以建立自己的ZigBee网络，并且作为这个网络的协调器不断地产生信标并广播出去。

注意：一个网络里，只能有一个协调器（coordinator）。

②进行信道扫描过程。信道扫描包括能量扫描和主动扫描两个过程：首先对指定的信道或者默认的信道进行能量检测，以避免可能的干扰。以递增的方式对所测量的能量值进行信道排序，抛弃那些能量值超出了可允许能量水平的信道，选择可允许能量水平的信道并标注这些信道是可用信道。接着进行主动扫描，搜索节点通信半径内的网络信息。这些信息以信标帧的形式在网络中广播，节点通过主动信道扫描方式获得这些信标帧，然后根据这些信息，找到一个最好的、相对安静的信道，通过记录的结果选择一个信道，该信道应存在最少的ZigBee网络，最好是没有ZigBee设备。在主动扫描期间，MAC层将丢弃PHY层数据服务接收到的除信标以外的所有帧。

③设置网络ID。找到合适的信道后,协调器将为网络选定一个网络标识符(PAN ID,取值<=0X3FFF),这个ID在所使用的信道中必须是唯一的,也不能和其他ZigBee网络冲突,而且不能为广播地址0XFFFF(此地址为保留地址,不能使用)。PAN ID可以通过侦听其他网络的ID然后选择一个不会冲突的ID的方式来获取,也可以人为的指定扫描的信道后,来确定不和其他网络冲突的PAN ID。

在ZigBee网络中有两种地址模式:扩展地址(64位)和短地址(16位)。其中,扩展地址由IEEE组织分配,用于唯一的设备标识;短地址用于本地网络中设备标识,在一个网络中,每个设备的短地址必须唯一,当节点加入网络时由其父节点分配并通过使用短地址来通信。对于协调器来说,短地址通常设定为0x0000。

上述步骤完成后,就成功初始化了ZigBee网状网络,之后就等待其他节点的加入。节点入网时将选择范围内信号最强的父节点(包括协调器)加入网络,成功后将得到一个网络短地址并通过这个地址进行数据的发送和接收,网络拓扑关系和地址就会保存在各自的Flash中。

(3)ZigBee节点通过协调器加入网络。当节点协调器确定之后,节点首先需要和协调器建立连接加入网络,网络连接建立示意图如图6-41所示。为了建立连接,FFD节点需要向协调器提出请求,协调器接收到节点的连接请求后根据情况决定是否允许其连接,然后对请求连接的节点做出响应,节点与协调器建立连接后,才能实现数据的收发。

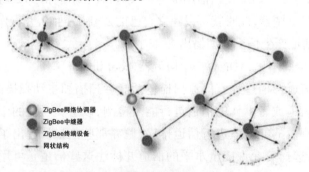

图6-41 网络连接建立示意图

节点加入网络的具体流程可以分为下面的步骤:

①查找网络协调器。首先会主动扫描查找周围网络的协调器,如果在扫描期限内检测到信标,那么将获得协调器的有关信息,这时就向协调器发出连接请求。在选择合适的网络之后,上层将请求MAC层对物理层PHY和MAC

层的phyCurrentChannel、macPANID等PIB属性进行相应的设置。如果没有检测到,间隔一段时间后,节点重新发起扫描。

②发送关联请求命令(Associaterequest Command)。节点将关联请求命令发送给协调器,协调器收到后立即回复一个确认帧(ACK),同时向它的上层发送连接指示原语,表示已经收到节点的连接请求。但是这并不意味着已经建立连接,只表示协调器已经收到节点的连接请求。当协调器的MAC层的上层接收到连接指示原语后,将根据自己的资源情况(存储空间和能量)决定是否同意此节点的加入请求,然后给节点的MAC层发送响应。

③等待协调器处理。当节点收到协调器加入关联请求命令的ACK后,节点MAC将等待一段时间,接收协调器的连接响应。在预定的时间内,如果接收到连接响应,它将这个响应向它的上层通告,而协调器给节点的MAC层发送响应时会设置一个等待响应时间(T_ResponseWaittIme)来等待协调器对其加入请求命令的处理。若协调器的资源足够,协调器会给节点分配一个16位的短地址,并产生包含新地址和连接成功状态的连接响应命令,则此节点将成功和协调器建立连接并可以开始通信;若协调器资源不够,待加入的节点将重新发送请求信息,直到入网成功。

④发送数据请求命令。如果协调器在响应时间内同意节点加入,那么将产生关联响应命令(Associateresponse Command)并存储这个命令。当响应时间过后,节点发送数据请求命令(Datarequest Command)给协调器,协调器收到后立即回复ACK,然后将存储的关联响应命令发给节点。如果在响应时间到后,协调器还没有决定是否同意节点加入,那么节点将试图从协调器的信标帧中提取关联响应命令,成功的话就可以入网成功;否则,重新发送请求信息,直到入网成功。

⑤回复。节点收到关联响应命令后,立即向协调器回复一个确认帧(ACK),以确认接收到连接响应命令,此时节点将保存协调器的短地址和扩展地址,并且节点的MLME向上层发送连接确认原语,通告关联加入成功的信息。当靠近协调器的FFD节点和协调器关联成功后,处于这个网络范围内的其他节点就以这些FFD节点作为父节点加入网络了。具体加入网络有两种方式,一种是通过关联(Associate)方式,就是待加入的节点发起加入网络;另一种是直接(Direct)方式,就是待加入的节点具体加入那个节点下,作为该节点的子节点。其中关联方式是ZigBee网络中新节点加入网络的主要途径。

对于一个节点来说,只有没有加入过网络的才能进行加入网络。在这些节点中,有些是曾经加入过网络中,但是却与它的父节点失去联系(被称为孤儿节点),而有些则为新节点。当为孤儿节点时,在它的相邻表中存有原父节点信息,于是它可以直接给原父节点发送加入网络的请求信息。如果原父节点有能力同意它加入,即直接告诉它的以前被分配的网络地址,它便入网成功;如果此时它原来的父节点网络中,子节点数已达到最大值,也就是说网络地址已经分配满,父节点便无法批准它加入,它只能以新节点身份重新寻找并加入网络。

而对于新节点来说,它首先会在预先设定的一个或多个信道上通过主动或被动扫描周围它可以找到的网络,寻找有能力批准自己加入网络的父节点,并把可以找到的父节点的资料存入自己的相邻表。存入相邻表的父节点的资料包括ZigBee协议的版本、协议栈的规范、PAN ID和可以加入的信息。在相邻表中所有的父节点中选择一个深度最小的,并对其发出请求信息,如果出现相同最小深度的两个以上父节点,那么随机选取一个发送请求。如果相邻表中没有合适的父节点信息,那么表示入网失败,终止过程。如果发出的请求被批准,那么父节点同时会分配一个16位的网络地址,此时入网成功,子节点可以开始通信;如果请求失败,那么重新查找相邻表,继续发送请求信息,直到加入网络。

3.ZigBee 模块

本次实验用到的ZigBee通信模块分为协调器和路由节点,为透传模块,通过串口发送、接收数据。使用时只需要将单片机或者串口模块的RX、TX接入模块的TX、RX上,就可以实现单片机与模块之间的通信。

CC2530是ZigBee无线数据传输中的一个核心芯片,它能够以非常低的总材料成本建立强的网络节点。CC2530芯片有四种不同的闪存版本:分别具有32/64/128/256kB的闪存。CC2530芯片工作时具有不同的运行模式,使得它尤其适应超低功耗系统的要求。其运行模式之间的转换时间短,进一步确保了低能源消耗。

4.ZigBee无线自组网系统实现分析

根据上述分析,ZigBee无线自组网系统电路由LK32T102、ZigBee模块、串口助手模块和OLED显示模块组成。本系统设计框图如图6-42所示。

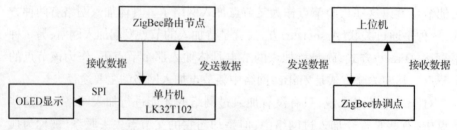

图6-42　ZigBee无线自组网系统设计框图

6.5.2　硬件设计

1.ZigBee 模块电路设计

根据任务要求和任务分析,本设计中采用主控板模块、ZigBee 协调器模块以及 ZigBee 路由节点模块,M0 单片机配置串口 0 与 ZigBee 的路由节点模块相连。ZigBee 协调器节点通过串口助手与计算机相连。ZigBee 模块电路原理图如图6-43所示。

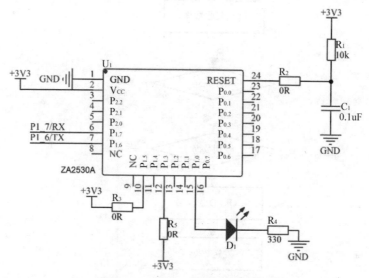

图6-43　ZigBee模块电路原理图

2. 硬件资源连接

系统的硬件连线见表6-14,采用母对母杜邦线即可连接各个模块。

表6-14　硬件连线表

模块名称	IO引脚	控制引脚	模块名称
M0主控模块	PA.2	P1_6/TX	ZigBee通信模块
	PA.3	P1_7/RX	(ZigBee路由节点)
串口助手模块	TXD	P1_7/RX	ZigBee通信模块
	RXD	P1_6/TX	(ZigBee协调点)

6.5.3　软件设计

由于采用了 ZA2530A 模块,故通信可直接适用串口通信,编程难度瞬间大幅降低,系统程序设计流程图如图6-44所示。

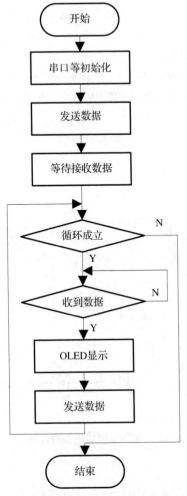

图6-44 系统程序设计流程图

1. 串口初始化

首先初始化串口1,波特率规定设为115 200bit/s,然后无奇偶校验,8位字长,FIFO不使能,无停止位,no break模式,开启发送和接收中断,其子程序代码如下:

```
void Uart0_Init(void)
{
    UART0–>UARTCR_b.UARTEN=1;    //UART 使能
    UART0–>UARTIBRD=39;          //波特率分频比的整数部分
```

```
UART0->UARTFBRD=5;        //波特率分频比的小数部分
UART0->UARTLCR_H=0x60;    //无奇偶校验,8位字长,FIFO不使能,无停止位
UART0->UARTIMSC_b.Receive_IM=1;    //关闭接收中断屏蔽(1)
UART0->UARTIMSC_b.Transmit_IM=1;   //关闭发送中断屏蔽(1)
UART0->UARTDMACR_b.TxFIFO_en=0;    //TxFIFO的DMA使能,高电平有效(1)
}
```

2. 串口发送数据

调用串口发送函数,其子程序代码如下:

```
void ZigBee_tx(void)
{
        printf("666\n\r");          //通过ZigBee模块发送反馈信息
}
```

3. 串口接收数据

编写串口接收程序,等待接收的数据,接收后对数据进行处理,显示在OLED上,其子程序代码如下:

```
while(1)                              //主循环
{
        if(flag==1)                  //判断是否有串口接收数据标志
        {
                flag=0;              //清除串口接收数据标志
                OLED_Clear( );       //清除OLED显示屏
                for(k=0;k<4;k++)     //依次将串口接收的数据保存至rev数组
                {
                        rev[k]=Uart.RevBuf[k];
                }
                OLED_ShowString(10,0,rev);    //将rev数组中的数据送OLED显示
        }
        ZigBee_tx( );                //通过ZigBee模块发送反馈信息
        delay_ms(500);               //延时500ms
}
```

以上为关键部分的程序讲解。

4.效果实现

电路接入后,程序编译成功,下载进M0主控板,采用1拖4的5V适配器接入主控板、ZigBee协调器模块和ZigBee路由节点模块为其供电,通过串口助手向ZigBee协调器模块发送数据,ZigBee路由节点与M0相接,M0将ZigBee路由节点接收的数据显示在OLED上。然后M0通过ZigBee路由节点向协调器发送数据,协调器再发送给串口助手,发送的数据可以显示在串口助手上。ZigBee无线自组网系统实物连接与联调效果如图6-38、图6-39所示。

6.6　温控电机系统

随着单片机模块和各类电子模块的深入学习,我们掌握了单片机的基本知识,了解了各类外设的应用方法,接下来可以尝试做一些更综合的练习,以便提高我们综合应用的能力。其实在实际应用中,往往需要我们开发的项目包含各种数据的采集及控制一些执行机构去完成特定的工作,这就需要我们具备系统开发及联调的综合应用能力。

本任务是利用LK32T102、DS18B20、L9110S等集成电路芯片,完成一个温控电机系统的电路设计;用C语言程序实现通过改变温度来控制电机转速,温度值可实时显示在数码管上的功能。这是一个典型的电子产品系统应用,系统开机后,数码管上实时显示当前的温度,若手捏DS18B20温度传感器可改变实测的当前温度,同步电机转速也随着温度的变化而变化,温控电机系统实物演示效果如图6-45所示。

图6-45　温控电机系统实物演示图

6.6.1 任务分析

1. 温度传感器DS18B20

DS18B20是美国DALLAS半导体公司生产的单线数字温度传感器,采用单总线技术,与单片机通信只需要一根I/O线,无需外部器件,在一根线上可以挂接多个DS18B20芯片。

DS18B20是由寄生电源、温度传感器、64位ROM和单总线接口、存放中间数据的高速暂存器RAM、用于存储用户设定温度上下限值的TH和TL触发器、存储与控制逻辑、8位循环冗余校验码(CRC)产生器和配置寄存器等部分组成。

(1)DS18B20的特性。

①每只DS18B20具有一个独有的、不可修改的64位序列号,根据序列号访问对应的器件。

②两种供电方式,寄生电源方式(即数据总线供电方式)和外部供电方式。

③测温范围为-55~+125℃,在-10~85℃范围内误差为±0.5℃。

④DS18B20的分辨率由用户通过EEPROM设置为9~12位。

⑤可编辑数据为9~12位,转换12位温度时间为750ms(最大)。

⑥用户可自行设定报警上下限温度。

⑦报警搜索命令可识别和寻址哪个器件的温度超出预定值。

(2)DS18B20的存储器。DS18B20的存储器由一个高速暂存RAM和非易失的EERAM构成。暂存RAM共9个存储单元,其结构如图6-46所示。暂存RAM中的TH、TL和配置字节是EERAM中TH、TL、配置字节的拷贝。改变TH、TL的值,可改变DS18B20的上下限报警温度,通过设置配置字节的第6、第7位,完成温度值分辨率的配置,CRC值为前8个字节的校验值。

温度值 低字节	温度值 高字节	TH/用户字节1	TL/用户字节2	配置字节	保留	保留	保留	8位CRC

LSB(0)   MSB(8)

图6-46 DS18B20暂存RAM结构

当温度转换命令发布后,经转换所得的温度值以二字节补码形式存放在高速暂存存储器的第0和第1个字节。单片机可通过单线接口读到该数据,读取时低位在前,高位在后,对应的温度计算:当符号位S=0时,直接将二进制位转换为十进制;当S=1时,先将补码变为原码,再计算十进制值。

温度值的低、高位结构如图6-47所示(该图为12位分辨率的情况,如果配置为低的分辨率,无意义位为0),其中低位字节中包括了二进制小数部分,高位字节包括了符号位S(正温度为0,负温度为1)。

低位字节:

2^3	2^2	2^1	2^0	2^{-1}	2^{-2}	2^{-3}	2^{-4}

MSB   LSB

高位字节:

S	S	S	S	S	2^6	2^5	2^4

MSB   LSB

图6-47　DS18B20温度字节结构

例如,+125℃的数字输出07D0H(正温度直接把16进制数转成10进制即得到温度值),-55℃的数字输出为0FC90H(负温度把得到的16进制数取反后加1再转成10进制数)。

(3)DS18B20通信协议。单片机控制DS18B20完成温度转换必须经过三个步骤:每一次读写之前都要对DS18B20进行复位(初始化),复位成功后发送一条ROM指令,最后发送RAM指令,这样才能对DS18B20进行预定的操作。

①DS18B20初始化(复位)。主机通过拉低单线480μs以上以产生复位脉冲,然后释放该线,进入Rx接收模式。主机释放总线时,会产生一个上升沿,当DS18B20检测到该上升沿后,延时15～60μs,通过拉低总线60～240μs来产生应答脉冲,主机接收到从机的应答脉冲后,说明有单线器件在线,可进行后操作;若无应答,说明器件不存在或连接错误,给出报警信息。

②ROM操作命令。主机检测到应答脉冲后,便可以发起ROM操作命令,共有5个ROM操作命令,见表6-15。

表6-15　ROM操作命令

命　令	约定代码	操作说明
读ROM	33H	读取光刻ROM中的64位,只用于总线上单个DS18B20的情况
ROM匹配	55H	发出此命令之后,接着发出64位ROM编码,访问单总线上与编码相对应DS18B20,使之做出响应,为下一步对该DS18B20的读写做准备
跳过ROM	CCH	忽略64位ROM地址,直接向DS18B20发温度变换命令,适用于单片机工作
搜索ROM	F0H	用于确定挂接在同一总线上DS18B20的个数和识别64位ROM地址,为操作各器件做好准备
警报搜索	ECH	命令流程同搜索ROM,但只有在最近的一次温度测量满足了报警触发条件时,才响应此命令

③RAM操作命令。成功执行了ROM操作命令后,便可以使用内存操作命令执行相应操作。主机可提供六种操作命令,见表6-16。

338

表6-16 RAM内存操作命令

命 令	约定代码	操作说明
温度转换	44H	启动DS18B20进行温度转换,转换时间最长为500ms(典型为200ms),结果存入内部9个字节RAM中
读暂存器	BEH	读内部RAM中9个字节的内容
写暂存器	4EH	发出向内部RAM的第3、4字节写上、下限(TH、TL)温度数据命令,紧跟该命令之后,是传送二字节的数据
复制暂存器	48H	把RAM中的TH、TL字节写到EERAM中
重新调E²RAM	B8H	把EERAM中的内容恢复到RAM中的TH、TL字节
读电源供电方式	B4H	读DS18B20的供电模式,寄生供电时DS18B20发送"0",外接电源供电时DS18B20发送"1"

(4)DS18B20进行温度转换和温度读取的流程。

①主机复位。

②主机写跳过ROM操作命令(CCH)。

③主机写转换温度的操作指令,然后释放总线至少1s,让DS18B20完成转换操作。在此需要注意的是,每个命令字节在写的时候都是低字节先写。

④主机发送复位操作并接收DS18B20的应答脉冲。

⑤主机写跳过ROM操作命令(CCH)。

⑥主机发出读取RAM的命令(BEH),随后依次读取DS18B20发出的从第0至第8共9个字节。如果只想读取温度数据,可以在读取前两个数据后不再理会后面DS18B20发出的数据即可。同样,读的数据也是低位在前。

2.直流电机调速

直流电机是工控中常用的执行机构,图6-48所示表示一台最简单的两极直流电机模型。它的固定部分(定子)上装设了一对直流励磁的静止主磁极N和S,在旋转部分(转子)上装设电枢铁心,定子与转子之间有一气隙。在电枢铁心上放置了由A和X两根导体连成的电枢线圈,线圈的首端和末端分别连到两个圆弧形的铜片上,此铜片称为换向片,换向片之间互相绝缘,由换向片构成的整体称为换向器。而换向器固定在转轴上,换向片与转轴之间亦互相

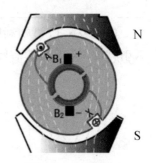

图6-48 直流电机模型

绝缘,在换向片上放置着一对固定不动的电刷B₁和B₂,当电枢旋转时,电枢线圈通过换向片和电刷与外电路接通。

当给电刷加一直流电压,绕组线圈中就有电流流过,由电磁力定律可知导

体会受到电磁力作用。导体处于N极下与电刷B_1接触的电流向里流,产生的电磁力矩为逆时针;导体处于S极下与电刷B_2接触的电流向外流,产生的电磁力矩仍为逆时针,如此转子在该电磁力矩作用下开始旋转。

3. 电机驱动L9110S

L9110S是为控制和驱动电机设计的两通道推挽式功率放大的专用集成电路器件,将分立电路集成在单片IC之中,使外围器件成本降低,整机可靠性提高。该芯片有两个TTL/CMOS兼容电平的输入,具有良好的抗干扰性;两个输出端能直接驱动电机的正反向运动,具有较大的电流驱动能力,每通道能通过750~800mA的持续电流,峰值电流能力可达1.5~2.0A;具有较低的输出饱和压降;内置的钳位二极管能释放感性负载的反向冲击电流,使它在驱动继电器、直流电机、步进电机或开关功率管的使用上安全可靠。L9110S被广泛应用于玩具汽车电机驱动、步进电机驱动和开关功率管等电路上。其输入与输出的逻辑关系见表6-17。L9110S驱动电机的典型应用电路如图6-49所示。

表6-17　L9110S输入与输出的逻辑关系

输入		输出	
IA	IB	OA	OB
H	L	H	L
L	H	L	H
L	L	L	L
H	H	H	H

根据表6-17可知利用L9110S驱动电机很简单,只需给L9110S的两个输入引脚输入不一致的信号即可(即一个高电平,一个低电平)。

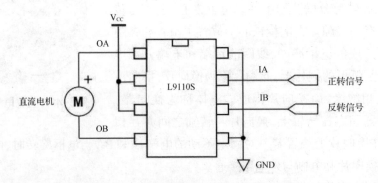

图6-49　L9110S驱动电机的典型应用电路

控制驱动芯片的输入脚电压大小即可控制电机的转速,那么电压大小如何改变呢? 其实很简单,通过改变PWM波的占空比就可改变电压的大小,图6-50(a)所示为PWM信号控制直流电机的框图,图6-50(b)所示为PWM信号示意图。PWM(脉冲宽度调节)信号只有两种状态:高电平和低电平。对于一个给定的周期来说,高电平所占的时间和总的一个周期时间之比叫作占空比,直流电机的转速正比于在一个周期内PWM的电压有效值。

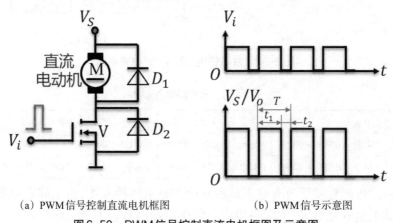

(a) PWM信号控制直流电机框图　　　　(b) PWM信号示意图

图6-50　PWM信号控制直流电机框图及示意图

4. 四位数码管动态显示

数码管是常用的一种显示器,常见的单个数码管的结构如图6-51所示,从外形来看,假设要让数码管显示数字"1",需要点亮对应的B段和C段。

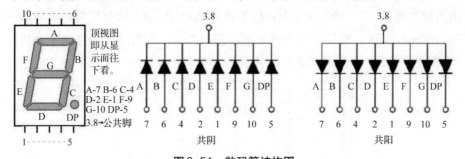

图6-51　数码管结构图

共阴数码管显示数字"1"仿真电路如图6-52(a)所示,设D0为最低位,此数码管没有小数点,即没有D7位,假设为0,根据图6-51所示数码管结构图可知,D1、D2设为高电平,其余位设为低电平,共阴数码管即显示数字"1",00000110即为共阴数码管"1"的字形码,用十六进制表示为0X06。同理,共阳数码管显示"1"仿真电路如图6-52(b)所示,其字形码为11111001,即为0XF9。

341

以此类推,可得到其他显示数字的字形码,见表6-18。

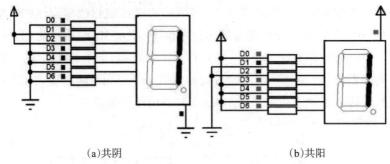

(a)共阴　　　　　　　　　　　　　　　(b)共阳

图6-52　数码管显示数字"1"仿真电路

表6-18　数字的字形码表

字形	0	1	2	3	4	5	6	7	8	9	全黑
共阴	0X3F	0X06	0X5B	0X4F	0X66	0X6D	0X7D	0X07	0X7F	0X6F	0X00
共阳	0XC0	0XF9	0XA4	0XB0	0X99	0X92	0X82	0XF8	0X80	0X90	0XFF

　　四位数码管显示可有静态显示和动态显示两种方式,由于静态显示所需的驱动电路较复杂,故实际应用中一般采用动态显示方式。四位数动态显示的典型接口电路框图如图6-53所示,四位数码管的段码是并联在一起的,即四位数码管的A段连在一起只引出一段,其他的依此类推。图中1234分别为四位数码管从左至右的公共端。所谓动态显示其实是利用人眼的迟滞反应和LED的余辉效应,实际每次只有一位数码管显示,但只要四位数码管以足够快的速度轮流显示(一般少于1/24s,即不超过40ms,也就是说每位数码管显示不超过10ms,实际一般每位数码管显示不超过5ms),人们以肉眼是无法看清楚的,看起来就像四位数码管是同时点亮的。

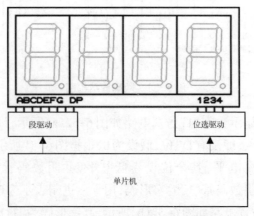

图6-53　四位数码管动态显示接口电路框图

5.温控电机系统实现分析

根据上述分析,温控电机系统可由LK32T102、温度传感器DS18B20、电机驱动L9110S、直流电机、数码管等组成。温控电机系统设计框图如图6-54所示。

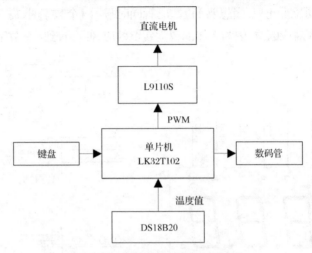

图6-54 温控电机系统设计框图

6.6.2 硬件设计

1.温控电机系统电路设计

根据任务要求和任务分析,本设计采用M0主控模块、温度传感器模块及电机驱动模块。

温度传感器模块上DS18B20接口电路如图6-55所示。DS18B20接口电路中需要注意的是在DS18B20的输出脚DQ需接一个上拉电阻。

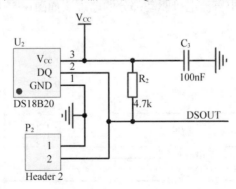

图6-55 温度传感器模块DS18B20接口电路

温度传感器模块上数码管驱动部分原理图如图6-56所示,选用的显示模块是四位共阴数码管,通过74HC138译码器和74HC245缓冲器配合控制数码管。四位数码管的段选驱动采用的是74HC245驱动芯片,数码管的四个位选脚接在74HC138的译码输出管脚上,可在程序中通过输入不同的码值控制138切换选择数码管的不同位。比如,当想要4位数码管同时显示4个数字时,需在程序中不停动态切换选择对应的位,因为人体的视觉残留效应,便可看到4个数字同时显示。

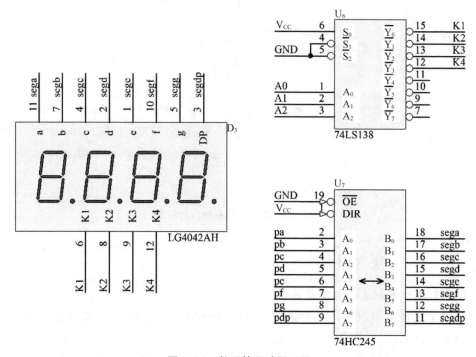

图6-56　数码管驱动原理图

电机驱动模块中直流电机驱动部分的原理图如图6-57所示。

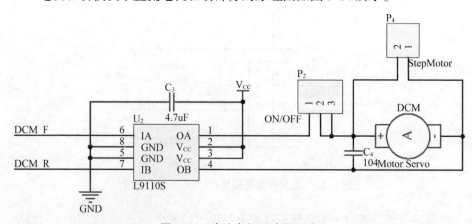

图6-57　直流电机驱动原理图

2.硬件资源连接

系统的硬件连线见表6-19,采用母对母杜邦线即可连接各个模块。

表6-19　硬件连线表

模块名称	IO引脚	控制引脚	模块名称
	PA.15	DS_OUT	
	PB.8	PA	
	PB.9	PB	
	PB.10	PC	
	PB.11	PD	
M0主控模块	PB.12	PE	温度传感器模块
	PB.13	PF	
	PB.14	PG	
	PB.15	PDP	
	PA.4	A0	
	PA.5	A1	
	PA.6	A2	
	PA.8	DC_M_F	电机驱动模块

6.6.3　软件设计

根据任务要求和任务分析,温控电机系统程序设计流程如图6-58所示。

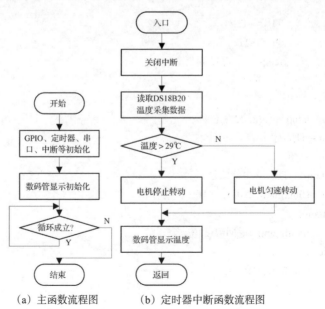

　　（a）主函数流程图　　　　（b）定时器中断函数流程图

图6-58　温控电机系统程序设计流程

345

1.温度采集

程序中控制 DS18B20 的总流程为:第一步:DS18B20 复位;第二步:写入跳过 ROM 指令;第三步:写入转换温度指令;第四步:延迟 750~900μs;第五步:DS18B20 复位;第六步:写入跳过 ROM 指令;第七步:写入读取 ROM 指令;第八步:读取转换结果的高字节和低字节;第九步:DS18B20 复位;第十步:整合高低字节的数据;第十一步:判断是否为正数;第十二步:求得十进制值。通过以上步骤,单片机即可采集到温度值。具体温度采集代码如下:

```c
float  DS18B20_Get_Temp(void)
{
        uint8_t temp = 0;
        uint8_t TL = 0,TH = 0;
        short tem;
        DS18B20_Start ();// ds1820 start convert
        DS18B20_Rst();
        DS18B20_Check();
        DS18B20_Write_Byte(0xcc);// skip rom
        DS18B20_Write_Byte(0xbe);// convert
        TL = DS18B20_Read_Byte(); // LSB
        TH = DS18B20_Read_Byte(); // MSB
        if(TH > 7)
        {
                TH = ~TH;
                TL = ~TL;
                temp = 0;//温度为负
        }
        else
            temp = 1;//温度为正
        tem = TH; //获得高八位
        tem <<= 8;
            tem += TL;//获得低八位
        tem =(float)tem * 0.0625 * 10;//转换
        if(temp)
            return tem; //返回温度值
        else
            return -tem;
}
```

2. 数码管显示

由于数码管的位选端是由 74LS138 译码器驱动的, 所以需要通过给 74LS138 的 A_2~A_0 端送 000~011 来选择不同的数码管, 数码管显示程序代码如下:

```
    void Dispaly_Number( uint8_t  digit, uint8_t num )
{

        PB -> OUT &= 0x00ff;
        PB -> OUT |= (number_tab[digit] << 8);          //数码管显示数字

        switch ( num )                                  //数码管位选
        {
            case 1:
                PA_OUT_LOW(6);
                PA_OUT_LOW(5);
                PA_OUT_LOW(4);
                break;
            case 2:
                PA_OUT_LOW(6);
                PA_OUT_LOW(5);
                PA_OUT_HIGH(4);
                break;
            case 3:
                PA_OUT_LOW(6);
                PA_OUT_HIGH(5);
                PA_OUT_LOW(4);
                break;
            case 4:
                PA_OUT_LOW(6);
                PA_OUT_HIGH(5);
                PA_OUT_HIGH(4);
                break;
        }
}
```

3. 电机控制

L9110S 驱动芯片的控制非常简单, 只需要给其输入引脚提供 PWM 信号即

347

可驱动电机转动,电机控制代码如下:

```
void PWM_Init(void)
{

    PWM_CFG(3600, 72);    // 72MHz下,10kHzPWM,1us死区
    PWM1 -> CMPA = 2000;
    PWM_START;
}
```

以上为关键部分的程序讲解。

4. 效果实现

电路接入后,程序编译成功,下载进M0主控板,采用1拖4的5V适配器接入三个模块为系统供电,上电后,数码管实时显示环境温度值,直流电机匀速转动,当DS18B20测得的温度高于29°C时,电机停止转动。温控电机系统实物演示如图6-45所示。